U0254975

"十二五"职业教育国家规划教材

经全国职业教育教材审定委员会审定

高等职业教育药品与医疗器械类专业教材

药物制剂技术

（第二版）

主编　凌沛学

主审　张天民

中国轻工业出版社

图书在版编目(CIP)数据

药物制剂技术/凌沛学主编. —2版. —北京:中国轻工业
出版社,2023.1

"十二五"职业教育国家规划教材

ISBN 978 - 7 - 5019 - 9661 - 2

Ⅰ.①药…　Ⅱ.①凌…　Ⅲ.①药物—制剂—技术—
高等学校—教材　Ⅳ.①TQ460.6

中国版本图书馆 CIP 数据核字(2014)第 039488 号

责任编辑:江　娟

策划编辑:江　娟　　责任终审:张乃柬　　封面设计:锋尚设计

版式设计:宋振全　　责任校对:晋　洁　　责任监印:张京华

出版发行:中国轻工业出版社(北京东长安街 6 号,邮编:100740)

印　　刷:北京君升印刷有限公司

经　　销:各地新华书店

版　　次:2023 年 1 月第 2 版第 6 次印刷

开　　本:720×1000　1/16　印张:19.75

字　　数:385 千字

书　　号:ISBN 978 - 7 - 5019 - 9661 - 2　　定价:39.00 元

邮购电话:010 - 65241695

发行电话:010 - 85119835　传真:85113293

网　　址:http://www.chlip.com.cn

Email:club@ chlip.com.cn

如发现图书残缺请与我社邮购联系调换

221663J2C206ZBW

编　委　会

第二版前言

"药物制剂技术"是药学专业的一门必修课程。根据高等职业学校专业教学标准和高职院校的特点,本教材的编写重点突出常用剂型的有关概念、制备过程与质量要求,从具体实例出发,分析各剂型特点、基本处方组成、工艺流程与质量控制,以提高本学科的实用性。

本书主编凌沛学教授现兼任山东省药学科学院院长、山东大学博士生导师,从事药物研发工作三十年,带领科研团队开发了眼科、骨科、皮肤科等多种新品种和新制剂。主审张天民教授从事药学研究六十余年,指导及参与多项新制剂研发及生产。其他编者都是从事制剂研究相关工作的专业人员。

《药物制剂技术》(第二版)是在第一版的基础上修订的新版本。本教材修订的指导思想是以提高质量、更新内容为目标,对各章节进行了适当的修改和补充。本教材以《中国药典》(2020年版)为标准,对本学科涉及的有关定义、质量要求进行了修订,也体现了《中国药典》(2020年版)对部分制剂提出的新要求;对部分章节进行了合并和重新分类,使本教材的整体思路更加清晰,便于学生的理解和学习。本教材除主要作为高等院校制药、生物制药专业教材使用外,也可作为相关专业及函授参考教材,还可作为制药企业工作人员的学习参考资料。

本教材的编写与出版得到了山东博士伦福瑞达制药有限公司与山东省药学科学院的大力支持,在此深表谢意。

编者尽可能将最新的、准确的资料收入,但本教材仍难免有不妥之处,敬请师生们和广大读者批评指正。

编　者
2013 年 5 月

第一版前言

药物制剂技术是药学专业的一门必修课程。根据高职院校的特点,本课程的编写重点突出常用剂型的有关概念、制备过程与质量要求,从具体实例出发,分析各剂型特点、基本处方组成、工艺流程与质量控制,以提高本学科的实用性。以中国药典 2005 年版为标准,对本学科涉及的有关定义、质量要求进行了修订,以突出本学科的时代特点。

全书共分 14 章:绪论,药物制剂的稳定性,表面活性剂,浸出制剂,液体制剂,注射剂与滴眼剂,散剂、颗粒剂与胶囊剂,片剂,丸剂,软膏剂、乳膏剂与凝胶剂,栓剂,气雾剂,缓释、控释制剂,药物制剂新技术,并附药物制剂技术实验。

本教材的编写与出版得到了山东博士伦福瑞达制药公司与山东省生物药物研究院的大力支持,在此深表谢意。

由于编者水平所限,本教材难免有不妥之处,敬请广大师生和读者批评指正。

编　者
2006 年 6 月

目　　录

第一章 绪 论

[学习目标]
1. 掌握药物制剂的常用术语。
2. 掌握药典的概念,并熟悉我国药典的发展情况。
3. 熟悉不同处方的意义。
4. 了解药物制剂技术的性质与任务。

第一节 概 述

一、药物制剂技术的性质

药物制剂技术是研究药物制剂制备理论、生产技术、质量控制与合理应用等内容的综合应用技术科学,是药学专业的一门主要课程。

任何药物在供临床使用前,都必须制成适合于治疗或预防应用的、与一定给药途径相适应的给药形式,称为药物剂型(drug dosage forms),简称剂型,如片剂、注射剂、胶囊剂等。剂型是劳动人民在与疾病做斗争的长期医疗实践过程中逐渐形成的。由于病有急缓,病情各异,所以对剂型的要求亦有不同,如对急症患者,为使药效迅速,宜采用注射剂、气雾剂和舌下片等;对于需要药物作用持久、延缓的则可用缓释制剂或控释制剂等。药物的性质不同,亦要求制成适宜的剂型应用,如胰酶遇胃酸易失效,不能采用普通口服剂型,可制成肠溶胶囊或肠溶片服用,使其在肠内发挥效用;若含有毒性药物或刺激性药物时,宜制成缓释片剂或其他长效剂型,使其在体内缓缓释放药物,既可延长药物作用时间,也能防止过强的刺激或中毒;某些药物制成液体剂型时不稳定,可以制成固体剂型如片剂、散剂、粉针剂等;一些有机药物由于颗粒大小或晶型不同而呈现不同的作用和疗效,故必须在其制剂中保持其有效的晶型,以保持和发挥药物的预期效能。为了应用、生产、携带、运输和贮存等的方便,往往也需要将药物制成不同剂型,如将中草药浸出的有效成分制成药酒、片剂、注射剂等剂型后,可以减小体积、便于服用;将儿童用的药物制成色、香、味俱全的药剂或栓剂等则可使儿童乐于用药。

药物和剂型之间存在着辩证关系,药物本身的疗效虽然是主要的,但在一定条件下,剂型对药物疗效的发挥也起着积极的作用,如有的药物,剂型不同其疗效就不一样。如硫酸镁制成溶液口服时,有致泻作用,如将其制成静脉注射剂,则作用就完全不同,可用于抗惊厥等症;灰黄霉素水中溶解度较低,如微粉化后应用,其疗效可大为增加,若将灰黄霉素高度分散在水溶性基质聚乙二醇6 000中制成滴丸,服后在血液中的药物含量比微粉片剂(灰黄霉素粉碎后含5μm以下颗粒应不少于85%)又可高出一倍以上,且疗效确切,副作用小。因此,在设计一种药物剂型时,除了要满足医疗需要外,还必须从药物剂型的形成和发展的实践基础出发,综合药物性质、制剂的稳定性、安全性、有效性和质量控制以及生产、使用、携带、运输和贮存等因素全面考虑。

药物制剂技术与物理药剂学、工业药剂学、生物药剂学、药动学、临床药剂学和药用高分子材料学有着紧密的联系,相互渗透、相互促进。物理药剂学是运用物理化学原理、方法和手段,研究有关剂型、制剂的处方设计、制备工艺、质量控制等内容的学科。工业药剂学是研究药物制成稳定制剂的规律和工业生产与设计的一门应用技术科学,其主要任务是研究剂型及制剂生产的基本理论、工艺技术、生产设备和质量管理,以便为临床提供安全、有效、稳定和便于使用的优质产品。生物药剂学是研究药物及其剂型在体内的吸收、分布、代谢与排泄过程,阐明药物的剂型因素、机体生物因素和药物疗效之间相互关系的科学。药动学是应用动力学原理与数学处理方法,定量描述药物在体内动态变化规律的学科,为指导制剂设计、剂型改革、安全合理用药等提供量化指标,已成为研究药物及其制剂在体内变化的重要工具学科。临床药剂学是应用现代医药理论和技术,紧密结合临床实践,研究药物制剂及合理用药的应用科学,主要研究药物的剂型设计与使用方法、给药方案的关系。药用高分子材料学主要研究药剂学的剂型设计和制剂处方中常用的合成和天然高分子材料的结构、制备、物理化学特征及其功能与应用。

二、药物制剂常用术语

1. 药物与药品

药物是指用以防治人类和动物疾病以及对人体生理机能有影响的物质,按来源可分为天然药物和合成药物两大类。药品是指用于预防、治疗、诊断人的疾病,有目的地调节人的生理机能并规定有适应症、用法和用量的物质,包括中药材、中药饮片、中成药、化学原料药及其制剂、抗生素、生化药品、放射性药品、血清疫苗、血液制品和诊断药品等。所以药物与药品是两个不完全等同的概念。药物内涵比药品大得多,并非所有能防治疾病的物质都是药品。

2. 剂型

药物经加工制成的适合于预防、医疗应用的形式称作剂型。一般是指药物制剂的类别,如散剂、颗粒剂、片剂、注射剂、软膏剂等。根据药物的使用目的和药物的性质不同,可制备适宜的不同剂型;不同剂型的给药方式不同,其结果药物在体内的行为也不同。不同的药物可以制成同一剂型,如利巴韦林片、抗坏血酸片、阿司匹林片、阿莫西林片等;同一种药物也可制成多种剂型,如甲硝唑片、甲硝唑泡腾片、甲硝唑胶囊、甲硝唑栓、甲硝唑注射液等。

3. 制剂

根据药典、药品标准、处方手册等所收载的应用比较普遍且较稳定的处方,将原料药物按某种剂型制成的具有一定规格的药物制品(药剂)称为制剂。制剂可直接用于临床治疗或预防疾病(如牛黄益金片、银黄含化片等),也可作为其他制剂或方剂的原料(如流浸膏剂等)。制剂多在药厂中生产,也可在医院制剂室中制备。

4. 方剂

方剂是根据医师处方专为某一病人或为某种疾病配制的药剂。方剂具有明确的使用对象、剂量和用法。方剂的配制一般都在医院制剂室中进行,可在持有《药品经营许可证》且通过《药品经营质量管理规范》(GSP)认证的销售机构(零售药房)中调配。研究方剂配制、使用等有关技术和理论的科学称为调剂学。

5. 成药

成药是根据疗效确切、性质稳定、应用广泛的处方,以原料药物加工配制成的具一定剂型和规格的制剂。其特点是一般都给以通俗名称(如清凉油、伤湿止痛膏、银翘解毒片等),标明其作用、用法、用量等。成药的生产、销售必须经药品监督管理部门批准。

6. 毒药和剧药

毒药是指药理作用剧烈,极量与致死量很接近,虽服用量很小,但在超过极量时即有可能引起中毒或死亡的药品,如洋地黄毒苷、砒霜等。

剧药是指药理作用强烈,极量与致死量比较接近,在服用量超过极量时,有可能严重危害人体健康,甚至引起死亡的药品,如巴比妥、水合氯醛等。

7. 麻醉药品

麻醉药品是指连续使用后易产生身体依赖性、能成瘾癖的药品,如吗啡、可待因等。麻醉药品应与临床应用的麻醉剂如乙醚、氯仿和普鲁卡因等有所区别,后者虽具有麻醉作用,但不会成瘾,所以不属于麻醉药品。

毒药、剧药和麻醉药品应该由专人、专柜加锁保管,并有指定医师的正式处方时才可发出,处方医师还应在用量上签字或盖章。毒药、剧药和麻醉药品的标签式样和颜色亦应与普通药品有明显的区别,在购用、调配、保管和使用等方面也都必须严格执行有关规定。

8. 中草药

中草药一般是指我国民间根据经验所用的有效植物药材,也包括一些动物和矿物药材。

9. 中药

中药是指在中医基础理论指导下用以防病治病的药物,亦称传统药。中药包含中药材、中药饮片、中成药、民族药。据国家卫生行政部门统计,目前中药剂型已达 40 多种,市售中成药 8500 多种。

三、药物制剂技术的任务

药物制剂技术的基本任务是研究如何将药物制成适宜的剂型,并能批量生产,具有有效性、安全性、稳定性并质量可控的药品。其具体任务可概述如下。

1. 研究药物制剂的基本理论与生产技术

药物制剂基本理论的研究对提高药剂的生产技术水平,制成安全、有效、稳定、方便的药物制剂具有重要意义。例如,利用药动学知识对药剂进行稳定性预测及质量控制;利用增溶与助溶理论进行药剂制备;利用药物微粉化、固体分散法及微囊化等促进和控制药物溶解和吸收的速率;利用片剂成型理论及全粉末直接压片技术生产片剂;利用流变学的基本理论对混悬液、乳浊液和软膏剂等剂型的质量进行控制;利用生物药剂学的有关知识,为正确评价药剂质量、合理制药和合理用药等提供重要依据等。可见,提高药物制剂学基本理论,特别是剂型设计原理的研究水平,对改进药剂的生产技术,开发新剂型、新品种、新工艺及提高产品质量都有重要的指导意义。

2. 开发新剂型和新制剂

随着科学技术的发展和生活水平的不断提高,原有剂型和制剂已不能完全满足人们的需求。剂型是药物应用的具体形式,普通剂型如片剂、胶囊剂、溶液剂、注射剂等,很难完全满足高效、速效、长效、低毒、低副作用、控释和定向释放等多方面的要求,现普遍受到关注的是缓、控释制剂,靶向制剂,经皮吸收制剂,口腔、鼻黏膜及肺部吸收制剂,生物技术药物制剂等新型给药系统的研究。新型给药系统可以提高药物的有效性,适当延长药物在体内的作用时间,增加药物作用的持久性和对靶组织或器官的选择性以提高药物的疗效、降低毒副作用。目前,我国药物制剂技术的研究水平与发达国家相比还有较大差距,剂型种类和制剂品种较少,且能够出口的制剂品种不多,因此,积极开发新剂型和新制剂有重要的意义。

3. 积极研究和开发药用新辅料

药物制剂中除主药外,还含有各种辅料。剂型不同所需辅料也不相同。如片剂所用辅料与软膏剂、栓剂等所用辅料就大不相同。药物剂型的改变和发展、产品质量的提高、生产工艺设备的革新、新技术的应用以及新剂型的研究等工作,都要求有各种各样制剂辅料的密切配合。尽管目前药用辅料的种类很多,但仍然满足不了药物制剂发展对新辅料的需要。制剂工业发达的国家仅几种主要剂型所用的辅料就达 200 余种,目前,我国也正在积极进行药用新辅料的开发,但品种与质量都有待于进一步提高。因此,辅料的研究和开发,在药物制剂领域中的位置越来越重要,没有优质的辅料就很难实现药物制剂的发展。

4. 整理与开发中药剂型

中药是中医用以防治疾病的主要武器,是中医赖以存在的物质基础,是中华民族的宝贵遗产。中华人民共和国成立以来,在继承和发扬中医中药理论和中药传统剂型(丸、散、膏、丹、胶、露、酒等)的同时,研制和开发了20多种中药新剂型,如片剂、颗粒剂、胶囊剂、滴丸剂、栓剂、软膏剂、注射剂、气雾剂等。目前,中成药生产品种已达数千个,不仅丰富和发展了中药剂型和品种,而且提高了中药的疗效,扩大了临床应用范围。但质量控制方法等尚无法与国际接轨,产品大多无法走出国门。依靠现代科学技术,遵循严格的规范标准,研制出优质、高效、安全、稳定、质量可控、服用方便并符合国际标准的新一代中药,并使之走向国际市场,是药物制剂工作者研究的重要任务。

5. 研究和开发制剂的新机械和新设备

制药机械和设备是制剂生产的重要工具。它们的研究与开发对研究开发新制剂、提高制剂质量、增加制剂产量、提高劳动生产率、降低成本等都具有重要意义。国家食品药品监督管理局于2011年3月实施的《药品生产质量管理规范(2020年修订)》(GMP)及2011年8月实施的《药品生产质量管理规范认证管理办法》,对制剂机械和设备的发展提出了要求。为了更好地保证药品质量,保障人体用药安全,制剂生产正从机械化、联动化向封闭式、高效型、多功能、连续化、自动化及程控化的方向发展。例如固体制剂生产所用的一步制粒机、高速搅拌制粒机、挤出滚圆制粒机、离心制粒机等使制粒物更加致密、球形化;高效全自动压片机的问世,使片剂的质量和产量大大提高;程序控制喷雾包衣装置使包衣时间缩短,生产效率提高;在注射剂的生产方面,高效喷淋式加热灭菌器、粉针灌封机与无菌室组合整体净化层流装置等减少了人员走动和污染机会。研制适合我国实际情况的新型制药机械和设备,对赶超世界先进水平,提高制剂质量,将制剂产品打入国际医药市场,具有重要意义。

6. 新技术的研究与开发

新剂型的开发离不开新技术的应用。近几年来蓬勃发展的固体分散技术、包合技术、微囊化技术、脂质体技术、球晶制粒技术、包衣技术、缓释及控释技术、纳米技术、生物技术等,为新剂型的开发、新制剂品种的增加及制剂质量的提高奠定了良好的技术基础。但有些技术欠完善,难度大,成本高,应用于批量生产有待进一步发展。

四、药物剂型的分类

药物剂型的种类很多,为便于学习和应用,可将剂型按以下几种方法分类。

1. 按形态分类

可分为液体剂型(如洗剂、滴剂、溶液剂、注射剂等)、固体剂型(如散剂、片剂、膜剂等)、半固体剂型(如软膏剂、凝胶剂、糊剂等)、气体剂型(如气雾剂、吸入剂等)。

形态相同的剂型,其制备特点和医疗效果有类似之处。如在制备时液体剂型多需溶解;固体剂型多需粉碎、混合、成型;半固体剂型多需熔化或研匀。而不同形态的剂型对机体的作用速度往往也不相同,一般液体剂型作用最快,固体剂型则较慢。这种分类方法比较简单,没有考虑到制剂的内在特性和使用方法等,但在制备、贮存和运输上具有一定指导意义。

2. 按分散系统分类

将一种或几种物质的粒子分散于另一种物质中所形成的体系称为分散系统。被分散的物质称为分散相,容纳分散相的物质则称为分散媒或分散介质。将各种剂型按分散系统分类是根据剂型内在的结构特性,把所有剂型都看作是各种不同的分散系统加以分类。

(1)真溶液型　真溶液类剂型是指药物分散在分散介质中所形成的均匀的液体分散系统。其中药物是以分子或离子状态存在,直径小于1nm,如芳香水剂、溶液剂、糖浆剂、甘油剂等。

(2)胶体溶液型　胶体溶液类剂型系指一定大小的固体颗粒药物或高分子药物分散在分散介质中所形成的不均匀(溶胶)或均匀(高分子溶液)的液体分散系统。分散相质点的直径一般在1~100nm,如胶浆剂、涂膜剂、溶胶剂等。

(3)乳状液型　乳状液型是指液体分散相和液体分散介质所组成的不均匀的液体制剂,如乳剂、静脉乳剂等。

(4)混悬液型　混悬液型是指固体药物以微粒分散在液体分散介质中所形成的不均匀的液体制剂,如混悬剂、混悬滴剂、混悬注射液等。

(5)气体分散型　气体分散类剂型是指液体或固体药物以微粒状态分散在气体分散介质中所形成的不均匀分散系统的制剂,如气雾剂等。

(6)固体分散型　固体分散类剂型是指药物与辅料混合呈固体状态存的制剂,如散剂、丸剂、片剂等。

这种分类方法基本上可以反映出药物制剂的均匀性、稳定性以及对制法的要求等,但却不能反映出给药途径对剂型的要求,还会出现一种剂型由于辅料和制法的不同而必须划分到几个分散系统中的情况,如注射剂中就有溶液型、混悬型、乳浊型制剂及粉针等。

3. 按给药途径和方法分类

人体共有10多个给药途径,如口腔、消化道、呼吸道、血管、皮下、肌肉、直肠、阴道等,可将用于同一给药途径的剂型归为一类。

(1)经胃肠道给药的剂型　此类剂型的药物制剂经口给药后,进入胃肠道吸收发挥疗效,如溶液剂、糖浆剂、片剂、混悬剂、散剂、片剂及胶囊剂等。采用口服给药的方法最为简单,易受胃酸破坏的药物(如红霉素)可经肠溶包衣后口服。某些药物直肠给药较口服给药吸收好,可经直肠黏膜吸收后起全身作用,且不受或少受肝脏的代谢破坏。

(2)不经胃肠道给药的剂型　此类药物剂型是指采用除胃肠道和直肠给药以外的其他给药途径的剂型。

①注射给药:主要指注射剂,给药途径包括静脉注射、肌内注射、皮下注射、皮内注射及穴位注射等。

②呼吸道给药:主要有吸入剂、气雾剂、吸入粉雾剂等。

③皮肤给药:通过皮肤给药,药物在皮肤局部起作用或经过皮肤吸收发挥全身作用,如外用溶液剂、洗剂、搽剂、软膏剂、外用膜剂和贴剂等。

④黏膜给药:此类剂型利用眼部黏膜、鼻黏膜、口腔黏膜以及尿道、阴道黏膜等给药,可起局部或全身作用,如滴眼剂、滴鼻剂、含漱剂、舌下片、栓剂、膜剂等。

这种分类方法可与临床应用紧密结合,并能反映给药途径和应用方法对剂型制备的特殊要求。其缺点是一种制剂由于给药途径或给药方法的不同,可能在多种剂型中出现。如氯化钠溶液,可在注射剂、滴眼剂、灌洗剂等许多剂型中出现。

4. 按制法分类

这种分类方法是将用同样方法制备的剂型列为一类。如浸出制剂(包括酊剂、流浸膏剂及浸膏剂等)是指用浸出方法制备的剂型;无菌制剂是经灭菌处理或无菌操作法制备的制剂,如注射剂、滴眼剂、眼膏剂、眼用膜剂等。这种分类方法较少应用,因为制备方法可随着科学的发展而改变,所以其指导意义不大。

上述分类方法各有一定优缺点,本教材根据医疗、生产实践、教学和科学研究等方面的长期沿用习惯,在总结各种分类方法的特点后,采用综合分类法,即在以分散系统分类法为主的基础上,将用浸出法制备的各种剂型按制法分类单列一章,以保持这些剂型在制备方法上的系统性;另外在液体制剂一章中,把耳鼻喉科和口腔科中常用的剂型如洗剂、滴耳剂、滴鼻剂、滴牙剂等按给药途径与应用方法分类单列一节叙述,不仅可与临床用药密切结合,也可体现出这些剂型的应用特点。

五、药物剂型的历史与发展

1. 药物剂型的历史

汤剂是我国应用最早的中药剂型,在商代已在使用。夏商周时期医书《五十二病方》、《甲乙经》、《山海经》已记载将药材加工制成汤剂、酒剂、洗浴剂、饼剂、曲剂、丸剂、膏剂等剂型使用。东汉张仲景的《伤寒论》和《金匮要略》著作中共收载有栓剂、糖浆剂、洗剂等10余种剂型。两晋、南北朝时期,史籍记载的药学专著已达110种,这时中药学逐渐形成独立的学科。晋代葛洪、唐代孙思邈对中药的理论、加工、剂型、标准等都有专门论述。唐《新修草本》是我国第一部也是世界最早的国家药典。明代李时珍编著的《本草纲目》总结了16世纪以前我国劳动人民医药实践的经验,收载药物1 892种,剂型近61种,附方11 098则,现已被译成多国文字,对世界药学的发展也有重大贡献。

与中国古代药剂学进程相呼应的欧洲古代药剂学也在迅速发展。希腊人希波克拉底创立了医药学,希腊医药学家格林奠定了欧洲医药学基础,由他制备的各种植物药浸出制剂称为格林制剂。18世纪的工业革命给世界带来翻天覆地的变化,生产力极大发展,推动了科学技术的飞跃发展和进步。在工业革命的浪潮中,药物制剂终于走出了医生的小诊所和个体生产者的小作坊,进入机械化生产的大工厂。片剂、注射剂、胶囊剂、橡胶硬膏剂等近代剂型的相继出现,标志了药物剂型发展到一个新阶段。

2. 药物剂型的发展

药物都应制成一定的剂型,以制剂的形式应用于治疗、预防或诊断疾病。所以,药剂学的发展和进步也就是剂型和制剂的发展和进步;制剂的安全性、有效性、合理性和精密性等,则反映了医药的水平,决定了用药的效果。随着医学的发展,目前认为,对人们危害最大的多发病、常见病集中在四个方面,即癌症、心脑血管病、传染性疾病和老龄化疾病。要提高药物的疗效、降低药物的毒副作用和减少药源性疾病,对药物制剂不断提出了更高的要求,药物的新剂型和新技术也正发挥愈来愈大的作用。随着科学技术的飞速发展,各学科之间相互渗透,互相促进,新辅料、新材料、新设备、新工艺的不断涌现和药物载体的修饰、单克隆抗体的应用等,大大促进了药物新剂型与新技术的发展和完善。20世纪90年代以来,药物新剂型与新技术已进入了一个新阶段。可以认为,这一阶段的特点是理论发展和工艺研究已趋于成熟,药物给药系统在临床较广泛的应用即将或已经开始。

药物剂型的第一代是简单加工供口服与外用的汤、酒、膏、丹、丸、散等;随着临床用药的需要、给药途径的扩大和工业的机械化与自动化,产生了片剂、注射剂、胶囊剂与气雾剂等第二代剂型;以后发展到以疗效仅与体内药物浓度有关而与给药时间无关这一概念为基础的第三代的缓释、控释剂型,它们不需要频繁给药、能在较长时间内维持体内药物有效浓度,称为缓释、控释给药系统,包括在胃内黏附或漂浮或肠道释药的迟释制剂,和反映时辰生物学技术与生理节律同步的脉冲式给药,根据所接收的反馈信息自动调节释放药量的自调式给药,即在发病高峰时期在体内自动释药的给药系统;欲使药物浓集于靶器官、靶组织、靶细胞,提高疗效并降低全身毒副作用的靶向给药系统,称为第四代剂型。

可以预计,今后除开发特效的药物,包括治疗遗传疾病及肿瘤的基因工程药物,且更多地应用肽类、蛋白类和天然产物作药物或疫苗外,药物新剂型的应用将使缓释和控释给药系统进一步代替有血药峰谷浓度的普通剂型,靶向性、脉冲式、自调式给药系统也将逐步增多。但由于疾病的复杂性及药物性质的多样性,适合于某种疾病和某种药物的给药系统不一定适合于另一种疾病和药物,因此必须发展多种多样的给药系统以适应不同的需要。如治疗心血管疾病的药物最好制成缓释、控释给药系统,抗癌药宜于制成靶向给药系统,胰岛素更宜于制成自调式或脉冲式给药系统等。虽然在相当长的时期内,第二代剂型仍将是人们使用的主要剂型,但是第二代剂型会不断与第三、第四代等新剂型、新技术相结合,形成具有新内容的给药系统。

第二节 药典与药品标准

一、概 述

药典(pharmacopoeia)是一个国家记载药品规格、标准的法典。大多数由国家组织的药典委员会编写,并由政府颁布施行,具有法律的约束力。药典中收载的是疗效确切、副作用小、质量较稳定的常用药物及其制剂,规定其质量标准、制备要求、鉴别、杂质检查与含量测定等,作为药品生产、检验、供应与使用的依据。一个国家的药典在一定程度上可以反映这个国家药品生产、医疗和科学技术的水平。药典在保证人民用药安全有效,促进药物研究和生产上起到重大作用。

随着医药科学的发展,新的药物和试验方法亦不断出现,为使药典的内容能及时反映医药学方面的新成就,药典出版后,一般每隔几年须修订一次,我国药典自 1985 年后,每隔 5 年修订一次。为了使新的药物和制剂能及时在临床上得到应用,往往在下一版新药典出版前,还出版一些增补版。

据记载,我国最早的药典是唐显庆 4 年(公元 559 年)颁布的《新修本草》,又称《唐本草》,实际上这也是世界上最早的一部全国性药典,比欧洲第一部全国性药典(法国药典)早 1 100 多年。《新修本草》有正文 20 卷,共收载药物 844 种。

《太平惠民和济局方》是我国第一部官方颁布的成方规范,收载宋代"太平惠民和济局"的药方,于公元 1080 年成书,共收载处方 788 种;依主治病症分为 10 类,每类 1 卷,共 10 卷。它对临床医学的随症选方和药剂人员研究方剂,都有很大的参考价值。

1930 年国民党政府卫生署编纂了《中华药典》第一版,主要参考英美两国药典编写而成。

二、中华人民共和国药典

中华人民共和国成立后的第一版药典于 1953 年 8 月出版,定名为《中华人民共和国药典》(简称中国药典)1953 年版,收载各类药品 531 种。为了适应当时迅速发展的制药和临床的需要,1957 年又出版了中国药典 1953 年版第一增补本。

中国药典 1963 年版,共分一、二两部,各有凡例和有关的附录,收载中西药品 1 310 种。其中一部收载中药材 446 种与中成药 197 种;二部收载化学药品、抗生素、生物制品等及其制剂共 667 种。

中国药典 1977 年版，于 1980 年 1 月 1 日起施行，共收载中西药品 1 925 种，其中一部收载中药材和中成药 1 152 种，二部收载 773 种。在收载的剂型方面，1977年版比 1963 年版增加了气雾剂、冲剂、滴丸剂、眼药水和滴耳液等剂型。

中国药典 1985 年版药典共收载中西药品 1 489 种，比 1977 年版药典少收 436种。其中一部收载药材和中成药 713 种，二部收载化学药品、抗生素、生化药品、生物制品、放射性同位素药品及各类制剂 776 种。该版药典收载品种的质量标准均有不同程度的提高，如药品的理化鉴别就采用了薄层扫描法、高效液相色谱法、紫外分光光度法、红外分光光度法、荧光分析法和原子吸收分光光度法等。1987年 11 月又出版公布了 1985 年版药典的增补本，增补新品种 23 种，修订品种 172种，附录 21 项。1988 年 10 月，中国药典 1985 年版的英文版出版。

中国药典 1990 年版于 1991 年 7 月 1 日起颁布施行，收载中西药品共 1 751种，一部收载中药材、中药成方及单味制剂等共 784 种，二部收载化学药、生化药、抗生素、放射性药品、生物制品等及各类制剂共 967 种。与 1985 年版药典相比，一部新增 80 种，二部新增 213 种。1985 年版药典收载而 1990 年版药典删去的品种有 25 种，并对药品名称根据实际情况做了相应修订。1990 年版药典对附录收载的制剂通则和检测方法也做了相应的修改和补充，新技术、新方法有较大幅度的增加。

中国药典 1995 年版于 1996 年 4 月 1 日起颁布执行。该版药典收载药品共2 375种，比 1990 年版增加 630 种，其中一部收载中药材和中药成方药共 920 种，二部收载化学药品、抗生素、生化药品、生物制品 1 455 种。该版药典除常规剂型外，在一、二部中还分别收载了搽剂、颗粒剂、缓释制剂等品种。收载的品种和剂型基本上反映了我国当时药品生产和临床用药的现状和水平。

中国药典 2000 年版共收载药品 2 691 种，一部收载 992 种，二部收载 1 699种。一二两部共新增品种 399 种，修订品种 562 种。本版药典的附录做了较大幅度的改进和提高，一部新增附录 10 个，修订附录 31 个；二部新增附录 27 个，包括凝胶剂、透皮贴剂等 7 个制剂通则，修订附录 32 个，包括气（粉）雾剂和喷雾剂等11 个制剂通则。二部附录中首次收载了药品标准分析方法验证、缓控释制剂等 6项指导原则，对统一、规范药品标准试验方法起指导作用。

中国药典 2005 年版在 2000 年版的基础上，将生物制剂单列收录于三部中，共收载药品 3 214 种，新增 525 种。其中一部收载 1 146 种，新增 154 种，修订 453种；二部收载 1 967 种，新增 327 种，修订 522 种；三部收载 101 种，新增 44 种，修订57 种。本版药典现代分析技术应用更多，并对附录做了较多的修订，制剂通则中增加植入剂、冲洗剂、灌肠剂、涂剂、涂膜剂等，并增加了许多亚剂型，如片剂项下增加了可溶片、阴道泡腾片；胶囊剂项下增加了缓释和控释胶囊；部分制剂通则项下增加无菌检查。检测方法中新增加了制剂用水中总有机碳测定法、可见异物检查法，贴剂黏附力测定法、过敏反应检查法、降钙素生物测定法等。

中国药典 2020 年版亦分为三部，共收载 4 567 种，药典一部收载 2 165 种，二部收载 2 271 种，三部收载 131 种。本版的第一、第二增补本已编制完成，分别自 2012 年 10 月 1 日和 2013 年 12 月 1 日起施行。与 2005 年版相比，本版的变化主要体现在以下六个方面：

（1）本版药典的新增幅度和修订幅度均为历版最高，其中一部新增 1 019 种，修订 634 种；二部新增 330 种，修订 1 500 种；三部新增 37 种，修订 94 种。本版收载的附录也有变化，其中药典一部新增 14 个，修订 47 个；二部新增 15 个，修订 69 个，三部新增 18 个，修订 39 个。另外，2005 年版收载而本版未收载的品种共计 36 种。

（2）进一步扩大对新技术的应用。如在附录中新增了离子色谱法、核磁共振波谱法、拉曼光谱法指导原则等。中药品种中采用了液相色谱－质谱联用、DNA 分子鉴定、薄层－生物自显影技术等方法，提高了方法灵敏度和专属性；化学品种中采用了分离效能更高的离子色谱法、毛细管电泳法；生物制品部分品种采用了体外方法替代动物实验用于生物制品活性/效价测定，采用灵敏度更高的病毒灭活验证方法等。

（3）药品的安全保障得到进一步加强。如在制剂通则中规定眼用制剂按无菌制剂要求，在药典二部中加强了对有关物质、高聚物等的控制。

（4）对药品质量可控性、有效性的技术保障得到进一步提升。如药典二部中含量测定或效价测定采用了专属性更强的液相色谱法，大部分口服固体制剂增订了溶出度检查项目，含量测定检查项目的适用范围扩大到部分规格为 25mg 的品种。

（5）药品标准内容更趋科学规范合理。如药典一部规范和修订了中药材拉丁名，明确入药者均为饮片，从标准收载体例上明确了〔性味与归经〕、〔功能与主治〕、〔用法与用量〕为饮片的属性。

（6）鼓励技术创新，积极参与国际协调。如根据中医学理论和中药成分复杂的特点，建立了能反映中药整体特性的色谱指纹图谱方法，确保质量稳定、均一。同时还积极引入了国际协调组织在药品杂质控制、无菌检查法等方面的要求与限度。

三、其他国家药典

世界上约 38 个国家有自己的药典，如美国药典（Pharmacopoeia of the United States，简称 USP），英国药典（British Pharmacopoeia，简称 BP），日本药局方（简称 JP），欧洲药典等。

联合国世界卫生组织（WHO）为了统一世界各国药品的质量标准和质量控制方法，于 1951 年出版了第 1 版国际药典（Pharmacopoeia Internationalis，简称 Ph Int Ⅰ）。1967 年出版了第 2 版，1971 年又出版第 2 版补充本。现行国际药典为第 4

版,共分 2 卷,于 2006 年出版,其第 1、2 和 3 增补版分别于 2006、2008 和 2013 年出版。但国际药典对各国药典无法律约束力,仅供各国编纂药典作参考标准。

四、药品标准

1. 药品标准的概念

药品标准是国家对药品的质量、规格及检验方法所做的技术规定。药品标准是保证药品质量,进行药品研制、生产、经营、使用、检验和监督管理必须共同遵循的法定依据。

2. 国家药品标准

过去我国有《中华人民共和国卫生部药品标准》(简称部颁药品标准)及各省、自治区和直辖市的卫生部门批准和颁发的称之为地方药品标准。国家食品药品监督管理局(SFDA)已经对其中临床常用、疗效确切、生产地区较多的品种进行质量标准的修订、统一、整理和提高,并入到 SFDA 颁布的药品标准,取消了地方标准。

国家药品标准是指国家为保证药品质量所制定的质量指标、检验方法以及生产工艺等的技术要求,包括 SFDA 颁布的中国药典、药品注册标准和其他药品标准。国家药品标准是法定的、强制性标准。药品注册标准是指 SFDA 批准给申请人特定药品的标准,生产该药品的药品生产企业必须执行该注册标准。

《中华人民共和国药品标准》简称国家药品标准,由 SFDA 编纂并颁布实施。主要包括以下几个方面的药物:

(1)SFDA 审批的国内创新的重大品种,国内未生产的新药,包括放射性药品、麻醉性药品、中药人工合成品、避孕药品等。

(2)药典收载过而现行版未列入的疗效肯定、国内几省仍在生产、使用并需修订标准的药品。

(3)疗效肯定但质量标准仍需进一步改进的新药。

第三节　药品生产质量管理规范与药品安全试验规范

一、药品生产质量管理规范

药品生产质量管理规范(good manufacture practice,简称 GMP)是药品生产和质量全面管理监控的通用准则。GMP 是世界卫生组织(WHO)对世界医药工业生产和药品质量的要求指南,是加强国际医药贸易、相互监督、检查的统一标准。

我国于 1982 年由中国医药工业公司颁发了"药品生产管理规范"(试行本),这是我国医药工业第一部试行的 GMP。它基本上符合我国医药工业的实际情况,使我国医药工业的生产和质量管理水平有很大提高。在试行的基础上,经中国医药工业公司组织修订和编写,国家医药管理局于 1986 年正式颁布了《药品生产管理规范》和《药品生产管理规范实施指南》,并决定自 1986 年 7 月开始在全国化学制药行业全面推行。我国卫生部于 1988 年 3 月制定并颁布了《药品生产质量管理规范》,共分 14 章,计 49 条。经过几年的实践,卫生部于 1992 年又修订了此规范,对 1988 年颁布的规范做了较大的修订。规范对药品生产的人员、厂房、设备、卫生、原料、辅料及包装材料、生产管理、包装和贴签、生产管理和质量管理文件、质量管理部门、自检、销售记录、用户意见和不良反应报告及附则等方面,制定了 14 章共 78 条具体的标准和要求。《药品生产质量管理规范(2020 年修订)》在 1998 年修订版的基础上,历经 5 年修订、两次公开征求意见,已于 2011 年 3 月 1 日起施行,共 14 章 313 条。整体内容更加原则化,更科学,更易于操作,对企业生产药品所需要的原材料、厂房、设备、卫生、人员培训和质量管理等均提出了明确要求,对药品生产全过程实施了监督管理,为减少药品生产过程中污染和交叉污染提供了最重要保障,是确保所生产药品安全有效、质量稳定可控的重要措施。

SFDA 为了加强对药品生产企业的监督管理,采取监督检查的手段,即规范 GMP 认证工作,由 SFDA 药品认证管理中心承办,经资料审查与现场检查审核,报 SFDA 审批,对认证合格的企业(车间)颁发《药品 GMP 证书》,并予以公告,有效期 5 年(新开办的企业为 1 年,期满复查合格后为 5 年),期满前 3 个月内,按药品 GMP 认证工作程序重新检查、换证。

二、药物非临床研究质量管理规范

药物非临床研究质量管理规范(Good laboratory practice,简称 GLP)是试验条件下,进行药理、动物试验(包括体内和体外试验)的准则,如急性、亚急性、慢性毒性试验、生殖试验、致癌、致畸、致突变以及其他毒性试验等临床前试验,是保证药品安全有效的法规。

GLP 是 1965 年由日本制药团体联合会发表,1975 年日本已规定研究开发新药必须进行动物试验,并规定了试验基本观点、技术和方法。美国于 1976 年由美国食品药品监督管理局提出 GLP 草案,1978 年正式实行,1979 年订入美国联邦法律中。目前加拿大、德国、法国、瑞典及欧盟等都已制订了 GLP,我国也已制订并开始实施。

第四节 药品注册管理

一、概 述

我国卫生部于 1985 年 7 月 1 日发布施行《新药审批办法》(试行),经实践、总结、修改后,SFDA 于 1999 年 5 月 1 日施行《新药审批办法》,根据此办法,新药系指我国未生产过的药品。已生产的药品改变剂型、改变给药途径、增加新的适应症或制成新的复方制剂,亦按新药管理。我国正式加入 WTO 后,SFDA 制定了《药品注册管理办法》(试行),并自 2002 年 12 月 1 日起施行,《新药审批办法》同时废止。2007 年 10 月 1 日施行了新的《药品注册管理办法》,共 15 章。与 2005 年 5 月实施的《药品注册管理办法》相比,修订的重点内容主要有以下 3 个方面:

(1)强化药品的安全性要求,严把药品上市关。着重加强了真实性核查,从制度上保证申报资料和样品的真实性、科学性和规范性,严厉查处和打击药品研制和申报注册中的造假行为,从源头上确保药品的安全性。体现在以下三个方面:一是强化了对资料真实性核查及生产现场检查的要求,防止资料造假。二是抽取的样品从"静态"变为"动态",确保样品的真实性和代表性。三是调整了新药生产申请中技术审评和复核检验的程序设置,确保上市药品与所审评药品的一致性。

(2)整合监管资源,明确职责,强化权力制约机制。药品注册应当遵循公开、公平、公正原则,并实行主审集体负责制、相关人员公示制和回避制、责任追究制、受理、检验、审评、审批、送达等环节接受社会监督。将药品注册工作置于社会监督之下,杜绝暗箱操作,确保阳光透明。

(3)提高审评审批标准,鼓励创新,限制低水平重复。为保护技术创新,遏制低水平重复,采取了以下几项措施:一是对创新药物改"快速审批"为"特殊审批",根据创新程度设置不同的通道,进一步提高审批效率;二是厘清新药证书的发放范围,进一步体现创新药物的含金量;三是提高了对简单改剂型申请的技术要求,更加关注其技术合理性和研制必要性,进一步引导企业有序申报;四是提高了仿制药品的技术要求,强调仿制药应与被仿药在安全性、有效性及质量上保持一致,进一步引导仿制药的研发与申报。

二、注册药品的分类

《药品注册管理办法》规定了药品的注册分类,药品分为中药及天然药物、化学药品和生物制品 3 大类。中药是指在我国传统医药理论指导下使用的药用物质及其制剂。天然药物是指在现代医药理论指导下使用的天然药用物质及其制剂。

1. 中药与天然药物

中药与天然药物注册分类共有 9 类。

(1)未在国内上市销售的从植物、动物、矿物等物质中提取的有效成分及其制剂。

(2)新发现的药材及其制剂。

(3)新的中药材代用品。

(4)药材新的药用部位及其制剂。

(5)未在国内上市销售的从植物、动物、矿物等物质中提取的有效部位及其制剂。

（6）未在国内上市销售的中药、天然药物复方制剂。

（7）改变国内已上市销售中药、天然药物给药途径的制剂。

（8）改变国内已上市销售中药、天然药物剂型的制剂。

（9）仿制药。

其中注册分类1~6的品种为新药,注册分类7、8按新药申请程序申报。

2. 化学药品

化学药品注册分类共有6类。

（1）未在国内外上市销售的药品 ①通过合成或者半合成的方法制得的原料药及其制剂;②天然物质中提取或者通过发酵提取的新的有效单体及其制剂;③用拆分或者合成等方法制得的已知药物中的光学异构体及其制剂;④由已上市销售的多组分药物制备为较少组分的药物;⑤新的复方制剂;⑥已在国内上市销售的制剂增加国内外均未批准的新适应症。

（2）改变给药途径且尚未在国内外上市销售的制剂。

（3）已在国外上市销售但尚未在国内上市销售的药品:①已在国外上市销售的制剂及其原料药,和/或改变该制剂的剂型,但不改变给药途径的制剂;②已在国外上市销售的复方制剂,和/或改变该制剂的剂型,但不改变给药途径的制剂;③改变给药途径并已在国外上市销售的制剂;④国内上市销售的制剂增加已在国外批准的新适应症。

（4）改变已上市销售盐类药物的酸根、碱基（或者金属元素）,但不改变其药理作用的原料药及其制剂。

（5）改变国内已上市销售药品的剂型,但不改变给药途径的制剂。

（6）已有国家药品标准的原料药或者制剂。

3. 生物制品

生物制品分为治疗用生物制品和预防用生物制品。

（1）治疗用生物制品 分为15类。未在国内外上市销售的生物制品;单克隆抗体;基因治疗、体细胞治疗及其制品;变态反应原制品;由人的、动物的组织或者体液提取的,或者通过发酵制备的具有生物活性的多组分制品;由已上市销售生物制品组成新的复方制品;已在国外上市销售但尚未在国内上市销售的生物制品;含未经批准菌种制备的微生态制品;与已上市销售制品结构不完全相同且国内外均未上市销售的制品（包括氨基酸位点突变、缺失,因表达系统不同而产生、消除或者改变翻译后修饰,对产物进行化学修饰等）;与已上市销售制品制备方法不同的制品（例如采用不同表达体系、宿主细胞等）;首次采用DNA重组技术制备的制品（例如以重组技术替代合成技术、生物组织提取或者发酵技术等）;国内外尚未上市销售的由非注射途径改为注射途径给药,或者由局部用药改为全身给药的制品;改变已上市销售制品的剂型但不改变给药途径的生物制品;改变给药途径的生物制品(不包括上述 12 项);已有国家药品标准的生物制品。

(2)预防用生物制品 未在国内外上市销售的疫苗;DNA 疫苗;已上市销售疫苗变更新的佐剂,偶合疫苗变更新的载体;由非纯化或全细胞(细菌、病毒等)疫苗改为纯化或者组分疫苗;采用未经国内批准的菌毒种生产的疫苗(流感疫苗、钩端螺旋体疫苗等除外);已在国外上市销售但未在国内上市销售的疫苗;采用国内已上市销售的疫苗制备的结合疫苗或者联合疫苗;与已上市销售疫苗保护性抗原谱不同的重组疫苗;更换其他已批准表达体系或者已批准细胞基质生产的疫苗;采用新工艺制备并且实验室研究资料证明产品安全性和有效性明显提高的疫苗;改变灭活剂(方法)或者脱毒剂(方法)的疫苗;改变给药途径的疫苗;改变国内已上市销售疫苗的剂型,但不改变给药途径的疫苗;改变免疫剂量或者免疫程序的疫苗;扩大使用人群(增加年龄组)的疫苗;已有国家药品标准的疫苗。

三、处方药与非处方药

凡必须凭执业医师处方才可配制、购买和使用的药品称处方药;患者不需要凭执业医师处方即可自行判断、购买和使用的药品称非处方药(国际上称 over the count,OTC)。

非处方药来源于处方药,其基本特征是安全、有效、方便;它们是长期上市的收载在《中国药典》和国家药品标准中的药品,由 SFDA 遴选出的。

SFDA 为保障人民用药安全有效、使用方便,制定了处方药与非处方药分类管理办法,于 2000 年 1 月 1 日起试行。根据药品品种、规格、适应症、剂量及给药途径不同,对药品分别按处方药与非处方药进行管理。处方药、非处方药生产企业必须具有《药品生产企业许可证》,其生产品种必须取得药品批准文号。非处方药标签和说明书除符合规定外,用语应当科学、易懂,便于消费者自行判断、选择和使用。非处方药的标签和说明书必须经 SFDA 批准。非处方药的包装必须印有国家指定的非处方药专有标识,必须符合质量要求,方便储存、运输和使用。每个销售基本单元包装必须附有标签和说明书。根据药品的安全性,非处方药分为甲、乙两类。经营处方药、非处方药的批发企业和经营处方药、甲类非处方药的零售企业必须具有《药品经营企业许可证》。经省级药品监督管理部门或其授权的药品监督管理部门批准的其他商业企业可以零售乙类非处方药。零售乙类非处方药的商业企业必须配备专职的具有高中以上文化程度,经专业培训后,由省级药品监督管理部门或其授权的药品监督管理部门考核合格并取得上岗证的人员。处方药只准在专业性医药报刊进行广告宣传,非处方药经审批可以在大众传播媒介进行广告宣传。

思考题

1.制剂与剂型的概念是什么?

2. 按分散系统剂型可分为几类？简述按给药途径分类，剂型可分为哪几类？

3. 什么叫医师处方？处方药与非处方药有何区别？

4. 药典与国家药品标准的概念是什么？

5. 化学药品注册分为哪几类？

参考文献

1. 陆彬. 药剂学. 北京：中国医药科技出版社，2003.

2. 崔福德. 药剂学(第7版). 北京：人民卫生出版社，2011.

3. 国家食品药品监督管理局. 药品注册管理方法. 北京：中国法制出版社，2007.

4. 国家食品药品监督管理局. 中华人民共和国药典(2020年版). 北京：中国医药科技出版社，2020.

第二章　药物制剂的稳定性

[学习目标]

1. 掌握制剂中药物降解的途径及影响因素。
2. 熟悉稳定性实验的方法。
3. 了解药物制剂稳定性研究的范围。

第一节　概　述

一、研究药物制剂稳定性的意义

药物及药物制剂是一种特殊的商品,对其最基本的要求应该是安全、有效、质量可控。如果药物制剂在制备和贮存期间的稳定性较差,就难以保证用药后的安全性和有效性,因此稳定性也是用药安全的有效保证。药物制剂的稳定性系指药物在体外的稳定性。药物若分解变质,不仅使药效降低,而且有些变质的物质甚至可产生毒副作用。另外,药物制剂的生产已基本实现机械化规模生产,若产品不稳定或变质,则会在经济上造成巨大损失。因此,药物制剂的稳定性研究,对于保证产品质量以及安全有效具有重要意义,也是制剂研究、开发与生产中的一个重要课题。

一个制剂产品,从原料合成、剂型设计到制剂生产,稳定性研究是其中的基本内容。我国《药品注册管理办法》(局令第 28 号)明确规定,在新药研究和申报过程中必须呈报有关稳定性资料。因此,为了合理地进行处方设计,提高制剂质量,保证药品药效与安全,提高经济效益,必须重视和开展药物制剂的稳定性研究。

二、药物制剂稳定性研究的范围

药物制剂稳定性一般包括化学、物理和生物学三个方面。化学稳定性是指由于温度、湿度、光线、pH 等的影响,药物制剂产生水解、氧化等化学降解反应,使药物含量(或效价)降低及色泽产生变化,从而影响制剂外观、破坏药品的内在质量,甚至增大药品的毒性等。物理稳定性主要是指药物制剂的物理性能发生变化,如混悬剂中药物颗粒结块、结晶生长,乳剂分层、破裂,胶体制剂老化,片剂崩解度、溶出度的改变,散剂的结块变色等。生物学稳定性一般指药物制剂由于受微生物的污染,而使产品变质、腐败,尤其是一些含有蛋白质、氨基酸、糖类等成分的制剂更易发生此类问题,如糖浆剂的霉败、乳剂的酸败等。

药物制剂的稳定性是一个复杂的问题,可能同时伴随发生化学稳定性、物理稳定性及生物学稳定性问题。任何一个方面发生问题,都会影响药物的外观,导致产品质量下降甚至不合格,有的降解产物还可能增加药物的毒副作用。研究药物制剂的稳定性,目的就是提高产品的内在质量。为了达到这一目的,在进行新药的研究与开发过程中必须考察环境因素(如湿度、温度、光线、包装材料等)和处方因素(如辅料、pH、离子强度等)对药物稳定性的影响,从而筛选出最佳处方,为药品的生产、包装、贮存、运输条件提供科学依据,同时通过试验建立药品的有效期,以保障临床用药安全有效。本章将对药物制剂的化学稳定性进行重点讨论。

三、化学动力学概述

早在 20 世纪 50 年代初期,Higuchi 等已将化学动力学的原理与方法用于评价药物的稳定性。化学动力学在物理化学中已做了详细论述,此处只将与药物制剂稳定性有关的某些内容,简要地加以介绍。

研究药物制剂的稳定性,实际上主要是要了解制剂中的药物含量在不同条件下(温度、湿度、光、pH 等)随时间变化而改变的规律。尽管有些药物的降解反应机制十分复杂,但多数药物及其制剂可按零级、一级、伪一级反应处理。

1. 零级反应

零级反应速度与反应浓度无关,而受其他因素的影响,如反应物的溶解度,或某些光化学反应中的照度等。零级反应的速率方程为:

$$-\frac{\mathrm{d}c}{\mathrm{d}t} = k_0 \qquad\qquad (2-1)$$

积分得:

$$c = c_0 - kt \qquad\qquad (2-2)$$

式中　t——反应时间

　　　c_0——$t = 0$ 时反应物浓度,mol/L

　　　c——t 时反应物的浓度,mol/L

　　　k_0——零级速率常数,mol/(L·s)

c 与 t 呈线性关系,直线的斜率为 k_0,截距为 c_0。

2. 一级反应

一级反应速率与反应物浓度的一次方成正比,其速率方程为:

$$-\frac{\mathrm{d}c}{\mathrm{d}t} = kc \qquad\qquad (2-3)$$

积分后得浓度与时间关系:

$$\lg c = -\frac{kt}{2.303} + \lg c_0 \qquad\qquad (2-4)$$

式中　k——一级速率常数，s^{-1}、min^{-1} 或 h^{-1}、d^{-1} 等

以 $\lg c$ 与 t 作图呈直线，直线的斜率为 $-k/2.303$，截距为 $\lg c_0$。

通常将反应物消耗一半所需的时间称为半衰期，记作 $t_{1/2}$，恒温时，一级反应的 $t_{1/2}$ 与反应物浓度无关。

$$t_{1/2} = \frac{0.693}{k} \tag{2-5}$$

对于药物降解，常用降解 10% 所需的时间，记作 $t_{0.9}$，恒温时，$t_{0.9}$ 也与反应物浓度无关。

$$t_{1/2} = \frac{0.1054}{k} \tag{2-6}$$

第二节　制剂中药物的化学降解

药物化学降解的途径主要取决于药物化学结构的不同，水解和氧化是药物降解的两个主要途径。其他如异构化、聚合、脱羧等反应，在某些药物中也有发生。有时一种药物还可能同时产生两种或两种以上的反应。

一、由于水解反应引起的不稳定性

水解是药物降解的主要途径，属于这类降解的药物主要有酯类（包括内酯）、酰胺类（包括内酰胺）、含活泼卤素的药物（如酰卤等）、苷类及缩胺等，通常酯类又较酰胺类易于水解。

1. 酯类药物的水解

含有酯键药物的水溶液或吸收水分后，在 H^+ 或 OH^- 或广义酸碱的催化下水解反应加速。特别在碱性溶液中，由于酯分子中氧的电负性比碳大，故酰基被极化，亲核性的 OH^- 易于进攻酰基上的碳原子，而使酯键断裂，生成醇和酸，酸与 OH^- 反应，使反应进行完全。在酸碱催化下，酯类药物的水解常可用一级或伪一级反应处理。

盐酸普鲁卡因的水解可作为这类药物的代表，水解生成无明显麻醉作用的对氨基苯甲酸和二乙胺基乙醇。

$$H_2N-\!\!\!\bigcirc\!\!\!-COOCH_2CH_2N(C_2H_5)_2 \cdot HCl + H_2O \longrightarrow$$

$$H_2N-\!\!\!\bigcirc\!\!\!-COOH + HOCH_2CH_2N(C_2H_5)_2 + HCl$$

阿司匹林（乙酰水杨酸）片由于吸收水分也可发生水解反应，其主要水解产物水杨酸对胃肠道有刺激作用。

同属此类的药物还有盐酸丁卡因、盐酸可卡因、溴丙胺太林、硫酸阿托品、氢溴酸后马托品等。羟苯甲酯类也有水解的可能，在制备时应引起注意。酯类水解，往往使溶液的 pH 下降，有些酯类药物灭菌后 pH 下降，即提示有水解可能。

内酯在碱性条件下易水解开环。硝酸毛果芸香碱、华法林钠均有内酯结构，可以产生水解。

2. 酰胺类药物的水解

酰胺类药物水解以后生成酸与胺。属于这类的药物有氯霉素、青霉素类、头孢菌素类、巴比妥类等。此外如利多卡因、对乙酰氨基酚等也属于此类药物。

（1）氯霉素　氯霉素比青霉素类抗生素稳定，但其水溶液仍很易分解，pH 在 7 以下，主要是酰胺水解，生成氨基物与二氯乙酸。

pH 在 2~7 范围内，pH 对水解速度影响不大。pH 为 6 时最稳定，pH 在 2 以下或 8 以上时水解作用加速，而且在 pH 大于 8 时还有脱氯的水解作用。氯霉素水溶液加热至 120℃ 时，氨基物可能进一步发生分解生成对硝基苯甲醇。水溶液对光敏感，在 pH5.4 暴露于日光下，产生黄色沉淀。对分解产物进行分析，结果表明可能是由于进一步发生氧化、还原和缩合反应所致。

目前常用的氯霉素制剂主要是氯霉素滴眼液，处方有多种，其中氯霉素的硼酸－硼砂缓冲液的 pH 为 6.4，其有效期为 9 个月，如调整缓冲剂用量，使 pH 在原来的 6.4 基础上适当降低，可使本制剂稳定性提高。氯霉素溶液可于 100℃、30min 灭菌，水解 3%~4%，以同样时间 115℃ 热压灭菌，水解达 15%，故不宜采用。

（2）青霉素和头孢菌素类　青霉素的结构，可用下列通式表示：

这类药物的分子中存在着不稳定的 β－内酰胺环，在 H^+ 或 OH^- 影响下，很易裂环失效。

氨苄西林在中性和酸性溶液中的水解产物为 α - 氨苄青霉酰胺酸。氨苄西林在水溶液中最稳定的 pH 为 5.8。pH 为 6.6 时，$t_{1/2}$ 为 39d。本品只宜制成固体剂型(注射用无菌粉末)。注射用氨苄西林钠在临用前可用 0.9% 氯化钠注射液溶解后输液，但 10% 葡萄糖注射液对本品有一定的影响，最好不要配合使用，若二者配合使用，也不宜超过 1h。乳酸钠注射液对本品水解具有显著的催化作用，二者不能配合。

头孢菌素类药物由于分子中同样含有 β - 内酰胺环，易于水解。如头孢唑啉钠(头孢菌素 V)在酸与碱中都易水解失效，水溶液在 pH 为 4~7 时较稳定，在 pH 为 4.6 的缓冲溶液中 $t_{0.9}$ 约为 90h。

(3)巴比妥类 也是酰胺类药物，在碱性溶液中容易水解;有些酰胺类药物，如利多卡因，邻近酰胺基有较大的基团，由于空间效应，故不易水解。

二、由于氧化反应引起的不稳定性

氧化也是药物变质的主要途径之一。失去电子为氧化，因此在有机化学中常把脱氢称氧化。药物氧化分解常是自动氧化，即在大气中氧的影响下进行缓慢的氧化。药物的氧化过程与化学结构有关，如酚类、烯醇类、芳胺类、吡唑酮类、噻嗪类药物较易氧化。氧化的过程也比较复杂，受热、光、微量金属离子等影响较大，有时一个药物可同时发生氧化、水解、光解等反应。药物氧化的结果往往不仅药效降低，而且可能发生颜色改变或产生沉淀。有些药物即使被氧化极少量，亦会色泽变深或产生不良气味，严重影响药品的质量，甚至成为废品。

1. 酚类药物的氧化

这类药物分子中具有酚羟基，如肾上腺素、左旋多巴、吗啡、去水吗啡、水杨酸钠等。

左旋多巴用于治疗震颤麻痹症，主要有片剂、胶囊剂和注射剂，氧化后先形成有色物质，最后产物为黑色素。所以，在拟定处方时应采取防止氧化的措施。

肾上腺素的氧化与左旋多巴类似，先形成肾上腺素红，后成为棕红色聚合物或黑色素。

2. 烯醇类药物的氧化

维生素 C(又称抗坏血酸)是这类药物的代表，分子中含有烯醇基，极易氧化，氧化过程较为复杂。在有氧条件下，先氧化成去氢抗坏血酸，然后经水解为 2,3 - 二酮古罗糖酸，此化合物进一步氧化为草酸与 L - 丁糖酸。

抗坏血酸　　　　　去氢抗坏血酸

$$
\begin{array}{c}
\text{COOH} \\
| \\
\text{O}{=}\text{C} \\
| \\
\text{O}{=}\text{C} \\
| \\
\text{H}{-}\text{C}{-}\text{OH} \\
| \\
\text{HO}{-}\text{C}{-}\text{H} \\
| \\
\text{CH}_2\text{OH}
\end{array}
\longrightarrow
\begin{array}{c}
\text{COOH} \\
| \\
\text{COOH}
\end{array}
+
\begin{array}{c}
\text{COOH} \\
| \\
\text{H}{-}\text{C}{-}\text{OH} \\
| \\
\text{HO}{-}\text{C}{-}\text{H} \\
| \\
\text{CH}_2\text{OH}
\end{array}
$$

2,3 - 二酮古罗糖酸　　草酸　　L - 丁糖酸

维生素 C 在无氧条件下,发生脱水作用和水解作用生成呋喃甲醛和二氧化碳,由于 H^+ 的催化作用,在酸性介质中脱水作用比碱性介质快,实验证实有二氧化碳气体产生。

维生素 C 注射液存放过久或贮存条件不良,常可引起颜色变黄,金属离子对其氧化有明显的催化作用。因此,制备维生素 C 注射液时,应加入抗氧剂、金属离子络合剂,充惰性气体等。

第三节　影响药物制剂稳定性的因素及提高稳定性的方法

影响药物制剂稳定性的因素很多,本节着重从处方因素与外界因素两个方面来探讨。

一、处方因素对药物制剂稳定性的影响及解决方法

制备任何一种制剂,首先要进行处方设计,因处方的组成可直接影响药物制剂的稳定性。pH、广义的酸碱催化、溶剂、离子强度、表面活性剂等因素,均可影响易于水解药物的稳定性。溶液 pH 与药物氧化反应也有密切关系。半固体、固体制剂的某些赋形剂或附加剂,有时对主药的稳定性也有影响,都应加以考虑。

1. pH 的影响

处方的 pH 是处方因素中影响制剂稳定性的重要因素,它无论对于药物的水解反应还是氧化反应,均有影响。

许多药物的降解受 H^+ 或 OH^- 催化,降解速度很大程度上受 pH 的影响。pH 较低时主要是 H^+ 催化,pH 较高时主要是 OH^- 催化,pH 中等时为 H^+ 与 OH^- 共同催化或与 pH 无关。许多酯类、酰胺类药物常受 H^+ 或 OH^- 催化水解,这种催化作用也叫专属酸碱催化或特殊酸碱催化,此类药物的水解速度主要取决于 pH。药物的氧化过程同样也受到 H^+ 或者 OH^- 的催化作用,如吗啡在 pH 低于 4 的水溶液中稳定,而 pH 在 5.5 ~ 7.0 范围内氧化速度迅速加快;维生素 C 在 pH6.0 ~ 6.5 及 2.5 ~ 3.0 范围内较为稳定,在其他 pH 特别是低于 2.5 时氧

化速度迅速加快。

处方设计中的 pH 调节应同时兼顾三个方面的问题:一是有利于制剂的稳定性;二是不影响药物的溶解性能;三是要注意到药效及用药安全性与刺激性,特别是注射剂与眼用制剂 pH 过高或过低均会造成血管、肌肉或眼部黏膜的刺激性,所以应综合考虑稳定性、溶解度和药效三个方面。如大部分生物碱在偏酸性溶液中比较稳定,故注射剂常调节在偏酸范围。但将它们制成滴眼剂时,就应调节在偏中性范围,以减少刺激性,提高疗效。

2. 广义酸碱催化的影响

许多药物即使在其较稳定的 pH 溶液中,降解速度仍然较大,这是因为处方使用的某些缓冲体系对药物有广义的酸或碱的催化作用。常用的缓冲剂有:醋酸盐、磷酸盐、柠檬酸盐、硼酸盐及其相应的酸。如磷酸与柠檬酸缓冲体系对氨苄青霉素有广义的酸碱催化作用;广义的碱 HPO_4^{2-} 对青霉素 G 钾盐、苯氧乙基青霉素有催化作用;磷酸、硼砂及其盐的缓冲体系对硝酸毛果芸香碱有广义的酸碱催化作用;醋酸盐、柠檬酸盐催化氯霉素的水解。

为了观察缓冲液对药物的催化作用,可用增加缓冲剂的浓度,但保持盐与酸的比例不变(pH 恒定)的方法,配制一系列的缓冲溶液,然后观察药物在这一系列缓冲溶液中的分解情况,如果分解速度随缓冲剂浓度的增加而增加,则可确定该缓冲剂对药物有广义的酸碱催化作用。为了减少这种催化作用的影响,在实际生产处方中,缓冲剂应用尽可能低的浓度或选用没有催化作用的缓冲系统。

3. 溶剂的影响

对于易水解的药物,有时采用介电常数较小的非水溶剂如乙醇、丙二醇、甘油等,可使该类药物稳定。含有非水溶剂的注射液有苯巴比妥注射液、地西泮注射液等。

4. 离子强度的影响

在制剂处方中,往往加入电解质调节等渗,或加入盐(如一些抗氧剂)防止氧化,加入缓冲剂调节 pH。因而离子强度对降解速度具有一定的影响,相同电荷离子之间的反应,如药物离子带负电荷,并受 OH^- 催化,则由于盐的加入会增大离子强度,从而使分解反应的速度加快,如青霉素在磷酸缓冲液中(pH 为 6.8)的水解速度随离子强度的增加而增加;如果是受 H^+ 催化,则分解反应的速度随着离子强度的增大而减慢。对于中性分子的药物而言,分解速度与离子强度无关。

5. 表面活性剂的影响

表面活性剂可增加某些易水解药物制剂的稳定性,这是由于表面活性剂在溶液中形成的胶束可减少增溶质受到的攻击。如苯佐卡因易受碱催化水解,在 5% 的十二烷基硫酸钠溶液中,30℃时的 $t_{1/2}$ 增加到 1 150min,不加十二烷基硫酸钠时则为 64min。这是因为表面活性剂在溶液中形成胶束,苯佐卡因增溶在胶束周围形成一层所谓"屏障",阻碍 OH^- 进入胶束,而减少其对酯键的攻击,因而增加苯佐卡因的稳定性。但要注意,表面活性剂有时也可加快某些药物的分解,降低药物制剂的稳定性,如聚山梨酯80可降低维生素D的稳定性。对具体药物应通过实验,正确选用表面活性剂。

6. 处方中基质或赋形剂的影响

辅料对药物稳定性产生影响的机制主要有以下几种:①起表面催化作用;②改变了液层中的pH;③直接与药物产生相互作用。

处方中的基质及赋形剂对处方的稳定性也将产生影响。例如硬脂酸镁是一种常用的润滑剂,与阿司匹林共存时可加速阿司匹林的水解,其原因有两个:硬脂酸镁能与阿司匹林形成相应的乙酰水杨酸镁,溶解度增加;硬脂酸镁具弱碱性而有催化作用。有研究表明阿司匹林单独的水解机制与阿司匹林和硬脂酸镁一起的水解机制不同。所以选用阿司匹林片的润滑剂时,考虑到主药的稳定性,不应使用硬脂酸镁这类润滑剂,而须用影响较小的滑石粉或硬脂酸。

由于药物在固体制剂中的降解很复杂,特别是在含有填充剂、润滑剂及黏合剂的片剂、胶囊剂中,很难对其中的药物降解机制做出很肯定的解释。药物的辅料性质、药物的结晶性和残留水分对稳定性有重要影响。

不仅药物的含水量会对固体制剂的稳定性有影响,辅料的吸湿性也对固体制剂稳定性有较大的影响。如巯甲丙普酸本身对热和湿都很稳定,但在辅料存在下会迅速氧化,研究发现淀粉比微晶纤维素、乳糖吸湿性大,但使巯甲丙普酸的降解却小于后二者,这可能与辅料同水的结合强度有关。Carstensen指出:固体药物的降解受湿度影响,但是任何一种物质在含有水分低于某一数值下,水分对药物的降解无影响,并将该值命名为临界湿度。例如,使用不同含水量的微晶纤维素对维生素B_1的稳定性进行研究,发现含水量达到一定值后,水能加速维生素B_1的降解。

二、外界因素对药物制剂稳定性的影响及解决方法

除了制剂的处方因素外,外界因素与制剂的化学稳定性也有密切的关系,外界因素包括温度、光线、空气(氧)、金属离子、湿度和水分、包装材料等。这些因素对于制订产品的生产工艺条件和包装设计都是十分重要的。其中温度对各种降解途径(如水解、氧化等)均有较大影响,而光线、空气(氧)、金属离子对易氧化药物影响较大,湿度、水分主要影响固体药物的稳定性,包装材料也是各种产品都必须考虑的问题。

1. 温度的影响

温度是外界环境中影响制剂稳定性的重要因素之一,对水解、氧化等反应影响较大,而对光解反应影响较小。一般来说,温度升高,药物的降解速度增加。

药物制剂在制备过程中,往往需要干燥、加热溶解、灭菌等操作,此时应考虑温度对药物稳定性的影响,制订合理的工艺条件,减少温度对药物制剂稳定性的

影响。有些产品在保证完全灭菌的前提下,可降低灭菌温度,缩短灭菌时间。那些对热特别敏感的药物,如某些抗生素、生物制品,应根据药物的性质,设计合适的剂型,生产中采取特殊的工艺,如采用固体剂型,使用冷冻干燥和无菌操作,同时产品要低温贮存等,以保证产品质量。

2. 光线的影响

在制剂生产与产品的贮存过程中,还必须考虑光线的影响。光能激发氧化反应,加速药物的分解。有些药物分子受辐射(光线)作用使分子活化而产生分解,此种反应称为光化降解(photodegradation),其速度与系统的温度无关。这种易被光降解的物质称为光敏感物质。硝普钠(亚硝基铁氰化钠)是一种强效、速效降压药,临床效果肯定。本品对热稳定,但对光极不稳定,临床上用5%的葡萄糖配制成0.05%的硝普钠溶液静脉滴注,在阳光下照射10min就分解13.5%,颜色也开始变化,同时pH下降。室内光线条件下,本品半衰期为4h。

光敏感的药物还有氯丙嗪、异丙嗪、核黄素、氢化可的松、泼尼松、叶酸、维生素A、维生素B、辅酶Q_{10}、硝苯吡啶等,药物结构与光敏感性可能有一定的关系,如酚类和分子中有双键的药物,一般对光敏感。

光敏感的药物制剂,在制备过程中应避光操作,并合理设计处方工艺,如运用在处方中加入抗氧剂、在包衣材料中加入避光剂、在包装上使用棕色玻璃瓶或容器内衬垫黑纸等避光技术,以提高其稳定性。如有人对抗组胺药物用透明玻璃容器加速实验,8周含量下降36%,而用棕色瓶包装几乎没有变化。

3. 空气(氧)的影响

空气中的氧常常是引起药物制剂不稳定的重要原因,特别是对一些易氧化的药物。大气中的氧进入制剂的主要途径有:①氧在水中有一定的溶解度,在平衡时,0℃为10.19mL/L,25℃为5.75mL/L,50℃为3.85mL/L,100℃水中几乎没有氧;②在药物容器空间的空气中也存在着一定量的氧。各种药物制剂几乎都有与氧接触的机会,因此除去氧气对于易氧化的品种,是防止氧化的根本措施。生产上一般在溶液中和容器空间通入惰性气体如二氧化碳或氮气,置换其中的空气。在水中通二氧化碳气体至饱和时,残存氧气仅为0.05mL/L,通氮气至饱和时,残存氧气约为0.36mL/L。若通气不够充分,对成品质量影响很大。有时同一批号注射液,其色泽深浅不同,可能是由于通入气体有多有少的缘故。对于固体药物,也可采取真空包装等。

药物的氧化降解常为自动氧化,在制剂中只要有少量氧存在,就能引起这类反应,因此还必须加入抗氧剂。一些抗氧剂本身为强还原剂,它首先被氧化而保护主药免遭氧化,在此过程中抗氧剂逐渐被消耗(如亚硫酸盐类)。另一些抗氧剂是链反应的阻化剂,能与游离基结合,中断链反应的进行,在此过程中其本身不被消耗。抗氧剂可分为水溶性抗氧剂与油溶性抗氧剂两大类,见表2-1,其中油溶性抗氧剂具有阻化剂的作用。此外还有一些药物能显著增强抗氧剂的效果,通常称为协同剂(synergists),如柠檬酸、酒石酸、磷酸等。焦亚硫酸钠和亚硫酸氢钠常用于弱酸性药液,亚硫酸钠常用于偏碱性药液,硫代硫酸钠在偏酸性药液中可析出硫的细粒:

$$S_2O_3^{2-} + 2H^+ \longrightarrow H_2SO_3 + S\downarrow$$

故只能用于碱性药液中,如磺胺类注射液,甲醛合亚硫酸氢钠不宜作静脉注射的抗氧剂。近年来,氨基酸抗氧剂已引起药剂科学工作者的重视,有人用半胱氨酸配合焦亚硫酸钠使25%的维生素 C 注射贮存期得以延长。此类抗氧剂的优点是毒性小且本身不易变色,但价格稍贵。

表 2-1　　　　　　　　　　常用抗氧剂

抗氧剂	常用浓度/%
水溶性抗氧剂	
亚硫酸钠	0.1~0.2
亚硫酸氢钠	0.1~0.2
焦亚硫酸钠	0.1~0.2
甲醛合亚硫酸氢钠	0.1
硫代硫酸钠	0.1
硫脲	0.05~0.1
维生素 C	0.2
半胱氨酸	0.000 15~0.05
甲硫氨酸	0.05~0.1
硫代乙酸	0.005
硫代甘油	0.005
油溶性抗氧剂	
叔丁基对羟基茴香醚(BHA)	0.005~0.02
二叔丁对甲酚(BHT)	0.005~0.02
培酸丙酯(PG)	0.05~0.1
维生素 E(生育酚)	0.05~0.5

油溶性抗氧剂如 BHA、BHT 等,用于油溶性维生素类(如维生素 A、D)制剂有较好效果。另外维生素 E、卵磷脂为油脂的天然抗氧剂,精制油脂时若将其除去,就不易保存。

使用抗氧剂时,还应注意主药是否与此发生相互作用。有报道亚硫酸氢盐可以与邻、对－羟基苯甲醇衍生物发生反应。如肾上腺素与亚硫酸氢钠在水溶液中可形成无光学与生理活性的磺酸盐化合物。亚硫酸钠在 pH5 左右可使维生素 B_1 分解失效,亚硫酸氢钠也能使氯霉素失去活性。还应注意甘露醇、酚类、醛类、酮类物质可降低亚硫酸盐类抗氧剂的活性。

4. 金属离子的影响

制剂中微量金属离子主要来自原辅料、溶剂、容器以及操作过程中使用的工具等。微量金属离子对自动氧化反应有显著的催化作用,如 0.000 2mol/L 的铜能使维生素 C 氧化速度增大 1 万倍。铜、铁、钴、镍、锌、铅等离子都有促进氧化的作用,它们主要是缩短氧化作用的诱导期,增加游离基生成的速度。

要避免金属离子的影响,应选用纯度较高的原辅料,操作过程中不要使用金属器具,同时还可加入螯合剂,如依地酸盐或柠檬酸、酒石酸、磷酸、二巯乙基甘氨酸等附加剂,有时螯合剂与亚硫酸盐类抗氧剂联合应用,效果更佳。乙二胺四乙酸二钠常用量为 0.005% ~0.05%。

5. 湿度和水分的影响

空气中湿度与物料中含水量对固体药物制剂稳定性的影响特别重要。水是化学反应的媒介,固体药物吸附了水分以后,在表面形成一层液膜,分解反应就在液膜中进行。无论是水解反应,还是氧化反应,微量的水均能加速乙酰水杨酸、青霉素 G 钠盐、氨苄西林钠、对氨基水杨酸钠、硫酸亚铁等的分解。药物是否容易吸湿,取决于其临界相对湿度的大小。氨苄西林极易吸湿,经试验测定其临界相对湿度仅为 47%,如果在相对湿度 75% 的条件下,放置 24h,可吸收水分约 20%,同时粉末溶化。这些原料药物的水分含量必须特别注意,一般水分含量在 1% 左右比较稳定,水分含量越高分解越快。

湿度和水分对于氨基水杨酸钠的影响也有一些研究。试验测定其临界相对湿度虽然较高(约 89%),但人为添加微量的水(约 0.53%),其变色速度就显著增加。若在 70℃ 进行加速实验,当水蒸气压力为 6.9kPa(52.3mmHg)时,速度常数为 0.118mol/h,而在 19.2kPa(144mmHg)时,则为 0.305mol/h,分解速度明显加快。

研究水分对药物稳定性影响的实验设计,关键是加入水的方法,一般是将样品放在不同无机盐的饱和溶液的器皿(密闭)中恒温一定时间,以获得不同的水分含量。然后测定反映样品稳定性的各项指标,确定水分对样品稳定性的影响。

6. 包装材料的影响

药物制剂在室温下贮存,主要受热、光、水汽及空气(氧)的影响。包装设计就是排除这些因素的干扰,同时也要考虑包装材料与药物制剂的相互作用。如不考虑这些问题,则最稳定的处方也难以得到优质的产品。常用的包装容器的材料有玻璃、塑料、橡胶及一些金属,下面分别进行讨论。

玻璃的理化性能稳定,不易与药物相互作用,气体不能透过,为目前应用最多的一类容器。但有些玻璃会释放碱性物质和脱落不溶性玻璃碎片等,这些问题对注射剂特别重要。棕色玻璃能阻挡波长小于 470nm 的光线透过,故光敏感的药物可用棕色玻璃瓶包装。

塑料是聚氯乙烯、聚苯乙烯、聚乙烯、聚丙烯、聚酯、聚碳酸酯等一类高分子聚合物的总称,具有质轻、价廉、易成型的优点。为了便于成型或防止老化等原因,常常在塑料中加入增塑剂、防老化剂等附加剂。有些附加剂具有毒性,药用包装塑料应选用无毒塑料制品。但塑料容器也存在三个问题:①透气性,制剂中的气体可以与大气中的气体进行交换,可使盛于聚乙烯瓶中的四环素混悬剂变色变味、乳剂脱水氧化至破裂变质,还可使硝酸甘油挥发逸失;②透湿性,如聚氯乙烯膜,当膜的厚度为 0.03mm 时,在 40℃、90% 相对湿度条件下透湿速度为 $100g/(m^2 \cdot d)$;③吸附性,塑料中的物质可以迁移进入药物溶液中,而药物溶液中的物质(如防腐剂)也可被塑料吸附,如尼龙就能吸附多种抑菌剂,而使抑菌力下降。高密度聚乙烯容器的刚性、表面硬度、拉伸强度大,熔点、软化点上升,水蒸气与气体透过速度下降,因此常用于片剂、胶囊剂的包装容器。

橡胶是制备塞子、垫圈、滴头等的主要材料。缺点是能吸附主药和抑菌剂,其成型时加入的附加剂,如硫化剂、填充剂、防老化剂等能被药物溶液浸出而致污染,这对大输液尤应引起重视。

金属材料主要用作软膏剂、眼膏剂、搽剂的包装,具有坚固、密封性好的特点,但易受药物的腐蚀,产生的杂质可污染制剂。如锡管、铝管、铅管可被氧化物或酸性物所腐蚀,若在金属表面涂以防护层如乙烯漆或纤维素漆,则可增强其耐腐蚀能力。

鉴于包装材料与药物制剂稳定性关系较大,因此,在产品试制过程中要进行"装样试验",对各种不同包装材料在一定的贮存条件下进行加速试验,以确定合适的包装材料。

三、药物制剂稳定化的其他方法

前面结合影响因素对药物制剂稳定性做了相应的讨论,但有些方法还不能概括,故在此做进一步的讨论。

1. 改进药物制剂或生产工艺

(1)制成固体制剂 凡是在水溶液中证明是不稳定的药物,一般可制成固体制剂。供口服的做成片剂、胶囊剂、颗粒剂等。供注射的则做成注射用无菌粉末,可使稳定性大大提高。青霉素类、头孢菌素类药物目前基本上都是固体制剂。此外也可将药物制成膜剂,例如将硝酸甘油做成片剂,易产生内迁移现象,降低药物含量的均匀性,国内一些单位将其试制成硝酸甘油膜剂,增加了稳定性。

(2)制成微囊或包合物 某些药物制成微囊可增加药物的稳定性。如维生素 A 制成微囊稳定性有很大提高,也有将维生素 C、硫酸亚铁制成微囊,防止氧化,有些药物可以环糊精制成包合物。

(3)采用粉末直接压片或包衣工艺 一些对湿热不稳定的药物,可以采用粉末直接压片或干法制粒。包衣是解决片剂稳定性的常规方法之一,如氯丙嗪、异丙嗪、对氨基水杨酸钠等,均做成包衣片。个别对光、热、水很敏感的药物,如酒石麦角胺,采用联合式压制包衣机制成包衣片,收到良好效果。

2.制成难溶性盐

一般药物混悬液降解只决定于其在溶液中的浓度,而不是产品中的总浓度。所以将容易水解的药物制成难溶性盐或难溶性酯类衍生物,可增加其稳定性。水溶性越低,稳定性越好。例如青霉素 G 钾盐,可制成溶解度小的普鲁卡因青霉素 G(水中溶解度为 1:250),稳定性显著提高。青霉素 G 还可以与 N,N^- 双苄乙二胺生成苄星青霉素 G(长效西林),其溶解度进一步减小(1:6 000),故稳定性更佳,可以口服。

3.加入干燥剂

易水解的药物可与某些吸水性较强的物质混合压片,这些物质起到干燥剂的作用,吸收药物所吸附的水分,从而提高药物的稳定性。如用 3% 二氧化硅作干燥剂可提高阿司匹林的稳定性。

第四节　药物稳定性试验的方法

稳定性试验的目的是考察原料药或药物制剂在温度、湿度、光线的影响下随时间变化的规律,为药品的生产、包装、贮存、运输条件提供科学依据,同时通过试验建立药品的有效期。

稳定性试验的基本要求是:

(1)稳定性试验包括影响因素试验、加速试验与长期试验。影响因素试验用 1 批原料药或 1 批制剂进行。加速试验与长期试验要求用 3 批供试品进行。

(2)原料药供试品应是一定规模生产的,供试品量相当于制剂稳定性试验所要求的批量,原料合成工艺路线、方法、步骤应与大生产一致。药物制剂供试品应是放大试验的产品,其处方与工艺应与大生产一致。药物制剂如片剂、胶囊剂,每批放大试验的规模,片剂至少应为 10 000 片,胶囊剂至少应为 10 000 粒。大体积包装的制剂如静脉输液等,每批放大规模的数量至少应为各项试验所需总量的 10 倍。特殊品种、特殊制剂所需数量,根据情况另定。

(3)供试品的质量标准应与临床前研究及临床试验和规模生产所使用的供试品质量标准一致。

(4)加速试验与长期试验所用供试品的包装应与上市产品一致。

(5)研究药物稳定性,要采用专属性强、准确、精密、灵敏的药物分析方法与有关物质(含降解产物及其变化所生成的产物)的检查方法,并对方法进行验证,以保证药物稳定性试验结果的可靠性。在稳定性试验中,应重视降解产物的检查。

(6)由于放大试验比规模生产的数量要小,故申报者应承诺在获得批准后,从放大试验转入规模生产时,对最初通过生产验证的三批规模生产的产品仍需进行加速试验与长期稳定性试验。

根据《中国药典》(2020 年版)及法规要求,我国的稳定性研究可以分为以下几类:

上市前的稳定性研究包括影响因素试验、加速试验和长期试验,上市后的稳定性研究包括持续稳定性考察(条件等同于长期稳定性试验)和承诺稳定性试验(条件等同于加速试验和长期稳定性试验)。

一、影响因素试验

影响因素试验(强化试验,stress testing)是在比加速试验更激烈的条件下进行。原料药进行此试验的目的是探讨药物的固有稳定性、了解影响其稳定性的因素及可能的降解途径与降解产物,为制剂生产工艺、包装、贮存条件和建立降解产物分析方法提供科学依据。供试品可以用 1 批原料药进行,将供试品置适宜的开口容器中(如称量瓶或培养皿),摊成≤5mm 厚的薄层,疏松原料药摊成≤10mm 厚薄层,进行以下试验。当试验结果发现降解产物有明显的变化,应考虑其潜在的危险性,必要时应对降解产物进行定性或定量分析。

1. 高温试验

供试品开口置适宜的洁净容器中,60℃温度下放置 10d,于第 5d 和第 10d 取样,按稳定性重点考察项目进行检测。如供试品含量低于规定限度则在 40℃条件下同法进行试验。若 60℃无明显变化,不再进行 40℃试验。

2. 高湿度试验

供试品开口置恒湿密闭容器中,在 25℃分别于相对湿度 90% ±5% 条件下放置 10d,于第 5d 和第 10d 取样,按稳定性重点考察项目要求检测,同时准确称量试验前后供试品的重量,以考察供试品的吸湿潮解性能。若吸湿增重 5% 以上,则在相对湿度 75% ±5% 条件下,进行试验。恒湿条件可在密闭容器如干燥器下部放置饱和盐溶液,根据不同相对湿度的要求,可以选择 NaCl 饱和溶液(相对湿度75% ±1% ,15.5～60℃),KNO_3 饱和溶液(相对湿度 92.5% ,25℃)。

3. 强光照射试验

供试品开口放在装有日光灯的光照箱或其他适宜的光照装置内,于照度为4500lx ±500lx 的条件下放置 10d,于第 5d 和第 10d 取样,按稳定性重点考察项目进行检测,特别要注意供试品的外观变化。

关于光照装置,建议采用定型设备"可调光照箱",也可用光栅,在箱中安装日光灯数支使达到规定照度。箱中供试品台高度可以调节,箱上配有照度计,可随时监测箱内照度,光照箱应不受自然光的干扰,并保持照度恒定,同时防止尘埃进入光照箱内。

此外,根据药物的性质必要时可设计试验,探讨 pH 与氧及其他条件对药物稳定性的影响,并研究分解产物的分析方法。创新药物应对分解产物的性质进行必要的分析。

药物制剂进行此项试验的目的是考察制剂处方的合理性与生产工艺及包装条件。供试品用 1 批进行,将供试品如片剂、胶囊剂、注射剂(注射用无菌粉末如为西林瓶装,不能打开瓶盖,以保持严封的完整性),除去外包装,置适宜的开口容器中,进行高温试验、高湿度试验与强光照射试验,试验条件、方法、取样时间与原料药相同。

二、加 速 试 验

此项试验是在加速条件下进行,其目的是通过加速药物的化学或物理变化,探讨原料药和药物制剂的稳定性,为制剂处方设计、工艺改进、质量研究、包装改进、运输、贮存提供必要的资料。原料药物与药物制剂均需要进行此项试验。供试品要求 3 批,按市售包装,在温度 40℃ ±2℃,相对湿度 75% ±5% 的条件下放置 6 个月。所用设备应能控制温度在 ±2℃、相对湿度 ±5%,并能对真实温度与湿度进行监测。在试验期间第 1 个月、2 个月、3 个月、6 个月末分别取样一次,按稳定性重点考察项目检测。在上述条件下,如 6 个月内供试品经检测不符合制订的质量标准,则应在中间条件下即在温度 30℃ ±2℃、相对湿度 65% ±5% 的情况下(可用 Na_2CrO_4 饱和溶液,30℃,相对湿度 64.8%)进行加速试验,时间仍为 6 个月。溶液剂、混悬剂、乳剂、注射液等含有水性介质的制剂可不要求相对湿度。加速试验建议采用隔水式电热恒温培养箱(20 ~ 60℃)。箱内放置具有一定相对湿度饱和盐溶液的干燥器,设备应能控制所需温度,且设备内各部分温度应该均匀,并适合长期使用。也可采用恒湿恒温箱或其他适宜设备。溶液剂、混悬剂、乳剂、注射液等含有水性介质的制剂可不要求相对湿度。

对温度特别敏感的药物,预计只能在冰箱中(4 ~ 8℃)保存,此种原料药或药物制剂的加速试验,可在温度 25℃ ±2℃、相对湿度 60% ±10% 的条件下进行,时间为 6 个月。

乳剂、混悬剂、软膏剂、乳膏剂、糊剂、凝胶剂、眼膏剂、栓剂、气雾剂、泡腾片及泡腾颗粒宜直接采用温度 30℃ ±2℃、相对湿度 65% ±5% 的条件进行试验,其他要求与上述相同。

对于包装在半渗透性容器中的药物制剂,例如低密度聚乙烯制备的输液袋、塑料安瓿、眼用制剂容器等,则应在温度 40℃ ±2℃、相对湿度 25% ±5%(可用 $CH_3COOK \cdot 1.5H_2O$ 饱和溶液)进行试验。

三、长 期 试 验

长期试验是在接近药物的实际贮存条件下进行,其目的是为制定原料药或药物制剂的有效期提供依据。供试品 3 批,市售包装,在温度 25℃ ±2℃,相对湿度 60% ±10% 的条件下放置 12 个月,或在温度 30℃ ±2℃、相对湿度 65% ±5% 的条件下放置 12 个月,这是从我国南方与北方气候的差异考虑的,至于上述两种条件选择哪一种由研究者确定。每3个月取样一次,分别于0个月、3个月、6个月、9个月、12个月取样按稳定性重点考察项目进行检测。12个月以后,仍需继续考察,分别于18个月、24个月、36个月,取样进行检测。将结果与0个月比较,以确定药物的有效期。由于实验数据的分散性,一般应按95%可信限进行统计分析,得出合理的有效期。如3批统计分析结果差别较小,则取其平均值为有效期,若差别较大则取其最短的为有效期。如果数据表明,测定结果变化很小,说明药物是很稳定的,则不做统计分析。

对温度敏感的药物,长期试验可在温度6℃±2℃的条件下放置12个月,按上述时间要求进行检测,12个月以后,仍需按规定继续考察,制订在低温贮存条件下的有效期。

对于包装在半渗透性容器中的药物制剂,则应在温度25℃±2℃、相对湿度40%±5%,或30℃±2℃、相对湿度35%±5%的条件下进行试验,至于上述两种条件选择哪一种由研究者确定。

此外,有些药物制剂还应考察临用时配制和使用过程中的稳定性。

原料药进行加速试验与长期试验所用包装应采用模拟小桶,但所用材料与封装条件应与大桶一致。

四、上市后的稳定性研究

药品在注册阶段进行的稳定性研究,一般并不是实际生产产品的稳定性,具有一定的局限性。采用实际条件下生产的产品进行的稳定性考察结果,是确认上市药品稳定的最终依据。

在药品获准生产上市后,应采用实际生产规模的药品继续进行长期试验。根据继续进行的稳定性研究结果,对包装、贮存条件和有效期进行进一步的确认。

药品在获得上市批准后,可能会因各种原因而申请对制备工艺、处方组成、规格、包装材料等进行变更,一般应进行相应的稳定性研究,以考察变更后药品的稳定性趋势,并与变更前的稳定性研究资料进行对比,以评价变更的合理性。

五、稳定性重点考察项目

一般情况下,考察项目可分为物理、化学和生物学等几个方面。稳定性研究的考察项目或指标应根据所含成分或制剂特性、质量要求设置,应选择在药品贮存期间易于变化,可能会影响到药品的质量、安全性和有效性的项目,以便客观、全面地评价药品的稳定性。一般以质量标准及《中国药典》制剂通则中与稳定性相关的指标为考察项目,必要时,应超出质量标准的范围选择稳定性考察指标。原料药及其制剂应考察有关物质(含降解产物及其变化所生成的产物)的变化,重点考察降解产物,如有可能应说明有关物质的数目及量的变化,何者为原料中的中间体,何者为降解产物;复方制剂应注意考察项目的选择,注意试验中信息量的采集和分析。

原料药及主要剂型的重点考察项目见表2-2,表中未列入的考察项目及剂型,可根据剂型及品种的特点制订。

表2-2　　　　　　　　　原料药及药物制剂稳定性重点考察项目参考表

剂型	稳定性重点考察项目
原料药	性状、熔点、含量、有关物质、吸湿性以及根据品种性质选定的考察项目
片剂	性状、含量、有关物质、崩解时限或溶出度或释放度
胶囊剂	性状、含量、有关物质、崩解时限或溶出度或释放度、水分,软胶囊要检查内容物有无沉淀
注射剂	性状、含量、pH、可见异物、有关物质,应考察无菌
栓剂	性状、含量、融变时限、有关物质
软膏剂	性状、均匀性、含量、粒度、有关物质
乳膏剂	性状、均匀性、含量、粒度、有关物质、分层现象
糊剂	性状、均匀性、含量、粒度、有关物质
凝胶剂	性状、均匀性、含量、有关物质、粒度,乳胶剂应检查分层现象
眼用制剂	如为溶液,应考察性状、澄明度、含量、pH、有关物质;如为混悬液,还应考察粒度、再分散性;洗眼剂还应考察无菌;眼丸剂应考察粒度与无菌
丸剂	性状、含量、有关物质、溶散时限
糖浆剂	性状、含量、澄清度、相对密度、有关物质、pH
口服溶液剂	性状、含量、澄清度、有关物质
口服乳剂	性状、含量、分层现象、有关物质
口服混悬剂	性状、含量、沉降体积比、有关物质、再分散性
散剂	性状、含量、粒度、有关物质、外观均匀度
气雾剂	泄漏率、每瓶主药含量、有关物质、每瓶总揿次、每揿主药含量、雾滴分布
粉雾剂	排空率、每瓶总吸次、每吸主药含量、有关物质、雾粒分布
喷雾剂	每瓶总吸次、每吸喷量、每吸主药含量、有关物质、雾滴分布
颗粒剂	性状、含量、粒度、有关物质、溶化性或溶出度或释放度
贴剂(透皮贴剂)	性状、含量、有关物质、释放度、黏附力
冲洗剂、洗剂、灌肠剂	性状、含量、有关物质、分层现象(乳状型)、分散性(混悬型),冲洗剂应考察无菌
搽剂、涂剂、涂膜剂	性状、含量、有关物质、分层现象(乳状型)、分散性(混悬型),涂膜剂还应考察成膜性
耳用制剂	性状、含量、有关物质,耳用散剂、喷雾剂与半固体制剂分别按相关剂型要求检查
鼻用制剂	性状、pH、含量、有关物质,鼻用散剂、喷雾剂与半固体制剂分别按相关剂型要求检查

注:有关物质(含降解产物及其变化所生成的产物)应说明其生成产物的数目及量的变化,如有可能应说明有关物质中何者为原料中的中间体,何者为降解产物,稳定性试验重点考察降解产物。

六、稳定性研究结果的评价

通过对影响因素试验、加速试验、长期试验获得的药品稳定性信息进行系统的分析,确定药品的贮存条件、包装材料/容器和有效期。

1. 贮存条件的确定

应综合影响因素试验、加速试验和长期试验的结果,同时结合药品在流通过程中可能遇到的情况进行综合分析。选定的贮存条件应按照规范术语描述。

2. 包装材料/容器的确定

一般先根据影响因素试验结果,初步确定包装材料和容器,结合加速试验和长期试验的稳定性研究的结果,进一步验证采用的包装材料和容器的合理性。

3. 有效期的确定

药品的有效期应综合加速试验和长期试验的结果,进行适当的统计分析得到,最终有效期的确定一般以长期试验的结果来确定。

第五节　新药开发过程中药物系统稳定性研究

在新药的研究与开发过程中,药物制剂稳定性的研究是重要的组成部分之一,根据 CFDA《药品注册管理办法》规定,新药申报资料项目中需要报送稳定性研究的试验资料应包括以下内容:①原料药的稳定性试验;②药物制剂处方与工艺研究中的稳定性试验;③包装材料稳定性与选择;④药物制剂的加速试验与长期试验;⑤药物制剂产品上市后的稳定性考察;⑥药物制剂处方或生产工艺、包装材料改变后的稳定性研究。

一般地,稳定性研究部分的申报资料应包括以下内容:

(1)供试药品的品名、规格、剂型、批号、生产者、原料药的来源、生产日期和试验开始时间,并应明确给出稳定性考察中各个批次药品的批产量。

(2)各稳定性试验的条件,如温度、光照强度、相对湿度、容器等。应明确包装/密封系统的性状,如包材类型、形状和颜色等。

(3)稳定性研究中各质量检测方法和指标的限度要求。

(4)在研究起始和试验中间的各个取样点获得的实际分析数据,一般应以表格的方式提交,并附相应的图谱。

(5)检测的结果应如实申报数据,不宜采用“符合要求”等表述。检测结果应该用含有效成分标示量的百分数或每个制剂单位有效成分量,如 μg、mg、g 等表述,并给出其与开始时间检测结果的百分比。如果在某个时间点进行了多次检测,应提供所有的检测结果及其相对标准偏差(RSD)。

(6)应对试验结果进行分析并得出初步的结论。

思考题

1. 药物制剂稳定性包括哪些内容?

2. 哪类药物容易发生水解,哪类药物容易发生氧化?

3. 影响药物稳定性的处方因素有哪些? 如何解决? 举例说明。

4. 影响药物稳定性的外界因素有哪些? 如何解决? 举例说明。

5. 药物制剂稳定性试验方法有哪些?

6. 新药申报中需要报送哪些稳定性试验资料?

参考文献

1. 崔福德. 药剂学. 北京:人民卫生出版社, 2004.

2. 毕殿洲. 药剂学. 北京:人民卫生出版社, 1999.

3. 刘蜀宝. 药剂学. 郑州:郑州大学出版社, 2004.

4. 张汝华. 工业药剂学. 北京:中国医药科技出版社, 2001.

5. 孙耀华. 药剂学. 北京:人民卫生出版社, 2005.

6. 张强. 药剂学. 北京:中央广播电视大学出版社, 2003.

7. 屠锡德. 药剂学. 北京:人民卫生出版社, 2004.

8. 苏德森,王思玲. 物理药剂学. 北京:化学工业出版社,2004.

9. 国家药典委员会. 中华人民共和国药典(2020 年版二部). 北京:中国医药科技出版社,2020.

10. 国家食品药品监督管理局药品认证中心. 药品 GMP 指南·质量控制实验室与物料系统. 北京:中国医药科技出版社,2011.

11. 邓世明等. 新药研究思路与方法. 北京:人民卫生出版社,2008.

12. 化学药物稳定性研究技术指导原则【H】GPH6 - 1, http://www. sda. gov. cn/WS01//CL0055/10368. html

13. ICH Q1A(R2)新原料药和制剂的稳定性试验,http://www. cde. org. cn/zdyz. do? method = largePage&id = 184

第三章　表面活性剂

[学习目标]

1. 掌握表面活性剂的理化性质。
2. 熟悉表面活性剂的应用。
3. 了解表面活性剂的特点和分类。

第一节　概　　述

物质在固、液、气三态的任意两相之间密切接触的过渡区称为界面,含气相的界面称为表面,气相与其他相之间的一切物理化学现象(如溶解度、吸附力、润湿、反应速度、电化学和光化学性质等)称为表面现象。药物的研究与生产中,广泛涉及到表面现象,如化学药物的合成反应、多相催化,中药的提取与精制,发酵中的吸附、解吸附、发泡、消泡、胶体的形成与破坏,透皮药物的吸收,难溶药物的释放与吸收等过程。

一、表面活性剂的定义

1. 表面张力

液体表面层分子与液相内分子的受力是不同的,液相内部,每个分子受周围分子的作用力是对称的,然而液体表面的分子所受的力是不对称的。由于气体的密度小于液体的密度,液体内部分子对表面分子的引力大于表面气体对液体表面分子的引力,因此在液体表面产生一个指向液体内部的合力,这种引起液体表面向内收缩的力称为表面张力,见图 3－1。表面张力的方向与表面相切。

2. 表面活性剂的定义

任何纯液体都具有表面张力,20℃时,水的表面张力为 72.75mN/m。溶液的表面张力会因溶质的加入而发生变化,如一些无机盐可以使水的表面张力略有增加,一些低级醇则使水的表面张力略有下降,而肥皂和洗衣粉可使水的表面张力显著下降。表面活性剂(surface active agent, surfactant)是指具有很强的表面活性,能使液体的表面张力显著下降的物质。

大部分的表面活性剂在水溶液中使用。表面活性剂能使液体的表面张力显

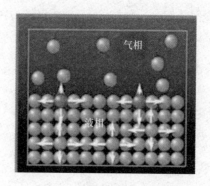

图 3 - 1　表面张力的产生

著下降,并具有增溶、乳化、润湿、去污、杀菌、消泡和起泡等作用,这是与一般表面活性物质的重要区别。

3. 溶液的表面张力与浓度的关系

在指定的温度和压力下,任何纯液体都有确定的表面张力。同一温度下,溶液的表面张力随浓度的变化而变化。溶液的表面张力与浓度之间的关系与溶剂、溶质的种类有关。

将溶液的表面张力与对应的温度作图,所得的曲线称为表面张力等温线(surface tension isotherm curve),如图 3 - 2 所示。

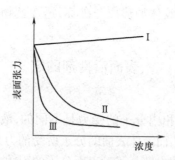

图 3 - 2　表面张力等温线

曲线 I 表示,溶液的表面张力随溶液浓度的增加稍微升高,这类物质称为表面非活性物质(surface inactive agent),如无机盐等强电解质、蔗糖和甘油等多羟基化合物。曲线 II 表示,溶液的表面张力随浓度的增加缓慢下降,这类物质有一定的表面活性,如醇、醛、低级脂肪酸和酯等。曲线 III 表示,溶液中加入少量的某些溶质即能引起溶液的表面张力急剧下降,至某一浓度后,表面张力趋于稳定,这类物质可以作为表面活性剂(surfactant),如烷基磺酸盐和羧酸盐。

二、表面活性剂的分类

表面活性剂化学结构的共同特点是,分子一般由非极性烃链和一个以上的极性基团组成,烃链长度一般在 8 个碳原子以上。非极性基团可以是脂肪烃链(直链或者支链),芳烃链(可以带有侧链)或者环烷烃。极性基团可以是解离的离子,也可以是不解离的极性基团。极性基团可以是羧酸及其盐、磺酸及其盐、硫酸酯及其可溶性盐、磷酸酯基、氨基或胺基及它们的盐,也可以是羟基、酰胺基、醚键和羧酸酯基等。如肥皂是脂肪酸类(R—COO—)表面活性剂,其结构中的脂肪酸碳链(R—)为非极性基团,解离的脂肪酸根(COO^-)为极性基团,亲水性强。

根据分子组成特点和极性基团的解离性质,将表面活性剂分为离子表面活性剂和非离子表面活性剂。根据离子表面活性剂所带电荷,又可分为阳离子表面活性剂、阴离子表面活性剂和两性离子表面活性剂。一些表现出较强的表面活性同时具有一定的起泡、乳化、增溶等应用性能的水溶性高分子,称为高分子表面活性剂,如海藻酸钠、羧甲基纤维素钠、甲基纤维素、聚乙烯醇、聚维酮等,但与低分子表面活性剂相比,高分子表面活性剂降低表面张力的能力较小,增溶力、渗透力弱,乳化力较强,常用作保护胶体。近年来,出现了一些新型表面活性剂,如碳氟表面活性剂、含硅表面活性剂、冠醚表面活性剂等。

1. 阴离子表面活性剂

阴离子表面活性剂起表面活性作用的部分是阴离子,有以下种类。

(1)高级脂肪酸盐　系肥皂类,通式为$(RCOO^-)_nM^{n+}$,其中脂肪酸烃链 R 一般在 $C_{11} \sim C_{17}$,较常见的为硬脂酸、油酸、月桂酸等。根据盐离子 M 的不同,又可分为碱金属皂(一价皂)、碱土金属皂(二价皂)和有机胺皂(三乙醇胺皂)等几种类型。它们均具有良好的乳化性能和分散油的能力,但易被酸破坏,碱金属皂还可被钙、镁盐等沉淀而失效,电解质可使之从溶液中析出(盐析),故一般只用于外用制剂,如软膏剂等。

(2)硫酸化物　主要是硫酸化脂肪油和高级脂肪醇硫酸酯类,通式为 $R \cdot O \cdot SO_3^- M^+$,其中脂肪烃链 R 在 $C_{12} \sim C_{18}$。常见的硫酸化脂肪油是硫酸化蓖麻油,俗称土耳其红油,为黄色或橘黄色黏稠液,有微臭,约含48.5%的总脂肪油,可与水混合,为无刺激性的去污剂和润湿剂,可代替肥皂洗涤皮肤,也可用于挥发油或水不溶性杀菌剂的增溶。高级脂肪醇硫酸酯类常用的是十二烷基硫酸钠(SDS,又称月桂醇硫酸钠、SLS)、十六烷基硫酸钠(鲸蜡醇硫酸钠)和十八烷基硫酸钠(硬脂醇硫酸钠)等。它们的乳化性也很强,并较肥皂类稳定,遇酸和钙、镁盐等均不被破坏,但可与一些高分子阳离子药物发生作用而产生沉淀,对黏膜有一定的刺激性,故主要用作外用软膏的乳化剂,或用于片剂等固体制剂的润湿剂或增溶剂。

$$CH_3CH_2\cdots CH_2CH_2—OSO_3^-—Na^+$$

SDS

（3）磺酸化物　是指脂肪族磺酸化物、烷基芳基磺酸化物和烷基萘磺酸化物等,通式分别为 $R \cdot SO_3^- M^+$ 和 $RC_6H_5 \cdot SO_3^- M^+$。它们的水溶性及耐酸,耐钙、镁盐性比硫酸化物稍差,但在酸性水溶液中也不易水解。常用的品种有二辛基琥珀酸磺酸钠(阿洛索－OT)、二己基琥珀酸磺酸钠和十二烷基苯磺酸钠等,均为广泛应用的表面活性剂,有较好的保护胶体的性质,且黏度低,并有很强的去污力、起泡性和油脂分散能力,是优良的洗涤剂。另外,还有甘胆酸钠、牛磺胆酸钠等胆酸盐等,常用作胃肠道脂肪的乳化剂和单硬脂酸甘油酯的增溶剂。

$$C_{12}H_{25} \underset{}{\overline{}} SO_3Na$$

十二烷基苯磺酸钠

2. 阳离子表面活性剂

阳离子表面活性剂起作用的部分是阳离子,亦称阳性皂。分子结构的主要部分是一个五价的氮原子,也称为季铵化物,通式为 $(R_1 R_2 N^+ R_3 R_4) X^-$。其特点是水溶性大,在酸性与碱性溶液中较稳定,具有良好的表面活性作用和杀菌作用。但与大分子的阴离子药物合用时,易失去活性,甚至产生沉淀。常用品种有苯扎氯铵、苯扎溴铵和度米芬等,广泛地用于滴眼剂、口服溶液及软膏剂等外用剂型,临床上主要用于皮肤、黏膜和手术器械的消毒。

苯扎溴铵　　　　　　　　度米芬

3. 两性离子表面活性剂

两性离子表面活性剂的分子结构中同时具有正、负电荷基团,介质的 pH 不同,可表现出阳离子或阴离子表面活性剂的性质,主要有以下几类。

（1）卵磷脂　卵磷脂是天然的两性离子表面活性剂,主要来源是大豆和蛋黄。根据来源不同,分为大豆卵磷脂或蛋黄卵磷脂两类。卵磷脂的组成十分复杂,包括各种甘油磷脂,如脑磷脂、磷脂酰胆碱、磷脂酰乙醇胺、丝氨酸磷脂、肌醇磷脂、磷脂酸等,还有糖脂、中性脂、胆固醇和神经鞘脂等。基本结构式为:

因来源和制备过程不同,卵磷脂的各组分比例可能不同,使用性能亦不同。例如,在磷脂酰胆碱含量高时可作为水包油型(O/W)乳化剂,而在肌醇磷脂含量高时则为油包水型(W/O)乳化剂。卵磷脂外观为透明或半透明黄色或黄褐色油脂状物质,对热十分敏感,在60℃以上数天内即变为不透明褐色,在酸性、碱性或酯酶作用下容易水解,不溶于水,溶于氯仿、乙醚、石油醚等有机溶剂,对油脂的乳化作用强,制得的乳剂很细且稳定,无毒,可用于注射剂的乳化剂,也是脂质微粒制剂的主要辅料。近年来国外已经开发出氢化和部分氢化磷脂,稳定性大大好于天然磷脂。

(2)氨基酸型和甜菜碱型 为两类合成表面活性剂,阴离子部分主要是羧酸盐,阳离子部分为季铵盐或铵盐,由铵盐构成的为氨基酸型($R^+NH_2 \cdot CH_2CH_2 \cdot COO^-$);由季铵盐构成的为甜菜碱型[$R^+N \cdot (CH_3)_2 \cdot CH_2 \cdot COO^-$]。氨基酸型在等电点时亲水性减弱,并可能产生沉淀,而甜菜碱型则无论在酸性、中性及碱性溶液中均易溶,在等电点时也无沉淀。

$$CH_3CH_2 \cdots\cdots CH_2CH_2 - \overset{\overset{\displaystyle CH_3}{|}}{\underset{\underset{\displaystyle CH_3}{|}}{N^+}} - CH_2COO^-$$

十二烷基甜菜碱

两性离子表面活性剂在碱性水溶液中呈阴离子表面活性剂的性质,具有很好的起泡、去污作用;在酸性溶液中则呈阳离子表面活性剂的性质,并具有很强的杀菌能力。常用的一类氨基酸型两性离子表面活性剂商品名为"Tego",杀菌力很强而毒性小于阳离子表面活性剂。1% Tego103G(MHG)[十二烷基双(氨乙基)-甘氨酸盐酸盐,又称Dodecin HCl]水溶液的喷雾消毒能力强于同浓度的洗必泰、苯扎溴铵及70%的乙醇。

咪唑啉型两性离子表面活性剂,是近几年国内外发展起来的新型表面活性剂,产量占两性离子表面活性剂的80%~90%,阳离子是咪唑环,阴离子是各种有机酸盐,基本结构如下:

$$\left[R_1 - CH - \overset{\overset{\displaystyle CH_2}{|}}{\underset{\underset{\displaystyle CH_2Z}{|}}{N}} \overset{\overset{\displaystyle CH_2}{|}}{\underset{}{N}} - C_2H_4OR_2 \right]^+ G^-$$

R_1:长链烷基;R_2:H,Na,CH_2COOM;Z:COOM,CH_2COOM,$CH(OH)CH_2SO_3M$;
M:Na,H或有机基团;G:OH,有机酸盐

4. 非离子表面活性剂
非离子表面活性剂在水中不解离,分子中构成亲水基团的是甘油、聚乙二醇

和山梨醇等多元醇,构成亲油基团的是长链脂肪酸或长链脂肪醇以及烷基或芳基等,它们以酯键或醚键与亲水基团结合,品种很多,广泛用于外用、口服制剂和注射剂,个别品种也用于静脉注射剂,有以下几类。

(1)脂肪酸甘油酯 主要有脂肪酸单甘油酯和脂肪酸二甘油酯两类,如单硬脂酸甘油酯等。脂肪酸甘油酯为褐色、黄色或白色的油状、脂状或蜡状物质,熔点范围30~60℃,不溶于水,在水、热、酸、碱及酶等作用下易水解成甘油和脂肪酸。其表面活性较弱,亲水亲油平衡值(HLB值)为3~4,主要用作辅助型乳化剂。

(2)多元醇型

①蔗糖脂肪酸酯:是蔗糖和脂肪酸反应生成的酯,简称蔗糖酯,属多元醇型非离子表面活性剂,根据与脂肪酸反应生成酯的取代数不同,有单酯、二酯、三酯及多酯。改变取代脂肪酸及酯化度,可得到不同HLB值(5~13)的产品。这类物质在室温下稳定,高温时可分解或发生蔗糖的焦化,在酸、碱和酶的作用下可水解成游离脂肪酸和蔗糖。蔗糖酯不溶于水,但在水和甘油中加热可形成凝胶,可溶于丙二醇、乙醇及一些有机溶剂,但不溶于油。主要用作O/W型乳化剂和分散剂。

R为脂肪酸残基
*为二酯或三酯的位置

②脂肪酸山梨坦:是失水山梨醇脂肪酸酯,是由山梨糖醇及其单酐、二酐与脂肪酸反应成的酯类化合物的混合物,商品名为司盘(Spans)。根据反应的脂肪酸的不同,可分为司盘20(月桂山梨坦)、司盘40(棕榈山梨坦)、司盘60(硬脂山梨坦)、司盘65(三硬脂山梨坦)、司盘80(油酸山梨坦)和司盘85(三油酸山梨坦)等多个品种,结构如下:

RCOO为脂肪酸根

脂肪酸山梨坦为白色至黄色、黏稠油状液体或蜡状固体。不溶于水,易溶于乙醇,在酸、碱和酶的作用下容易水解,其HLB值1.8~3.8,常作W/O型乳化剂,或在O/W型乳化剂中,司盘20和司盘40常与聚山梨酯配伍用作混合乳化剂;而司盘60、司盘65等则适合在W/O型乳化剂中与聚山梨酯配合使用。

③聚山梨酯:是由失水山梨醇脂肪酸酯与环氧乙烷反应生成的亲水性化合物,商品名为吐温(Tweens),美国药典品名为polysorbate,与司盘的命名相对应,根

据脂肪酸不同,有聚山梨酯20(吐温20)、聚山梨酯40、聚山梨酯60、聚山梨酯65、聚山梨酯80(吐温80)和聚山梨酯85等多种型号,结构如下:

$$\begin{array}{c}\text{CH}_2\text{OOCR}\\ \text{H}(\text{C}_2\text{H}_4\text{O})_x\text{O}\quad\quad\text{O}(\text{C}_2\text{H}_4\text{O})_y\text{H}\\ \text{O}(\text{C}_2\text{H}_4\text{O})_z\text{H}\end{array}$$

聚山梨酯是黏稠的黄色液体,对热稳定,但在酸、碱和酶的作用下也会水解。在水、乙醇和多种有机溶剂中易溶,不溶于油,低浓度时在水中形成胶束,增溶作用不受溶液 pH 的影响。常用于 W/O 型乳剂的乳化剂,也可以作为分散剂和润湿剂。

(3)聚氧乙烯型

①聚氧乙烯脂肪酸酯:通式为 $RCOOCH_2(CH_2OCH_2)_nCH_2OH$,式中 RCOO—是长链脂肪酸根,—$CH_2(CH_2OCH_2)_nCH_2OH$ 是聚氧乙烯二醇基,聚合度 n 是根据聚氧乙烯二醇的平均相对分子质量而定。产品的商品名为卖泽(Myrij),常用的有聚氧乙烯40硬脂酸酯。这类表面活性剂有较强水溶性,乳化能力强,为 O/W 型乳化剂。

②聚氧乙烯脂肪醇醚:是由聚乙二醇和脂肪醇缩合而成的醚,通式为 $RO(CH_2OCH_2)_nH$,商品有苄泽(Brij),如 Brij30 和 Brij35 分别为不同相对分子质量的聚氧乙烯二醇与月桂醇缩合物,常用作增溶剂及 O/W 型乳化剂。

(4)聚氧乙烯 – 聚氧丙烯共聚物　又称泊洛沙姆(Poloxamer),商品名普郎尼克(Pluronic)。通式为 $HO(C_2H_4O)_a(C_3H_6O)_b(C_2H_4O)_aH$;根据共聚比例的不同,有不同相对分子质量的产品,见表 3 – 1。此类产品的相对分子质量在 1 000 ~ 15 000,HLB 值为 0.5 ~ 30。随相对分子质量增加,本品从液体变为固体。随聚氧丙烯比例增加,亲油性增强;相反,随聚氧乙烯比例增加,亲水性增强。本品作为高分子非离子表面活性剂,具有乳化、润湿、分散、起泡和消泡等多种优良性能,但增溶能力较弱。Poloxamer 188(Pluronic F68)作为一种 O/W 型乳化剂,是目前用于静脉乳剂的极少数合成乳化剂之一,用本品制备的乳剂能够耐受热压灭菌和低温冰冻而不改变其物理稳定性。

表3 –1　　　　泊洛沙姆及对应普郎尼克型号及其相对分子质量

Poloxamer	Pluronic	平均相对分子质量	a	b
124	L44	2 090 ~ 2 360	12	20
188	F68	7 680 ~ 9 510	79	28
237	F87	6 840 ~ 8 830	64	37
338	F108	12 700 ~ 10 400	141	44
407	F127	9 840 ~ 14 600	101	56

5. 高分子表面活性剂

近年来,一些新的具备表面活性剂特征及应用前景的高分子聚合物受到较多的关注,通常相对分子质量在1 000以上,分子中具有亲水和疏水两亲性结构的物质称为高分子表面活性剂,也称为两亲共聚物。这类高分子表面活性剂,也可以降低表面张力,形成胶束结构,但在胶束的缔合数量、形态、尺寸分布多分散性等方面,不同于小分子表面活性剂的特征。

(1)PEG嵌段共聚物 成功地用于制备载药高分子载体的胶束载体有:聚己内酯-聚乙二醇(PCL-PEG)、聚氰基丙烯酸酯-聚乙二醇(PCA-PEG)、聚丙交酯-聚乙烯吡咯烷酮(PLA-PVP)和聚乳酸-聚乙二醇(PLV-PEG)等嵌段共聚物。这类共聚物通过乳化溶剂扩散/挥发、高分子纳米沉淀或渗析等方法,可制备得到聚合物胶束。该胶束具有高度的动力学和热力学稳定性、较高的载药性和较好的抗稀释能力和体内相容性,成为疏水性抗肿瘤药物的良好载体。

(2)氨基糖类表面活性剂 可分为高分子壳聚糖类表面活性剂(水不溶性的壳聚糖为原料制得)和低分子甲壳低聚糖类表面活性剂(水溶性甲壳低聚糖为原料制得)两类。

以壳聚糖为母体改构后合成的新型高分子壳聚糖类表面活性剂,具有良好的水溶性,在水性介质中形成胶束,对不溶于水的药物有很强的增溶能力,如可增加抗肿瘤药物紫杉醇在水中溶解度1 000倍。

(3)羧甲基纤维素衍生物 在羧甲基纤维素分子链上,分别嫁接长链烷基、聚氧乙烯基或者长链季铵盐,得到的两性纤维素衍生物可获得增稠、分散、增溶和成膜的性能。

三、表面活性剂的理化性质

1. 形成胶束(缔合胶体溶液)

(1)临界胶束浓度(CMC) 当表面活性剂溶于水,在其浓度较低时呈单分子分散或被吸附在溶液的表面上[图3-3(1)],形成单分子吸附膜,而降低表面张力。当表面活性剂的浓度增加到溶液表面已经饱和而不能再吸附时,表面活性剂分子即开始转入溶液中,形成缔合物,表面活性剂的这种缔合物称为胶束[图3-3(2)~(3)]。因亲油基团的存在,水分子与表面活性剂分子相互间的排斥力远大于吸引力,导致表面活性剂分子自身依赖范德华力相互聚集,形成亲油基团向内、亲水基团向外、在水中稳定分散、大小在胶体粒子范围的胶束(micelles)。在一定温度和一定浓度范围内,表面活性剂胶束有一定的分子缔合数,但不同表面活性剂胶束的分子缔合数各不相同,离子表面活性剂的缔合数在10~100,少数大于1 000。非离子表面活性剂的缔合数一般较大,如月桂醇聚氧乙烯醚在25℃的缔合数为5 000。表面活性剂分子缔合形成胶束的最低浓度即为临界胶束浓度(critical micell concentration, CMC),不同表面活性剂的CMC不同,见表3-2。具

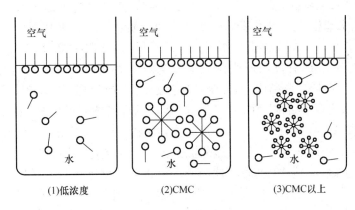

图 3 - 3　表面活性剂的吸附及胶束的形成

有相同亲水基的同系列表面活性剂,若亲油基团越大,则 CMC 越小。在 CMC 时,溶液的表面张力基本上达到最低值。在 CMC 达到后的一定范围内,单位体积内胶束数量和表面活性剂的总浓度几乎成正比。

表 3 - 2　　　　　　　　　　　常用表面活性剂的临界胶束浓度

名称	测定温度/℃	CMC/(mol/L)	名称	测定温度/℃	CMC/(mol/L)
辛烷基磺酸钠	25	1.50×10^{-1}	氯化十二烷基铵	25	1.6×10^{-2}
辛烷基硫酸钠	40	1.36×10^{-1}	月桂酸蔗糖酯		2.38×10^{-6}
十二烷基硫酸钠	40	8.60×10^{-3}	棕榈酸蔗糖酯		9.5×10^{-5}
十四烷基硫酸钠	40	2.40×10^{-3}	硬脂酸蔗糖酯		6.6×10^{-5}
十六烷基硫酸钠	40	5.80×10^{-4}	聚山梨酯 20	25	6.0×10^{-2}
					(g/L,以下同)
十八烷基硫酸钠	40	1.70×10^{-4}	聚山梨酯 40	25	3.1×10^{-2}
硬脂酸钾	50	4.50×10^{-4}	聚山梨酯 60	25	2.8×10^{-2}
油酸钾	50	1.20×10^{-3}	聚山梨酯 65	25	5.0×10^{-2}
月桂酸钾	25	1.25×10^{-2}	聚山梨酯 80	25	1.4×10^{-2}
十二烷基磺酸钠	25	9.0×10^{-3}	聚山梨酯 85	25	2.3×10^{-2}

　　CMC 受温度、浓度、分子缔合度以及溶液的 pH 和电解质等因素的影响,一般离子型表面活性剂的 CMC 大于非离子型的表面活性剂。CMC 越小,表明表面活性剂形成胶束所需的浓度越低,表面活性越好,产生润湿、乳化、增溶、起泡、消泡和分散等作用所需的浓度越低。

　　(2) 胶束的结构　在一定浓度的表面活性剂溶液中,胶束呈球形结构

[图3-4(1)],碳氢链无序缠绕构成胶束的内核,具非极性液态的性质。碳氢链上一些与亲水基相邻的次甲基形成整齐排列的栅状层。亲水基则分布在胶束表面,由于亲水基与水分子的相互作用,水分子可深入到栅状层内。对于离子型表面活性剂,胶束表面有反离子吸附。随着溶液中表面活性剂浓度增加(20%以上),胶束不再保持球形结构,而转变成具有更高分子缔合数的棒状胶束[图3-4(2)],甚至六角束状结构[图3-4(3)]。表面活性剂浓度更大时,则成为板状或层状结构[图3-4(4),(5)]。从球形结构到层状结构,表面活性剂的碳氢链从紊乱分布转变成规整排列,完成了从液态向液晶态的转变,表现出明显的光学各向异性性质,在层状结构中,表面活性剂分子的排列已接近于双分子层结构。在高浓度的表面活性剂水溶液中,如有少量的非极性溶剂存在,则可能形成反向胶束,即亲水基团向内,亲油基团朝向非极性液体。油溶性表面活性剂如钙肥皂、丁二酸二辛基磺酸钠和司盘类表面活性剂在非极性溶剂中也可形成类似反向胶束。

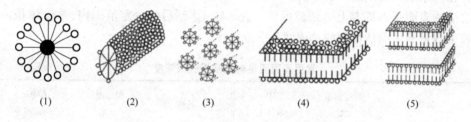

(1)　　　　(2)　　　　(3)　　　　(4)　　　　(5)

图3-4　胶束的结构

(3)临界胶束浓度的测定　当表面活性剂在溶液中的浓度达到临界胶束浓度时,溶液的多种物理性质,如溶液的表面张力、摩尔电导率、黏度、渗透压、密度、光散射等会发生急剧的变化,见图3-5。利用这些性质与表面活性剂浓度之间的关系,可推测出表面活性剂的临界胶束浓度。主要的测定方法有:表面张力法、电导法、颜料法和光散射法等。

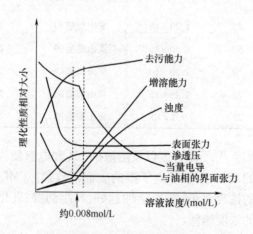

图3-5　表面活性剂溶液的理化性质与浓度的关系

2. 亲水亲油平衡值

表面活性剂分子中亲水和亲油基团对油或水的综合亲和力称为亲水亲油平衡值(hydrophile－lipophile balance,HLB)。根据经验,将表面活性剂的 HLB 值范围限定在 0 ~ 40,其中非离子表面活性剂的 HLB 值为 0 ~ 20,即完全由疏水碳氢基团组成的石蜡分子的 HLB 值为 0,完全由亲水性的氧乙烯基组成的聚氧乙烯的HLB 值为 20,既有碳氢链又有氧乙烯链的表面活性剂的 HLB 值则介于两者之间。亲水性表面活性剂有较高的 HLB 值,亲油性表面活性剂有较低的 HLB 值。亲油性或亲水性很大的表面活性剂易溶于油或易溶于水,在溶液界面的正吸附量较少,故降低表面张力的作用较弱。

表面活性剂的 HLB 值与其应用性质有密切关系,如 HLB 值在 3 ~ 8 的表面活性剂常用作 W/O 型乳化剂,HLB 值在 8 ~ 18 的表面活性剂常用作 O/W 型乳化剂。作为增溶剂的 HLB 值在 13 ~ 18,作为润湿剂的 HLB 值在 7 ~ 9 等。

一些常用表面活性剂的 HLB 值列于表 3 – 3 中。非离子表面活性剂的 HLB 值具有加和性,例如简单的二组分非离子表面活性剂体系的 HLB 值可计算如下:

$$HLB_{ab} = \frac{HLB_a \times W_a + HLB_b \times W_b}{W_a + W_b} \tag{3-1}$$

其中,HLB_a 和 HLB_b 分别表示 a、b 两种非离子型表面活性剂的 HLB 值,W_a 和 W_b 分别为两者用量,HLB_{ab} 为两者混合后的 HLB 值。上式不能用于混合离子型表面活性剂 HLB 值的计算。

例 3 – 1　用司盘 60(HLB 值为 4.7)和聚山梨酯 60(HLB 值为 14.9)制备 HLB 值 10.31 的混合表面活性剂 100g,问两者各需多少克?

解:设司盘 60 为 a,聚山梨酯 60 为 b。

因 $W_a + W_b = 100g$,所以 $W_b = 100 - W_a$

代入公式 3 – 1,得

$$10.31 = \frac{4.7 \times W_a + 14.9 \times (100 - W_a)}{100}$$

整理计算得　$W_a = 45g$,$W_b = 100 - W_a = 55g$

答:45g 司盘 60 和 55g 聚山梨酯 60 可制备 HLB 值为 10.31 的混合表面活性剂 100g。

表 3 – 3　　　　　　　　常用表面活性剂的 HLB 值

表面活性剂	HLB 值	表面活性剂	HLB 值
阿拉伯胶	8.0	聚山梨酯 20	16.7
西黄蓍胶	13.0	聚山梨酯 21	13.3
明胶	9.8	聚山梨酯 40	15.6
单硬脂酸丙二酯	3.4	聚山梨酯 60	14.9

续表

表面活性剂	HLB 值	表面活性剂	HLB 值
单油酸二甘酯	6.1	聚山梨酯 80	15.0
司盘 20	8.6	聚山梨酯 85	11.0
司盘 40	6.7	卖泽 45	11.1
司盘 60	4.7	卖泽 49	15.0
司盘 65	2.1	卖泽 51	16.0
司盘 80	4.3	卖泽 52	16.9
司盘 83	3.7	聚氧乙烯 400 单月桂酸酯	13.1
司盘 85	1.8	聚氧乙烯 400 单硬脂酸酯	11.6
油酸钾	20.0	聚氧乙烯 400 单油酸酯	11.4
油酸钠	18.0	苄泽 35	16.9
油酸三乙醇胺	12.0	苄泽 30	9.5
卵磷脂	3.0	西土马哥	16.4
蔗糖酯	5 ~ 13	聚氧乙烯氢化蓖麻油	12 ~ 18
泊洛沙姆 188	16.0	聚氧乙烯烷基酚	12.8
阿特拉斯 G – 263	25 ~ 30	聚氧乙烯壬烷基酚醚	15.0

3. Krafft 点

一般来说,表面活性剂的溶解度随温度升高而增大,当温度升高至某一值时,其溶解度急剧增加,此时的温度称为 Krafft 点。该点对应的溶解度即为该表面活性剂的临界胶束浓度。Krafft 点是每一种离子型表面活性剂的特征值,也是表面活性剂使用温度的下限,即只有温度高于 Krafft 点时,表面活性剂才能最大限度地发挥效能。例如,十二烷基硫酸钠的 Krafft 点约为 8℃(图 3 – 6),十二烷基磺酸钠的 Krafft 点约为 70℃,显然,后者在室温时的表面活性不够理想。

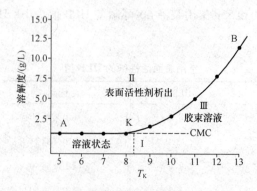

图 3 – 6　十二烷基硫酸钠在水中的溶解度和温度的关系

4. 浊点

对于聚氧乙烯型非离子表面活性剂,温度升高可导致聚氧乙烯链与水之间的氢键断裂,当温度上升到一定程度时,聚氧乙烯链可发生强烈脱水和收缩,使增溶空间减小,增溶能力下降,表面活性剂溶解度急剧下降并析出,溶液出现浑浊,这种因加热聚氧乙烯型非离子表面活性剂溶液发生浑浊的现象称为起昙,此时的温度称为浊点或昙点(cloud point)。在聚氧乙烯链相同时,碳氢链越长,浊点越低;在碳氢链长相同时,聚氧乙烯链越长则浊点越高。如聚山梨酯 20 的浊点为 90℃,聚山梨酯 60 为 76℃,聚山梨酯 80 为 93℃,大多数此类表面活性剂的浊点在 70~100℃,但也有很多聚氧乙烯类非离子表面活性剂在常压下观察不到浊点,如 Poloxamer 108,Poloxamer 188 等。

四、表面活性剂的生物学性质

1. 表面活性剂对药物吸收的影响

表面活性剂的存在可促进或降低药物的吸收,它对药物吸收的影响与多种因素有关,如药物在胶束中的扩散、改变生物膜的通透性、影响胃排空速率、制剂中使用表面活性剂的浓度及与其他附加物质的相互作用等。

表面活性剂若将药物增溶在胶束内,则药物向胶束外的扩散速度及胶束与胃肠道生物膜融合的难易程度均会影响药物吸收,如果药物可以顺利地从胶束内扩散或胶束本身迅速与胃肠黏膜融合,则促进药物吸收。例如应用吐温 80 可明显促进螺内酯的口服吸收,去氧胆酸钠的浓度在 CMC 以上时可使水杨酸的胃肠转运率增加 100%~125%。

2. 表面活性剂与蛋白质的相互作用

离子型表面活性剂与蛋白质之间可发生反应。蛋白质分子中由于含有 —COOH 和 —NH₂,在等电点以上蛋白质的羧基解离而带负电荷,能与阳离子型表面活性剂起反应;在等电点以下蛋白质的氨基等碱性基团解离而带正电荷,能与阴离子表面活性剂反应。表面活性剂能破坏蛋白质分子中的盐键、氢键及疏水键,从而使蛋白质各残基间的交联作用减弱,螺旋结构受到破坏,使蛋白质内部呈无序的疏松状态,最终使蛋白质发生变性而失去活性。

非离子型表面活性剂与蛋白质的相互作用显著不同于离子型表面活性剂与蛋白质的相互作用,一方面,非离子型表面活性剂与蛋白质通过疏水力,使蛋白质的亲水性增加,活性降低;另一方面,由于蛋白质分子复合结构的体积增大,使界面膜的紧密性下降,界面膜的强度降低。当表面活性剂的质量分数进一步增大时,表面活性剂可置换复合物,则最后界面主要由表面活性剂所组成。

3. 表面活性剂的毒性

一般而言,阳离子表面活性剂的毒性最大,其次是阴离子表面活性剂;两性离子表面活性剂的毒性小于阳离子表面活性剂,非离子表面活性剂毒性最小。小鼠口服0.063%氯化烷基二甲铵后显示慢性毒性作用,而口服1%二辛基琥珀酸磺酸钠仅有轻微毒性,而相同浓度的十二烷基硫酸钠则没有毒性反应。非离子表面活性剂口服一般认为无毒性,例如成人每天口服4.5~6.0g聚山梨酯80,连服28天,有的人服用达4年之久,都未见明显的毒性反应。

表面活性剂用于静脉给药的毒性大于口服。一些表面活性剂的口服和静脉注射的半数致死量见表3-4。其中,仍以非离子表面活性剂毒性较低,供静脉注射的Poloxamer 188毒性很低,麻醉小鼠可耐受静脉注射10%该溶液10mL。

表3-4 一些表面活性剂的半数致死量(小鼠)

品名	口服/(mg/kg)	静脉注射/(mg/kg)
苯扎氯铵(洁尔灭)	350	30
脂肪酸磺酸钠	1 600~6 500	60~350
蔗糖单脂肪酸酯	2 000	56~78
聚山梨酯20	>25 000	3 750
聚山梨酯80	>25 000	5 800
泊洛沙姆188	15 000	7 700
聚氧乙烯甲基蓖麻油醚		6 640

注:半数致死量是将药物给予动物(如鼠、兔等)口服或注射,能使一半动物死亡的剂量,称为半数致死量,简写为LD_{50},以mg/kg表示。

阳离子及阴离子表面活性剂不仅毒性较大,而且还有较强的溶血作用。例如0.001%十二烷基硫酸钠溶液就有强烈的溶血作用。非离子表面活性剂的溶血作用较轻微,在亲水基为聚氧乙烯基非离子表面活性剂中,以聚山梨酯类的溶血作用最小,其溶血顺序为:聚氧乙烯烷基醚>聚氧乙烯烷芳基醚>聚氧乙烯脂肪酸酯>聚山梨酯类。聚山梨酯类的溶血作用顺序为:聚山梨酯20>聚山梨酯60>聚山梨酯40>聚山梨酯80。目前聚山梨酯类表面活性剂仍只用于某些肌内注射液中。

4. 表面活性剂的刺激性

虽然各类表面活性剂都可以用于外用制剂,但长期应用或高浓度使用可能出现皮肤或黏膜损害。例如季铵盐类化合物浓度高于1%即可对皮肤产生损害,十二烷基硫酸钠产生损害的浓度为20%以上。非离子型表面活性剂对皮肤和黏膜的刺激性最小,其刺激性因品种不同而异,还与浓度大小和聚氧乙烯的聚合度有关,一般浓度越大,刺激性越大,聚氧乙烯的聚合度越高,亲水性越强,刺激性越低。

第二节　表面活性剂的应用

一、增　溶　剂

1. 增溶机理

表面活性剂在水溶液中达到 CMC 后,一些水不溶性或微溶性物质在胶束溶液中的溶解度可显著增加,形成透明胶体溶液,这种作用称为增溶(solubilization),这种具有增溶作用的表面活性剂称为增溶剂(solubilizer)。例如甲酚在水中的溶解度仅 2% 左右,但在肥皂溶液中,却能增加到 50%。0.025% 聚山梨酯可使非洛地平的溶解度增加 10 倍,另外一些挥发油、脂溶性维生素和甾体激素等许多难溶性药物常可利用此原理增溶,形成澄明溶液并提高在溶液中的溶解度。

以水为溶剂,增溶剂的最适 HLB 值为 15～18,多数是亲水性较强的非离子型表面活性剂,如聚氧乙烯蓖麻油、吐温和卖泽等。

胶束增溶体系是热力学稳定体系,也是热力学平衡体系。当表面活性剂浓度大于 CMC 时,随着表面活性剂用量的增加,胶束数量也增加,增溶量相应增加。如表面活性剂用量为 1.0g 时,增溶药物达到饱和的浓度,即为最大增溶浓度(maximum additive concentration, MAC)。例如,1.0g 十二烷基硫酸钠可增溶 0.262g 黄体酮,1.0g 聚山梨酯 80 或聚山梨酯 20 可分别增溶 0.19g 和 0.25g 丁香油。表面活性剂的 CMC 及缔合数不同,增溶 MAC 就不同。CMC 越低、缔合数越大,MAC 就越高。增溶剂达到 MAC 后,继续增加增溶剂,溶液体系转向热力学不稳定体系,若增溶剂是液体,则体系转变成乳浊液;若增溶剂是固体,则溶液中会有沉淀析出。

2. 影响增溶作用的因素

通常影响增溶作用的因素有:①增溶剂的种类:相对分子质量不同而影响增溶效果,如对于强极性或非极性药物同系物的碳链越长,非离子型增溶剂的 HLB 值越大,其增溶效果也越好,但对于极性低的药物,结果恰好相反;②药物的性质:增溶剂的种类和浓度一定时,同系物药物的相对分子质量越大,增溶量越小;③加入顺序:用聚山梨酯 80 或聚氧乙烯脂肪酸酯等为增溶剂时,对维生素 A 棕榈酸酯进行增溶试验证明,如将增溶剂先溶于水再加入药物,则药物几乎不溶;如先将药物与增溶剂混合,然后再加水稀释则能很好溶解;④增溶剂的用量:温度一定时,加入足够量的增溶剂,可得到澄清溶液,稀释后仍然保持澄清。若配比不当,则得不到澄清溶液,或在稀释时变为浑浊。一般增溶剂的种类、用量及使用方法等应通过试验来确定。另外,还有以下因素影响表面活性剂的增溶作用。

(1)温度对增溶的影响　温度对增溶存在三个方面的影响:①影响胶束的形成;②影响增溶质的溶解;③影响表面活性剂的溶解度。对于离子型表面活性剂,温度上升主要是增加增溶质在胶束中的溶解度以及增加表面活性剂的溶解度。

(2)与中性无机盐的配伍　在离子表面活性剂溶液中加入可溶性的中性无机盐,即反离子增多,因受反离子的影响,反离子结合率越高和浓度越高,表面活性剂的 CMC 降低得就越显著,从而增加了胶束数量,增加烃核总体积及烃类增溶质的增溶量。相反,由于无机盐使胶束栅状层分子间的电斥力减小,分子排列更紧密,减少了极性增溶质的有效增溶空间,故降低了极性物质的增溶量。溶液中若存在较多的 Ca^{2+}、Mg^{2+} 等多价反离子时,则可能降低阴离子表面活性剂的溶解度,产生盐析现象。

无机盐对非离子表面活性剂的影响较小,但在高浓度时($>0.1mol/L$)可破坏表面活性剂聚氧乙烯等亲水基与水分子的结合,使浊点降低,CMC 下降。

(3)有机添加剂　脂肪醇与表面活性剂分子形成混合胶束,烃核的体积增大,对碳氢化合物的增溶量增加,如碳原子在 12 以下的脂肪醇有较好的增溶效果。一些多元醇如木糖、果糖、山梨醇等也有类似效果。另外一些极性有机物如尿素、N-甲基乙酰胺、乙二醇等均升高表面活性剂的临界胶束浓度。原因是这些极性分子与水分子发生强烈竞争性结合,并且这些物质也是表面活性剂的助溶剂,增加了表面活性剂的溶解度,故影响胶束形成。

(4)水溶性高分子　一些水溶性的高分子如明胶、聚乙烯醇、聚乙二醇及聚维酮等对表面活性剂分子有吸附作用,减少了溶液中游离表面活性剂分子的数量,故使临界胶束浓度升高。阳离子表面活性剂与含羧基的羧甲基纤维素、阿拉伯胶、果胶酸、海藻酸以及含磷酸根的核糖核酸、去氧核糖核酸等大分子可生成不溶性复凝聚物。但在含有高分子的溶液中,一旦有胶束形成,其增溶效果却显著增强,原因可能是两者疏水链的相互结合使胶束烃核增大,或是电性效应,如聚氧乙烯二醇因其结构中醚氧原子的存在,有未成键电子对与水中的 H^+ 结合而带有正电荷,易与阴离子表面活性剂结合等。

3. 增溶剂的稳定性

药物增溶后的稳定性可能与胶束表面的性质、结构和胶束缔合体的反应性、药物本身的降解途径、环境的 pH、离子强度等多种因素有关。例如酯类药物在碱性溶液中的水解反应,水解中间产物为带负电荷的阴离子,阳离子表面活性剂的正电荷可加速水解反应,而阴离子表面活性剂则可产生抑制作用。又如,青霉素等 β-内酰胺类药物的酸水解被阳离子及非离子表面活性剂抑制,被阴离子表面活性剂催化。而青霉素 V 在中性溶液中的降解,离子表面活性剂和非离子表面活性剂均无保护作用也无催化作用。

二、润　湿　剂

促进液体在固体表面铺展或渗透的作用,称为润湿作用(wetting),能起润湿作用的表面活性剂称为润湿剂(wetters)。润湿剂分子能定向地吸附在固液界面上,降低固-液界面张力,排除固体表面吸附的气体,降低固-液界面的界面张力,使接触角减小,改善润湿程度。润湿剂的最适 HLB 值为 7~9。

在润湿过程中,常用阴离子和非离子型表面活性剂作为润湿剂,如十二烷基苯磺酸钠、十二烷基硫酸钠和油酸丁酯硫酸钠等。

一些疏水性强的药物,口服后不易被液体润湿,从而影响药物的崩解和吸收,如加入表面活性剂提高它的润湿性,可以促进其崩解。

三、乳　化　剂

表面活性剂能使乳浊液易于形成并使之稳定,故可作为乳化剂使用。阳离子型表面活性剂的毒性和刺激性较大,故不用作内服药的乳化剂;阴离子型表面活性剂可用作外用制剂的乳化剂;两性离子表面活性剂,如阿拉伯胶、西黄蓍胶和琼脂等可以作为内服药物的乳化剂。非离子型表面活性剂毒性低、相容性好、不易发生配伍禁忌,对 pH 和电解质不敏感,可用作外用和内服制剂的乳化剂。

在实际应用中,采用复合乳化剂效果好于单一的乳化剂。已知乳化油相的 HLB 值,通过公式计算,得出复合乳化剂的配比。乳化剂的选择应以实验结果为依据。

四、起泡剂与消泡剂

泡沫是一层薄膜包围着气体,是气体分子分散在液体中的分散体系。具有产生泡沫作用和稳定泡沫作用的物质称为起泡剂(foaming agents)和稳泡剂(foaming stabilizer)。表面活性剂可以降低液体表面张力,使泡沫稳定,具有起泡剂和稳泡剂的作用,通常它们是具有较强的亲水性和较高的 HLB 值。起泡剂和稳泡剂主要用于腔道和皮肤用药。

消除泡沫的表面活性剂称为消泡剂(antifoaming agents)。一些含有表面活性剂或者具有表面活性物质的溶液,如中草药浸出液,含有蛋白质、树胶和其他高分子化合物的溶液,当剧烈搅拌或蒸发浓缩时可产生稳定的泡沫,给工艺操作带来麻烦。这时如加入表面张力小且水溶性也小的表面活性剂,HLB 值通常为 1~3,可以破坏泡沫,起到消泡的作用。常用的消泡剂有聚氧乙烯甘油和聚氧乙烯丙烯甘油等。

五、去　污　剂

用于去除污垢的表面活性剂称为去污剂(detergent)或洗涤剂(cleaning agent)。去污剂的最适 HLB 值一般为 13~16。去污能力以非离子表面活性剂最强,其次是阴离子型表面活性剂。常用的去污剂有油酸钠和其他脂肪酸的钠皂、钾皂、十二烷基硫酸钠和烷基磺酸钠等阴离子表面活性剂。去污的机理较为复杂,包括对污物表面的润湿、分散、乳化、增溶、起泡等多种过程。

六、消毒剂和杀菌剂

大多数阳离子型和两性离子表面活性剂都可以用作消毒剂(disinfectant),少数阴离子表面活性剂也有类似的作用。表面活性剂的消毒和杀菌机理,是由于表面活性剂与细菌的细胞膜相互作用,使膜蛋白变形,破坏细菌的细胞结构,使细菌死亡。

常用的广谱杀菌剂,如苯扎溴铵(新洁尔灭)对革兰氏阳性菌和革兰氏阴性菌,如大肠杆菌、痢疾杆菌和霉菌等经过几分钟接触即可杀灭,其0.5%醇溶液用于皮肤消毒,其0.02%和0.05%的水溶液用于局部湿敷和器械消毒。

思考题

1. 简述表面活性剂的理化性质。

2. 简述表面活性剂的分类。

3. 简述 HLB 值的概念及计算方法。

4. 简述温度对表面活性剂的影响。

5. 简述表面活性剂的生物学性质。

6. 简述表面活性剂的应用。

7. 用45%司盘60(HLB=4.7)和55%吐温60(HLB=14.9)组成的混合表面活性剂的 HLB 值是多少?

参考文献

1. 平其能. 药剂学(第7版). 北京:人民卫生出版社,2013.

2. 崔福德. 药剂学(第7版). 北京:人民卫生出版社,2013.

3. 崔福德. 药剂学(第二版). 沈阳:中国医药科技出版社,2013.

第四章 液体制剂

[学习目标]

1. 掌握液体制剂的定义和特点。
2. 掌握溶解度的定义、影响溶解度的因素以及增加药物溶解度的方法。
3. 熟悉液体制剂的常用溶剂。
4. 了解常用液体制剂的防腐剂、矫味剂和着色剂。

第一节 概　　述

一、液体制剂的定义与特点

1. 液体制剂的定义

液体制剂是指药物分散在液体分散介质中所制成的口服或外用制剂。液体制剂的分散相,可以是固体、液体或气体药物,在一定条件下分别以颗粒、液滴、胶粒、分子、离子或其混合形式存在于分散介质中。药物在这样的分散系统中,分散介质的种类、性质和药物分散粒子的大小对药物的作用、疗效和毒性等有很大影响。液体制剂是最常用的剂型之一,包括很多种剂型和制剂,是一个非常复杂的系统。

2. 液体制剂的特点与质量要求

(1)特点　液体制剂与固体制剂(散剂、片剂等)相比有以下特点:

① 药物的分散度大,接触面积大,吸收快,能迅速发挥疗效。

② 给药途径广泛,可用于口服,也可用于皮肤、黏膜和腔道给药。

③ 便于分取剂量,服用方便,特别适用于婴幼儿和老年患者。

④ 减少某些药物的刺激性。一些易溶性固体药物如溴化物、碘化物、水合氯醛等口服后,因局部浓度过高,对胃肠道有刺激性,若制成液体制剂则易控制浓度而减少刺激。

但液体制剂也存在许多需要注意和有待解决的问题,如化学稳定性差,药物之间容易发生作用而失去原有的效能;以水为溶剂者易发生水解或霉败,非水溶剂的生理作用大、成本高,且有携带、运输、贮存不便等缺点。

（2）质量要求

① 溶液型液体制剂应澄明,乳浊液型或混悬液型制剂应保证其分散相粒子小而均匀,振摇时可均匀分散。

② 浓度准确、稳定、久贮不变。

③ 分散介质最好用水,其次是乙醇。

④ 制剂应适口、无刺激性。

⑤ 制剂应具有一定的防腐能力。

⑥ 包装容器大小适宜,便于病人携带和使用。

二、液体制剂的分类

液体制剂目前常用的分类方法有两种,即按分散系统分类和按给药途径分类。

1.按分散系统分类

这种分类方法是把整个液体制剂看作一个分散体系,并按分散粒子的大小将液体制剂分成均相(单相)与非均相(多相)液体制剂。在均相液体制剂中,药物以分子、离子形式分散在液体分散介质中,没有相界面的存在,称为溶液(真溶液),其中药物(分散相)分子质量小的称为低分子溶液,分子质量大的称为高分子溶液,它们都属于稳定体系。非均相液体制剂中,药物是以微粒(多分子聚集体)或液滴的形式分散在液体分散介质中,分散相与液体分散介质之间具有相界面,所以在一定程度上都属于不稳定体系。

高分子溶液和溶胶分散体系在药剂学中一般统称为胶体溶液型液体制剂,因为它们分散相粒子的大小属于同一个范围(1～100nm),且在性质上有许多共同之处,但前者为真溶液,属均相液体制剂,而后者为微粒分散系,属非均相液体制剂。

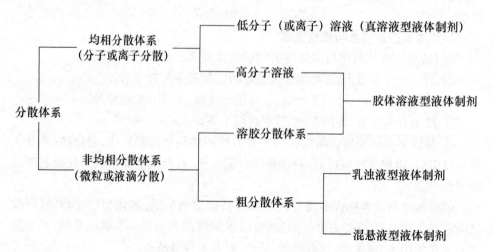

分散体系的分类见表4－1。

表4－1 分散体系的分类

类型		分散相粒子大小	特征	举例
分子分散系		<1nm	无界面,均相,热力学稳定体系,扩散快,能透过滤纸和某些半透膜,形成真溶液	氯化钠、葡萄糖溶液
胶体分散系	高分子溶液	1～100nm	无界面,均相,热力学稳定体系,形成真溶液,能透过滤纸,不能透过半透膜	蛋白质的水溶液
	溶胶		有界面,非均相,热力学不稳定体系,扩散慢,能透过滤纸,不能透过半透膜	胶体硫、氢氧化铁溶胶
粗分散系		>100nm	有界面,非均相,热力学不稳定体系,形成混悬剂或乳剂,扩散很慢或不扩散,显微镜下可见	无味氯霉素混悬剂、鱼肝油乳剂

2. 按给药途径与应用方法分类

（1）内服液体制剂 如合剂、芳香水剂。

（2）外用液体制剂 包括:①皮肤用液体制剂如洗剂、搽剂等;②五官科用液体制剂如洗耳剂、滴鼻剂、含漱剂;③直肠、阴道、尿道用液体制剂如灌肠剂、灌洗剂等。

三、液体制剂常用溶剂

由于药物性质和医疗要求不同,所以在制备液体制剂时,应选用不同的溶剂。溶剂选择是否得当与药物的质量和疗效有直接关系。优良的溶剂应该具有化学性质稳定、不影响主药的作用和含量测定、毒性小、成本低、无臭味且具有防腐性等特点。但同时符合这些条件的溶剂很少,所以需要在掌握常用溶剂性质的基础上适当选用。

1. 极性与半极性溶剂

（1）水（water） 水是最常用的极性溶剂,本身无任何药理及毒理作用,价廉易得。能与乙醇、甘油、丙二醇等极性溶剂任意混合。水的介电常数为81、极性大,能溶解绝大多数无机盐与许多极性有机物、生物碱盐、糖类、黏液质、鞣质、蛋白质等。但水能使部分药物发生水解或变色,也易霉变,故水性制剂不宜久贮,配制水性液体制剂应使用新鲜纯化水。

（2）乙醇（alcohol） 乙醇是除水以外最常用的有机极性溶剂。可与水、甘油、丙二醇等任意混合。乙醇的溶解范围很广,能溶解大部分有机物质和植物中成分,如生物碱及其盐类、挥发油、树脂、鞣质及某些有机酸和色素等。其毒性比其他有机溶剂小,20%以上的乙醇即具有防腐作用。与水相比有成本高、本身有药理作用、易挥发及易燃烧等缺点,其制剂应密闭贮存。乙醇与水混合时,由于化学作用生成水合物而产生热效应,并使体积缩小,故在稀释乙醇时应使其凉至室温(20℃)后,再调至需要量。

(3)甘油(glycerin) 甘油为黏稠性液体,味甜(为蔗糖甜度的60%)、毒性小,能与水、乙醇、丙二醇等任意混合。可内服,也可外用。甘油能溶解许多不易溶于水的药物,如硼酸、苯酚等;无水甘油有吸水性,对皮肤黏膜有刺激性,但含水10%的甘油无刺激性,且对一些刺激性药物可起到缓和作用。甘油多作为黏膜用药的溶剂,如酚甘油、硼酸甘油、碘甘油等。在外用液体制剂中,甘油还有防止干燥、滋润皮肤、延长药物局部疗效等作用。在内服浸出溶液中含甘油12%以上时,不但使制剂有甜味,且能防止鞣质的析出。此外,甘油有防腐性,但成本高。

(4)丙二醇(propylene glycol) 药用品是1,2-丙二醇,性质与甘油相似,但黏度较甘油小,可作为内服及肌内注射用药的溶剂,毒性及刺激性小。本品可与水、乙醇、甘油任意混合,能溶解很多有机药物,如磺胺类药、局部麻醉药、维生素A、D及性激素等。丙二醇与水的等量混合液能延缓某些药物的水解,增加其稳定性。但丙二醇有辛辣味,在口服应用中受到一定限制。

(5)聚乙二醇类(polyethylene glycol,PEG) 低聚合度的聚乙二醇,如PEG300～400,为透明液体,能与水任意混合,并能溶解许多水溶性无机盐和水不溶性有机物。本品对易溶解的药物具有一定的稳定作用。在外用洗剂中,本品能增加皮肤的柔韧性,并具有与甘油类似的保湿作用。

(6)二甲基亚砜(dimehyl sulfoxide,DMSO) 本品具有较大的极性,为澄明、无色、微臭的液体,纯品几乎无味(18.5℃时易结晶)。有强吸湿性,与水混合时产生混合热,60%水溶液的冰点为-80℃,故有良好的防冻作用。能与水、乙醇、甘油、丙二醇等相混合,一般用其40%～60%的水溶液为溶剂。本品溶解范围很广,许多难溶于水、甘油、乙醇、丙二醇的药物,在本品中往往可以溶解,故有"万能溶剂"之称。本品对皮肤和黏膜的穿透能力很强,尚有一定的消炎、止痒与治疗风湿病的作用。但本品的价格较高,对皮肤有轻度刺激性,高浓度可引起皮肤灼烧感、瘙痒及发红。本品孕妇禁用。

2. 非极性溶剂

(1)脂肪油(fatty oil) 脂肪油为常用的一类非极性溶剂,能溶解油溶性药物如激素、挥发油、游离生物碱及许多芳香族化合物等。常用的有麻油、豆油和花生油等植物油,多用于外用制剂,如洗剂、搽剂、滴鼻剂等。本品不能与水、乙醇、甘油等混合,脂肪油易酸败,也易与碱性物质起皂化反应而变质。

(2)液状石蜡(liquid paraffin) 本品为无色透明液体,是从石油矿中所得的液状烃的混合物。有轻质和重质两种,前者密度为0.828～0.880g/mL,40℃时黏度为3.35cPa·s以上,多用于软膏及糊剂中。本品化学性质稳定,能溶解生物碱、挥发油等非极性物质,与水不能混溶。

3. 油酸乙酯(ethyl oleate)

本品为淡黄色或几乎无色易流动的油状液体,为脂肪油的代用品。密度(20℃)为0.866~0.874g/mL,黏度>0.52cPa·s,酸值<0.5,碘值75~85,皂化值177~188。本品是油溶性药物的常用溶剂,但在空气中暴露易氧化、变色,故常加入抗氧剂使用。

第二节 溶解度与增加药物溶解度的方法

一、溶解度与溶解速度

1. 溶解度的定义及表示法

药物的溶解度(solubility)是指在一定温度下(气体要求在一定压力下)在一定量溶剂的饱和溶液中溶解的溶质量。《中国药典》(2020年版)二部用以下名词表示药物的溶解度:

极易溶解:指溶质1g(mL)能在溶剂不到1mL中溶解。

易溶:指溶质1g(mL)能在溶剂1~不到10mL中溶解。

溶解:指溶质1g(mL)能在溶剂10~不到30mL中溶解。

略溶:指溶质1g(mL)能在溶剂30~不到100mL中溶解。

微溶:指溶质1g(mL)能在溶剂100~不到1 000mL中溶解

极微溶解:指溶质1g(mL)能在溶剂1 000~不到10 000mL中溶解。

几乎不溶或不溶:指溶质1g(mL)在溶剂10 000mL中不能完全溶解。

这些名词,仅表示药物的大致溶解性能,至于准确的溶解度,一般以1份溶质1g或1mL能溶于若干毫升溶剂中表示。一种药物往往可溶于数种溶剂中,药典及药品质量标准根据需要都分别记载于各药物的性质项内,供使用时参考,例如硼酸1g分别能在水18mL、乙醇18mL和甘油4mL中溶解。

2. 溶解速度

溶解速度(dissolution rate)是指在某一溶剂中单位时间内溶解溶质的量。溶解速度的快慢,取决于溶剂与溶质之间的吸引力胜过固体溶质中结合力的程度及溶质的扩散速度。有些药物虽然有较大的溶解度,但要达到溶解平衡却需要很长时间,需要设法增加其溶解速度。而溶解速度的大小与药物的吸收和疗效有着直接关系。

二、影响药物溶解度与溶解速度的因素

1. 药物的化学结构

各种药物都具有不同的化学结构,因而其极性和晶型也不相同,如上所述一般结构相似的药物易溶于结构相似的溶剂中。许多结晶性药物都具有多晶现象

(即具有多晶型),因为晶格排列不同,分子间的吸引力也不同,以至使溶解度有所差别。晶格排列紧密稳定,分子间吸引力较大,则表现为熔点高,化学稳定性强,溶解度小。如核黄素有三种晶型,在水中的溶解度相差较大,其中Ⅲ型溶解度比Ⅰ型大20倍。丁烯二酸的顺反结构,其晶格引力不同,溶解度也不同,顺式溶解度为1:5,反式溶解度则为1:150。因此,研究药物作用和疗效时,往往在药物结构和晶型上要注意深入研究。

2. 溶剂的极性

药物以分子或离子分散在液体分散介质中的过程称为溶解。这一过程可以看作是溶剂与溶质分子间的吸引力大于溶质本身分子间引力的结果。一般可根据"相似者相溶"这一经验规律来预测溶解的可能性。所谓相似除指化学性质的相似之外,主要是以其极性程度的相似作为估计的依据。

(1)极性溶剂　水是一种极性溶剂,在水分子中两个氢原子与一个氧原子形成一个V形结构的分子,由于氧的电子密度高,氢的电子密度低,所以使水成为一个偶极分子(又称永久偶极分子)而呈现强烈的氢键结合。极性溶剂如水能够溶解离子型药物或其他极性药物是由于水能减弱离子型药物或其他电解质中带相反电荷离子间的吸引力,进而使离子溶剂化(溶剂为水时称为水化)而溶解。介电常数的大小常可衡量溶剂极性的大小,它表示溶剂把溶液中相反电荷彼此分开的能力。水的介电常数为81,是所有液体中最大的一个(乙醇26.8、苯2.3、甘油56.2),表明一对阴阳离子在水中离子间的吸引力(结合力)可被降低到原来(晶体中)的1/80。由于水分子在其周围的定向排列和布朗运动,将不同电荷的离子拉开并生成了水合离子(水化)而溶解,所以水是极性溶质的良好溶剂。

(2)非极性溶剂　非极性溶剂的分子主要是靠分子间的范德华力作用而结合在一起。由于非极性溶剂的介电常数很低,因而不能减弱电解质离子的引力,也不能与其他极性分子形成氢键,所以电解质和其他极性溶质不溶或微溶于非极性溶剂中。但非极性药物能够溶解于非极性溶剂中,其原因是由于非极性溶剂克服了溶质分子间的内聚力(范德华力)的结果。

(3)半极性溶剂　酮、醇等溶剂能诱导某些非极性溶剂分子,使之产生某种程度的极性,故可作为中间溶剂使极性与非极性液体混溶。如丙酮能增加乙醚在水中的溶解度;乙醇可用作水和蓖麻油的中间溶剂;丙二醇能增加薄荷油在水中的溶解度等。

3. 温度

温度对溶解度的影响取决于药物溶解时是吸热还是放热。固体药物溶解时,由于需要拆散晶格而必须吸收热量,所以固体药物在液体中的溶解度通常随温度的升高而增加。而气体在液体中的溶解一般属于放热过程,所以气体的溶解度通常随温度的升高而下降。与搅拌作用类似,由于温度升高可加快溶质的扩散速度,所以溶解速度也相应加快。

4. 粒子大小

在一般情况下药物的溶解度与药物粒子的大小无关。而对难溶性药物来说，在一定温度下，固体的溶解度和溶解速度与固体的比表面积成正比。当比表面积增大时，溶解度和溶解速度均随之增大，这是因为微小颗粒表面的质点受微粒本身的吸引力降低，而受到溶剂分子的吸引力增大而溶解。同时，固体药物愈细比表面积也愈大，在其表面形成饱和溶液也愈快，从而溶解速度也愈大。因此，对溶解较慢的药物可先行粉碎后再溶解。

5. 同离子效应及其他物质的存在

对电解质类药物，当水溶液中含有的离子与其离解产生的离子相同时，可使其溶解度降低，例如许多盐酸盐类药物在 0.9% 氯化钠或 0.1mol/L 盐酸中的溶解度比单纯水中的溶解度低。另外，当溶液中除药物和溶剂外还含有其他溶质时，往往可使难溶性药物的溶解度和溶解速度受到影响。因此，在溶解过程中，常把处方中难溶性的药物先溶解于溶剂中。

6. 搅拌

搅拌能加速溶质饱和层的扩散，从而提高溶解速度。

三、增加药物溶解度的方法

有些药物由于溶解度较小，即使制成饱和溶液也达不到治疗的有效浓度，如氯霉素在水中的溶解度为 0.25%，而在临床上所需用氯霉素的浓度有的为 12.5%。因此，增加难溶性药物的溶解度是药剂工作的一个重要问题，增加药物溶解度的方法主要有以下几种。

1. 制成可溶性盐

一些难溶性弱酸或弱碱类药物，由于它们的极性较小，所以在水中溶解度很小或不溶，但如果加入适量的酸（弱碱性药物）或碱（弱酸性药物）制成盐使之成为离子型极性化合物后，则可增加其在水（极性溶剂）中的溶解度。如可卡因的溶解度为 1:600，而盐酸可卡因的溶解度则为 1:0.5，又如水杨酸的溶解度为 1:500，而水杨酸钠的溶解度则为 1:1。

含羧基、磺酰胺基等酸性基团的药物，可用碱（氢氧化钠、碳酸氢钠、氢氧化钾、氢氧化铵、乙二胺、二乙醇胺等）与其作用生成溶解度较大的盐。

天然及合成的有机碱，一般都用盐酸、硫酸、硝酸、磷酸、柠檬酸、水杨酸、马来酸、酒石酸或醋酸等制成盐类。

选用的盐类除考虑到溶解度应满足临床需要外，还需考虑到溶液的 pH、稳定性、吸湿性、毒性及刺激性等因素。因为同一种酸性或碱性药物，往往可与多种不同的碱或酸生成不同的盐类，而它们的溶解度、稳定性、刺激性、毒性甚至疗效等常常也不一样。

2. 选用混合溶剂

某些分子质量较大、极性较小而在水中溶解度较小的药物,如果更换半极性或非极性溶剂,就会使其溶解度增大,如樟脑不溶于水而能溶于醇或脂肪油等。某些难溶于水但又不能制成盐类的药物,或虽能制成盐类,但制成的盐类在水中极不稳定,这类药物常采用混合溶剂促其溶解。

常用作混合溶剂的有水、乙醇、甘油、丙二醇、聚乙二醇、二甲基亚砜等。如氯霉素在水中的溶解度仅 0.25%,若用水中含有 25% 乙醇、55% 甘油的混合溶剂,则可制成 12.5% 氯霉素溶液。又如苯巴比妥难溶于水,若制成钠盐虽能溶于水,但水溶液极不稳定,可因水解而引起沉淀或分解后变色,故改为聚乙二醇与水的混合溶剂应用。药物在混合溶剂中的溶解度通常是在各溶剂中溶解度相加的平均值。药物在混合溶剂中的溶解度,除与混合溶剂的种类有关外,还与溶剂在混合溶剂中的比例有关。这些都可通过实验加以确定。药物在单一溶剂中溶解能力差,但在混合溶剂中比单一溶剂更易溶解的现象称为潜溶,这种混合溶剂称为潜溶剂。这种现象可认为是由于两种溶剂对药物分子不同部位作用的结果。

3. 加入助溶剂

一些难溶性药物,当加入第三种物质时,能使其在水中的溶解度增加,而不降低活性的现象,称为助溶。第三种物质是低分子化合物时(不是胶体物质或非离子型表面活性剂)称为助溶剂。

由于溶质和助溶剂的种类很多,其助溶的机理有许多至今尚不清楚,但一般认为主要是由于形成了可溶性的配合物、形成可溶性有机分子复合物、缔合物和通过复分解而形成了可溶性复盐等的结果。例如,咖啡因在水中的溶解度为1:50,用苯甲酸钠助溶,形成分子复合物苯甲酸钠咖啡因,溶解度可增大到1:1.2;茶碱在水中的溶解度为1:120,用乙二胺助溶形成氨茶碱,溶解度增大为1:5;芦丁在水中的溶解度为1:10 000,可加入硼砂形成配合物而增加溶解度;可可豆碱难溶于水,用水杨酸钠助溶,形成水杨酸钠可可豆碱则易溶于水。

常用的助溶剂可分为三类:①无机化合物如碘化钾、氯化钠等;②某些有机酸及其钠盐,如苯甲酸钠、水杨酸钠、对氨基苯甲酸钠等;③酰胺化合物,如乌拉坦、烟酰胺、乙酰胺等。很多其他类似的物质也都有较好的助溶作用。

常用助溶剂见表 4 − 2。

表 4 − 2　　　　　　　　　　　　常用助溶剂

难溶性药物	助溶剂
茶碱	乙二胺、烟酰胺、苯甲酸钠、水杨酸钠
咖啡因	苯甲酸钠、水杨酸钠、柠檬酸钠、烟酰胺、乙酰胺
氯霉素	二甲基甲酰胺、二甲基乙酰胺
四环素、土霉素	烟酰胺、水杨酸钠、甘氨酸钠
安络血	水杨酸钠、烟酰胺、乙酰胺

续表

难溶性药物	助溶剂
氢化可的松	苯甲酸钠、羟基苯甲酸钠
核黄素	烟酰胺、水杨酸钠、乙酰胺
葡萄糖酸钙	乳酸钙、氯化钠、柠檬酸钠
碘	碘化钾

4. 引入亲水基团

难溶性药物分子中引入亲水基团可增加在水中的溶解度。如维生素 B_2 在水中溶解度为 $1:3\,000$ 以上，而引入—PO_5HNa 形成维生素 B_2 磷酸酯钠，溶解度增加 300 倍。又如维生素 K_3 不溶于水，分子中引入—SO_3HNa 则成为维生素 K_3 亚硫酸氢钠，可制成注射剂。但应注意，在有些药物中引入某种亲水基团后，不仅在水中的溶解度有所增加，其药理作用也可能有或多或少的改变。

5. 加入增溶剂

加入增溶剂是将某些难溶性药物分散于表面活性剂形成的胶束内，来增加药物溶解度的方法，常用的增溶剂为聚山梨酯类和聚氧乙烯脂肪酸酯类。

第三节　溶液型液体制剂

一、概　　述

溶液型液体制剂是指小分子药物以分子或离子（直径在 1nm 以下）状态分散在溶剂中形成的供内服或外用的真溶液。真溶液中由于药物的分散度大，其总表面积及与机体的接触面积最大。口服后药物均能较好地吸收，故其作用和疗效比同一药物的混悬液或乳浊液快而高。

药物在真溶液中高度分散，固然为其优点，但其化学活性也随之增高，特别是某些药物的水溶液很不稳定，如青霉素、抗坏血酸等在干燥粉末时相对稳定，但其水溶液就极易氧化或水解而失效。此外，多数药物的水溶液在贮存过程中易发生变质，所以在制备溶液型液体制剂时，应注意药物的稳定性和防腐问题。

二、溶　液　剂

1. 概述

溶液剂（solution）一般系指化学药物（非挥发性药物）的内服或外用的均相澄明溶液。其溶剂多为水，少数则以乙醇或油为溶剂，如硝酸甘油乙醇溶液、维生素 D 油溶液等。溶液剂应保持澄清，不得有沉淀、浑浊、异物等。药物制成溶液剂后可以用量取代替称取，使剂量准确，服用方便，特别对小剂量或毒性大的药物更为重要。溶液剂可供内服或外用，内服者应注意其剂量准确，并适当改善其色、香、味;外用者应注意其浓度和使用部位的特点。

2. 制法与举例

溶液剂的制备方法有三种,即溶解法、稀释法和化学反应法。

(1)溶解法 此法适用于较稳定的化学药物,多数溶液剂都采用此法制备。其制备过程是:药物的称量、溶解、过滤、质量检查、包装。

操作方法:取处方总量1/2~3/4量的溶剂,加入称好的药物,搅拌使其溶解,过滤,并通过滤器加溶剂至全量。过滤后的药液进行质量检查。制得的药物溶液应及时分装、密封、贴标签并进行包装。

例4-1 碘化钾溶液

【处方】碘化钾100g 硫代硫酸钠0.5g 蒸馏水加至1 000mL

【制法】取碘化钾与硫代硫酸钠,加适量新鲜蒸馏水溶解至1 000mL,搅匀,即得。

【注解】本品久贮,遇光或露置空气中易分解,加硫代硫酸钠作稳定剂。本品口服用于视神经萎缩,可促进玻璃体浑浊的吸收,防治地方性甲状腺肿及祛痰。

(2)稀释法 先将药物制成高浓度溶液,再用溶剂稀释至所需浓度即得。用稀释法制备溶液时应注意浓度换算,挥发性药物浓溶液稀释过程中应注意挥发损失,以免影响浓度的准确性。本法适用于高浓度溶液或易溶性药物的浓贮备液等原料。例如,工厂生产的过氧化氢溶液含 H_2O_2 为 30%(g/mL),而常用浓度为 2.5%~3.5%(g/mL);工业生产的浓氨溶液含 NH_3 为 25%~30%(g/g),而医药常用氨溶液的浓度一般为 9.5%~10.5%(g/mL)。又如50%硫酸镁、50%溴化钾或溴化钠等,一般均需用稀释法调至所需浓度后方可使用。

例4-2 稀甲醛溶液的制备

【处方】甲醛溶液36%(g/g)以上100mL 蒸馏水加至1 000mL

【制法】取甲醛溶液加蒸馏水成1 000mL,置密闭容器内搅匀即得。

【注解】本品主要用作消毒、防腐、保存标本。甲醛溶液久贮或冷处(9℃以下)贮放,易聚合成多聚甲醛,呈白色浑浊或产生白色沉淀,可倾取上清液测定实际含量后折算使用。

(3)化学反应法 本法适用于原料药物缺乏或不符合医疗要求的情况,此时可将两种或两种以上的药物配伍在一起,经过化学反应而生成所需药物的溶液。如复方硼砂溶液(多贝尔溶液)的制备。

3. 制备溶液剂时应注意的问题

①有些药物虽然易溶,但溶解缓慢,此种药物在溶解过程中应采用粉碎、搅拌、加热等措施;②易氧化的药物溶解时,宜将溶剂加热放冷后再溶解药物,同时应加适量抗氧剂,以减少药物氧化损失;③对易挥发性药物应在最后加入,以免在制备过程中损失;④处方中如有溶解度较小的药物,应先将其溶解后再加入其他药物;⑤难溶性药物可加入适宜的助溶剂或增溶剂使其溶解。

三、糖　浆　剂

1.概述

糖浆剂系指含有药物或芳香物质的浓蔗糖水溶液,供口服应用。纯蔗糖的近饱和水溶液称为单糖浆,浓度为85%(g/mL)或64.7%(g/g)。糖浆剂中的药物可以是化学药物也可以是药材的提取物。

蔗糖能掩盖某些药物的苦味、咸味及其他不适臭味,容易服用,尤其受儿童欢迎。糖浆剂易被真菌、酵母菌和其他微生物污染,使糖浆剂浑浊或变质。糖浆剂中含蔗糖浓度高时,渗透压大,微生物的生长繁殖受到抑制。低浓度的糖浆剂应添加防腐剂。

糖浆剂的质量要求:糖浆剂含蔗糖量应不低于65%(g/mL);糖浆剂应澄清,在贮存期间不得有酸败、异臭、产生气体或其他变质现象。含药材提取物的糖浆剂,允许含少量轻摇即散的沉淀。糖浆剂中必要时可添加适量的乙醇、甘油和其他多元醇作稳定剂;如需加防腐剂,尼泊金类的用量不得超过0.05%,苯甲酸的用量不得超过0.3%;必要时可加入色素。

糖浆剂可分为:单糖浆,不含任何药物,除供制备含药糖浆外,一般可作矫味剂、助悬剂等用;矫味糖浆,如橙皮糖浆、姜糖浆等,主要用于矫味,有时也用作助悬剂;药物糖浆,如磷酸可待因糖浆等,主要用于疾病的治疗。

2.糖浆剂的制备方法

(1)溶解法

①热溶法:是将蔗糖溶于沸纯化水中,继续加热使其全溶,降温后加入其他药物,搅拌溶解、过滤,再通过滤器加纯化水至全量,分装,即得。

热溶法有很多优点,蔗糖在水中的溶解度随温度升高而增加,在加热条件下蔗糖溶解速度快,趁热容易过滤,可以杀死微生物。但加热过久或超过100℃时,使转化糖的含量增加,糖浆剂颜色容易变深,热溶法适合于对热稳定的药物和有色糖浆的制备。

②冷溶法:是将蔗糖溶于冷纯化水或含药的溶液中制备糖浆剂的方法。本法适用于对热不稳定或挥发性药物,制备的糖浆剂颜色较浅。但制备所需时间较长并容易污染微生物。

(2)混合法　是将含药溶液与单糖浆均匀混合制备糖浆剂的方法。这种方法适合于制备含药糖浆剂。本法的优点是方法简便、灵活,可大量配制,也可小量配制。一般含药糖浆的含糖量较低,要注意防腐。

(3)举例

例4-3　单糖浆

【处方】蔗糖850g　纯化水加至1 000mL

【制法】取纯化水450mL,煮沸,加蔗糖搅拌溶解后,继续加热至100℃,布或薄层脱脂棉保温过滤,自滤器上添加纯化水至1 000mL,搅匀,即得。

【注解】本品主要供作矫味剂和赋形剂用。

例4-4 硫酸亚铁糖浆

【处方】硫酸亚铁40g 柠檬酸2.1g 蔗糖825g 薄荷醑2.0mL 纯化水适量 全量1 000mL

【制法】取硫酸亚铁、柠檬酸用热纯化水溶解,过滤,制得溶液。另取沸纯化水,加入蔗糖煮沸制成糖浆,反复过滤至澄清,在搅拌下将上述溶液加入糖浆内,然后将薄荷醑在搅拌下缓缓加入上述混合液中,加纯化水至1 000mL,搅匀,过滤,分装,即得。本品可用于缺铁性贫血。

【注解】①硫酸亚铁在水溶液中容易氧化,加入柠檬酸使溶液呈酸性,蔗糖在酸性下水解成转化糖,防止硫酸亚铁的氧化。②薄荷醑为薄荷油的乙醇液,缓缓加入混合液中,以避免溶液浑浊不易滤清。

3. 制备糖浆剂时应注意的问题

(1)加入药物的方法 水溶性固体药物,可先用少量纯化水使其溶解再与单糖浆混合;水中溶解度小的药物可酌加少量其他适宜的溶剂使药物溶解,然后加入单糖浆中,搅匀即得;药物为可溶性液体或药物的液体制剂时,可将其直接加入单糖浆中,必要时过滤;药物为含乙醇的液体制剂,与单糖浆混合时发生浑浊,为此可加入适量甘油助溶;药物为水性浸出制剂,因含多种杂质,需纯化后再加到单糖浆中。

(2)制备时注意问题 应在避菌环境中制备,各种用具、容器应进行洁净或灭菌处理,并及时灌装;应选择药用白砂糖;生产中宜用夹层锅加热,温度和时间应严格控制。

4. 糖浆剂的包装与贮存

糖浆剂应装于清洁、干燥、灭菌的密闭容器中,宜密封。贮存应不超过30℃。

第四节 胶体溶液型液体制剂

胶体溶液型液体制剂包括高分子溶液剂和溶胶剂。

一、高分子溶液剂

一些分子质量较大的药物(通常为高分子化合物或高聚物)以分子状态分散在溶剂中,所形成的均相分散体系称为高分子溶液剂。如蛋白质、酶类、纤维素类溶液、淀粉浆、胶浆、右旋糖酐溶液等,常称为亲水胶体,属于热力学稳定体系。

1. 高分子溶液的性质

(1)带电性 很多高分子化合物在溶液中带有电荷,这些电荷主要是由于高分子结构中某些基团解离的结果。由于种类不同,高分子溶液所带的电荷也不一样,如纤维素及其衍生物、阿拉伯胶、海藻酸钠等高分子化合物的水溶液一般都带负电荷,蛋白质分子溶液随溶液 pH 不同,可带正电或负电。由于胶体质点带电,所以具有电泳现象。

(2)稳定性 高分子溶液的稳定性主要取决于水化作用,即在水中高分子周围可形成一层较坚固的水化膜,水化膜能阻碍高分子质点相互凝集,而使之稳定。一些高分子质点带有电荷,由于排斥作用对其稳定性也有一定作用,但对高分子溶液来说,电荷对其稳定性并不像对疏水胶体那么重要。如果向高分子溶液中加入少量电解质,不会由于反离子作用(电位降低)而聚集。但若破坏其水化膜,则会发生聚集而引起沉淀。破坏水化膜的方法之一是加入脱水剂如乙醇、丙酮等。另一破坏高分子水化膜的方法是加入大量的电解质,由于电解质的强烈水化作用夺去了高分子质点中水化膜的水分而使其沉淀,这一过程称为盐析。

高分子溶液不如低分子溶液稳定,在放置过程中,会自发地聚集而沉淀或漂浮在表面称为陈化现象。

高分子溶液由于其他因素如光线、空气、盐类、pH、絮凝剂、射线等的影响,使高分子先聚集成大粒子而后沉淀或漂浮在表面的现象,称为絮凝现象。

(3)渗透压 高分子溶液与低分子溶液和疏水胶体溶液一样,具有一定渗透压,但由于高分子溶液的溶解度和浓度较大,所以其渗透压反常地增大,以至于不能用 van't Holf 公式计算。

(4)胶凝 一些高分子溶液如明胶和琼脂的水溶液等,在温热条件下,为黏稠性流动的液体,但当温度降低时,呈溶解分散的高分子形成网状结构,把分散介质水全部包在网状结构中,形成了不流动的半固体状物,称为凝胶,形成凝胶的过程称为胶凝。凝胶有脆性与弹性两种,前者失去网状结构内部的水分后就变脆,易研磨成粉末,如硅胶;而弹性凝胶脱水后,不变脆,体积缩小而变得有弹性,如琼脂和明胶。有些高分子溶液,当温度升高时,高分子化合物中的亲水基团与水形成的氢键被破坏而降低其水化作用,形成凝胶分离出来。当温度下降至原来温度时,又重新胶溶成高分子溶液,如甲基纤维素、聚山梨酯类等即属于此类。

2. 高分子溶液的制备

制备高分子溶液时,首先要经过溶胀过程。溶胀是指水分钻到高分子化合物分子间的空隙中去,与高分子中的极性基团发生水化作用而使体积膨大,其结果使高分子空隙间充满水分子,这个过程称为有限溶胀。由于高分子间隙中存在水分子,从而降低了高分子化合物分子间的作用力(范德华力),溶胀过程不断进行,最后使高分子化合物分散在水中而形成高分子溶液,此过程称为无限溶胀。无限溶胀往往较慢,需要加以搅拌或加热才能完成。如制备明胶溶液时,可先将明胶碎成小块,于水中浸泡 3~4h,这是有限溶胀过程,然后加热并搅拌使成明胶溶液。胃蛋白酶、汞溴红、蛋白银等,其有限溶胀及无限溶胀过程进行得都较快,这类高分子化合物可撒在水面上,待其自然膨胀然后才能搅拌形成高分子溶液。若撒在水面上立即搅拌,则易形成团块,团块周围形成水化膜,能阻碍水分向团块内部扩散,影响膨胀过程。

例4-5 胃蛋白酶合剂

【处方】胃蛋白酶20g 稀盐酸20mL 橙皮酊20mL 单糖浆100mL 尼泊金乙酯醇溶液(5%)10mL 纯化水加至1 000mL

【制法】取约750mL纯化水加稀盐酸、单糖浆搅匀,缓缓加入橙皮酊、尼泊金乙酯溶液,边加边搅拌,然后将胃蛋白酶撒在液面上,待其自然膨胀溶解后,再加蒸馏水配成1 000mL,轻轻搅匀即得。

【注解】①胃蛋白酶活性最大的pH范围是1.5~2.5,盐酸的含量不可超过0.5%,否则能使蛋白酶失去活性,故配制时应先将稀盐酸用适量纯化水稀释。②配制时应将胃蛋白酶撒在上述液面上,静置使其膨胀后,再缓慢搅匀即得;不得用热水溶解,以防失去活性。③本品一般不宜过滤,因胃蛋白酶等电点为2.75~3.00,在上述溶液中它带正电荷,而湿润的滤纸或棉花带负电荷,会吸附胃蛋白酶。③本品水溶液不稳定,容易减效,故不宜大量配制。④本品所用胃蛋白酶消化力为1:3 000,即1g胃蛋白酶至少能使3 000g凝固卵蛋白完全消化。

二、溶 胶 剂

溶胶剂是由固体微粒(多分子聚集体)作为分散相的质点,分散在液体分散介质中所形成的非均相分散体系。溶胶剂中微粒的大小一般在1~100nm,其外观与溶液一样是透明的。由于胶粒有着极大的分散度,微粒与水的水化作用很弱,它们之间存在着物理界面,胶粒之间极易合并,所以溶胶属于高度分散的热力学不稳定体系。但由于溶胶粒子很小,分散度大,在水中呈现强烈的布朗运动,从而克服重力作用而不易下沉,这是溶胶剂的动力学稳定因素。

1. 溶胶剂的性质

(1)带电性 胶粒本身带有电荷,具有双电层(吸附层与扩散层)的结构,双电层之间存在着电位差,称为ζ电位。ζ电位的大小可以表示当胶粒碰撞时,由相同电荷互相排斥,阻碍胶粒合并的能力,这是溶胶剂稳定的主要因素。由于双电层水化而在胶粒周围形成了水化膜,在一定程度上也增加了溶胶剂的稳定性,但它与电荷所起的稳定作用(排斥作用)比较则是次要的作用。

(2)溶胶剂的稳定性 溶胶剂的稳定性,可因加入一定量电解质而破坏。加入电解质时,由于有较多的反离子进入吸附层,使吸附层有较多的电荷被中和,使胶粒的电荷减少,扩散层变薄,水化层也随之变薄,胶体粒子就容易凝结,任何电解质超过一定浓度时,都能使溶胶剂发生凝结,但起主要作用的是电解质中的反离子,而且反离子的价数越高,凝结能力越强。但加入一定浓度的高分子溶液也使溶胶剂不易发生聚集,这种现象称为保护作用,所形成的溶液称为保护胶体。保护作用的原因是由于有足够数量的高分子物质被吸附在胶粒的表面上,形成了类似高分子粒子的表面结构,因而稳定性增高。

（3）丁达尔效应（Tyndall effect） 由于溶胶粒子大小比自然光的波长小,所以当光线通过溶胶剂时,有部分光被散射,溶胶剂的侧面可见到亮的光束,称为丁达尔效应。这种现象可用于对溶胶剂的鉴别。

2. 溶胶剂的制备

溶胶的制备有分散法和凝聚法两种。

（1）分散法 系把粗分散物质分散成胶体微粒的方法。

①研磨法:适用于脆而易碎的药物,生产上常采用胶体磨。将分散相、分散介质及稳定剂加入胶体磨中,经研磨后流出即可。

②胶溶法:系使新生的粗分散粒子重新分散的方法。

③超声波分散法:用超声波的能量使粗分散相粒子分散成为胶体粒子的方法。

（2）凝聚法 系利用物理条件的改变或化学反应使以分子或离子分散的物质,结合成胶体粒子的方法。

①物理凝聚法:改变分散介质的性质使溶解的药物凝聚成溶胶。

②化学凝聚法:系借助于氧化、还原、水解、复分解等化学反应,制备溶胶。

3. 溶胶剂制备的影响因素

（1）溶胶胶粒的分散度 制备较稳定的溶胶剂,首先要将较大的颗粒粉碎到胶粒大小范围。

（2）胶粒的聚集性 胶粒大小在 $1\sim100nm$ 范围内,分散度高,粒子表面能大,聚集性也随之增强,因而要加稳定剂进行保护,以防止粒子聚结变大。

（3）电解质的影响 溶胶的稳定性和 ζ 电位的高低有关,在选择电解质时要根据胶粒表面所吸附离子的电荷种类而定。

第五节 混 悬 剂

一、概 述

混悬剂系指难溶性固体药物的颗粒（比胶粒大的微粒）分散在液体分散介质中,所形成的非均相分散体系。它属于粗分散体系,分散相微粒的大小一般在 $0.1\sim10\mu m$,有的可达 $50\mu m$ 或更大,混悬剂的分散介质大多为水,也有用植物油制备的。也可将混悬剂制成干粉的形式,临用时加水或其他液体分散介质形成混悬剂,称为干混悬剂。

在药剂学中,混悬剂与许多种剂型有关,如合剂、洗剂、搽剂、注射剂、滴眼剂、气雾剂等剂型中都有应用,一般下列情况可考虑制成混悬剂。

（1）不溶性药物需制成液体剂型应用。

(2)药物的用量超过了溶解度而不能制成溶液。

(3)两种溶液混合时,药物的溶解度降低或产生难溶性化合物。

(4)为了产生长效作用或提高药物在水溶液中的稳定性等。

但为了安全起见,毒药或剂量小的药物不应制成混悬剂。

混悬剂除要符合一般液体制剂的要求外,颗粒应细腻均匀,颗粒大小应符合该剂型的要求;混悬剂微粒不应迅速下沉,沉降后不应结成饼状,经振摇应能迅速均匀分散,以保证能准确地分取剂量。投药时需加贴"用前振摇"或"服前摇匀"的标签。

二、混悬剂的稳定性

混悬剂分散相(药物)的微粒大于胶粒,因此微粒的布朗运动不显著,易受重力作用而沉降,所以混悬液是动力学不稳定体系。由于混悬剂微粒仍有较大的界面能,容易聚集,所以又是热力学不稳定体系。

1. 混悬微粒的沉降

混悬剂中的微粒由于受重力作用,静置时会自然沉降,沉降速率服从 Stokes 定律。

$$v = 2r^2(\rho_1 - \rho_2)g/(9\eta) \tag{4-1}$$

式中　v——微粒沉降速率,cm/s

　　　r——微粒半径,cm

　　　ρ_1——微粒的密度,g/mL

　　　ρ_2——分散介质的密度,g/mL

　　　g——重力加速度,cm/s^2

　　　η——分散介质的黏度,mPa·s

从 Stokes 公式可知,混悬微粒的粒径愈大,沉降速率愈快;混悬微粒与分散介质之间的密度差愈大,沉降速率愈快;分散介质的黏度愈小,沉降速率愈快。

混悬微粒沉降速度愈大,动力学稳定性就愈差。为了增加混悬剂的稳定性,减小沉降速率,最有效的方法就是尽量减少微粒半径,将药物粉碎得愈细愈好。另一种方法就是增加分散介质的黏度,以减少固体微粒与分散介质间的密度差,这就要向混悬剂中加入高分子助悬剂,在增加分散介质黏度的同时,也减少了微粒与分散介质之间的密度差,同时微粒吸附助悬剂分子而增加亲水性,这是增加混悬剂稳定性应采取的重要措施。混悬微粒的沉降有两种情况,一是自由沉降,即大的微粒先沉降,小的微粒后沉降。小微粒填于大微粒之间,结成相当牢固、即使振摇也不易再分散的饼状物。自由沉降没有明显的沉降面。另一种是絮凝沉降,即数个微粒聚结在一起沉降,沉降物比较疏松,经振摇可恢复均匀的混悬液。絮凝沉降有明显的沉降面。

2. 混悬微粒的电荷与 ζ 电位

与胶体微粒相似,混悬微粒可因本身电离或吸附溶液中的离子(杂质或表面活性剂等)而带电荷。微粒表面的电荷与介质中相反离子之间可构成双电层,产生ζ电位。由于微粒表面带有电荷,水分子便在微粒周围定向排列形成水化膜,这种水化作用随双电层的厚薄而改变。微粒的电荷与水化膜均能阻碍微粒的合并,增加了混悬剂的聚结稳定性。当向混悬剂中加入电解质时,由于ζ电位和水化膜的改变,可使其稳定性受到影响。因此,在向混悬剂中加入药物、表面活性剂、防腐剂、矫味剂及着色剂等时,必须考虑到对混悬剂微粒的电性是否有影响。疏水性药物微粒主要靠微粒带电而水化,这种水化作用对电解质很敏感,当加入一定量的电解质时,可因中和电荷而产生沉淀。但亲水性药物微粒的水化作用很强,其水化作用受电解质的影响较小。

3. 混悬微粒的润湿与水化

固体药物能否被水润湿,与混悬剂制备的难易、质量的好坏及稳定性大小关系很大。混悬微粒若为亲水性药物,即能被水润湿。与胶粒相似,润湿的混悬微粒可与水形成水化层,阻碍微粒的合并、凝聚、沉降。而疏水性药物不能被水润湿,故不能均匀地分散在水中。但若加入润湿剂(表面活性剂)后,降低固液间的界面张力,改变了疏水性药物的润湿性,则可增加混悬剂的稳定性。

4. 混悬微粒表面能与絮凝

由于混悬剂中微粒的分散度较大,因而具有较大的表面自由能,易发生粒子的合并。加入表面活性剂或润湿剂和助悬剂等可降低表面张力,因而有利于混悬剂的稳定。如果向混悬剂中加入适当电解质,使ζ电位降低到一定程度,混悬微粒就会变成疏松的絮状聚集体沉降,这个过程称为絮凝,加入的电解质称为絮凝剂。在絮凝过程中,微粒先絮凝成锁链状,再与其他絮凝粒子或单个粒子连接,形成网状结构而徐徐下沉,所以絮凝沉淀物体积较大,振摇后容易再分散成为均匀的混悬剂。但若电解质应用不当,使ζ电位降低到零时,微粒便因吸附作用而紧密结合成大粒子沉降并形成饼状,不易再分散。为了保证混悬剂的稳定性,一般可控制ζ电位在 $20 \sim 25mV$,使其恰能发生絮凝为宜。

5. 微粒的增长与晶型的转变

在混悬剂中,结晶性药物微粒的大小往往不一致;微粒大小的不一致性,不仅表现在沉降速度不同,还会发生结晶增长现象,从而影响混悬剂的稳定性。溶液中小粒子的溶解度大于大粒子的溶解度,于是在溶解与结晶的平衡中,小粒子逐渐溶解变得越来越小,而大粒子变得越来越大,结果大粒子的数目不断增加,使沉降速度加快,混悬剂的稳定性降低。因此制备混悬剂时,不仅要考虑粒子大小,还应考虑粒子大小的一致性。

许多结晶性药物,都可能有几种晶型存在,称为同质多晶型,如巴比妥、黄体酮、可的松等。但在同一药物的多晶型中,只有一种晶型是最稳定的称为稳定型,其他晶型都不稳定,但在一定时间后,就会转变为稳定型,这种热力学不稳定晶型,一般称为亚稳定晶型。由于亚稳定晶型常有较大的溶解度和较高的溶解速度,在体内吸收也较快,所以在药剂中常选用亚稳定晶型以提高疗效。但在制剂的贮存或制备过程中,亚稳定型必然要向稳定型转变,这种转变的速度有快有慢,如果在混悬液制成到使用期间,不会引起晶型转变(因转变速度很慢),则不会影响混悬剂的稳定性。但对转变速度快的亚稳定型,就可能因转变成稳定型后溶解度降低等而产生结块、沉淀或生物利用度降低。由于注射用混悬剂可能引起堵塞针头,对此一般可采用增加分散介质的黏度,如混悬剂中添加亲水性高分子化合物如甲基纤维素、聚乙烯吡咯烷酮、阿拉伯胶及表面活性剂如聚山梨酯等,被微粒表面吸附可有效地延缓晶型的转变。

6. 分散相的浓度和温度

在同一分散介质中,分散相的浓度增加,微粒相互接触凝聚的机会也增多,因此混悬剂稳定性降低。温度对混悬剂稳定性的影响很大,温度变化可改变药物的溶解度和溶解速度。温度升高微粒碰撞加剧,促进凝集,并使介质黏度降低而加大沉降速度,因此混悬剂一般应贮存于阴凉处。

三、混悬剂的稳定剂

混悬剂为不稳定分散体系。为了增加其稳定性,以适应临床需要,可加入适当的稳定剂。

常用稳定剂有以下几种。

1. 助悬剂

助悬剂的主要作用是可增加分散介质的黏度,降低药物微粒的沉降速度;可被药物微粒表面吸附形成机械性或电性的保护膜,阻碍微粒合并、絮凝或结晶的转型。这些均能增加混悬剂的稳定性。

助悬剂的用量,则应视药物的性质(如亲水性强弱等)及助悬剂本身的性质而定。疏水性强的药物多加,疏水性弱的药物少加,亲水性药物一般可不加或少加助悬剂。

常用的天然高分子助悬剂有:阿拉伯胶(粉末或胶浆,一般用量为 5% ~ 15%)、西黄蓍胶(一般用量为 0.5% ~1%)、琼脂(一般用量为 0.2% ~0.5%)、淀粉浆、海藻酸钠等。使用天然高分子助悬剂的同时,应加入防腐剂,如苯甲酸类、尼泊金类或酚类等。

合成高分子助悬剂常用的有:甲基纤维素、羧甲基纤维素钠、羟乙基纤维素、羟丙基甲基纤维素、聚乙烯醇等。它们的水溶液均透明,一般用量为 0.1% ~1%,性质稳定,受 pH 影响小,但与某些药物有配伍变化。

2. 润湿剂

润湿是指由固 - 气两相结合状态转变成固 - 液两相的结合状态。很多固体药物如硫磺、某些磺胺类药物等,其表面可吸附空气,此时由于固 - 气两相的界面张力小于固 - 液两相的界面张力,所以当与水振摇时,不能为水所润湿,称为疏水性药物;反之,能为水润湿,且在微粒周围形成水化膜的,称为亲水性药物。用疏水性药物配制混悬剂时,必须加入润湿剂,以使药物能被水润湿。润湿剂应具有表面活性作用,HLB 值一般在 7~9,且有合适的溶解度。外用润湿剂可用肥皂、月桂醇硫酸钠、二辛酸酯磺酸钠、磺化蓖麻油、司盘类。内服可用聚山梨酯类(如聚山梨酯 20、聚山梨酯 60、聚山梨酯 80 等);甘油、乙醇等亦常用作润湿剂,但效果不强。

3. 絮凝剂与反絮凝剂

使混悬剂产生絮凝作用的附加剂称为絮凝剂,而产生反絮凝作用的附加剂称为反絮凝剂。制备混悬剂时加入絮凝剂,使混悬剂处于絮凝状态,以增加混悬剂的稳定性。同一种电解质因用量不同,可以是絮凝剂,也可以是反絮凝剂。常用的有柠檬酸盐、酒石酸盐等。

四、混悬剂的制备方法

1. 分散法

分散法系将固体药物粉碎至符合混悬微粒分散度要求后,再混悬于分散介质中的方法。分散法制备混悬液与药物的亲水性有关。如氧化锌、炉甘石、碳酸钙、碳酸镁、某些磺胺类等亲水性药物,一般可先干研磨到一定程度,再加水或与水极性相近的分散介质进行加液研磨,至适宜的分散度,然后加入其余的液体至全量。加液研磨可使粉碎过程容易进行。加入液体的量对研磨效果有很大关系,通常 1份药物加 0.4~0.6 份液体即能产生最大的分散效果。加入的液体通常是处方中所含有的,如水、芳香水、糖浆、甘油等。也可将称好的药物置于干净容器内,加适量水,使药物粒子慢慢吸水膨胀,使水分子通过毛细管作用进入粒子之间,以减弱粒子间的吸引力。如果搅拌反而可能破坏粒子间的毛细管作用,使药物凝聚成团块。最后添加适量助悬剂,搅匀即得。

为使药物有足够的分散度,对一些质重的药物可采用"水飞法",即在加水研磨后,加入大量水(或分散介质)搅拌,静置,倾出上层液,将残留于底部的粗粒再研磨,如此反复至不剩粗粒为止。

疏水性药物如硫磺等,制备时应先将疏水性药物加润湿剂研磨,再加其他液体研磨,最后加水性液体稀释得均匀的混悬剂。

例 4-6 复方硫磺洗剂

【处方】沉降硫 30g 硫酸锌 30g 樟脑酊 250mL 甘油 100mL 羧甲基纤维素 5g 纯化水加至 1 000mL

【制法】取羧甲基纤维素,加于适量纯化水中,迅速搅拌,使成胶浆状;另取沉降硫分次加甘油研至糊状后,与前者混合。又取硫酸锌置于 200mL 纯化水中,滤过,将滤液缓缓加入上述混合物中,再缓缓加樟脑酊,随加随研至混悬状,最后加纯化水使成 1 000mL,搅匀,即得。

【注解】①硫磺为强疏水性物质,颗粒表面易吸附空气而形成气膜,从而集聚浮于液面,应先以甘油湿润研磨,甘油为润湿剂,使易与其他药物混悬均匀。②樟脑酊含樟脑9.2%~10.4%(g/mL),乙醇含量为80%~87%,操作中应以细流缓缓加入混合液中,并急速搅拌,使樟脑不致析出较大颗粒。③羧甲基纤维素为助悬剂,可增加其分散介质的黏度,并能吸附在微粒周围形成机械性保护膜而使本品趋于稳定。

2. 凝聚法

(1)化学凝聚法　系由两种或两种以上化合物经化学反应生成不溶性的药物悬浮于液体中制成混悬剂。为使生成的颗粒细微均匀,化学反应要在稀溶液中进行,并急速搅拌。如氢氧化铝凝胶、氧化镁合剂等,均由化学法制得。

例4-7　氢氧化铝凝胶

【处方】明矾4 000g　碳酸钠1 800g

【制法】取明矾、碳酸钠分别溶于热水中制成10%和12%的水溶液,分别滤过,然后将明矾溶液缓缓加到碳酸钠溶液中,控制反应温度在50℃左右。最后反应液pH为7.0~8.5。反应完毕以布袋过滤,用水洗至无硫酸根离子反应。含量测定后,混悬于蒸馏水中,加薄荷脑0.02%,糖精0.04%,苯甲酸钠0.5%。

(2)微粒结晶法(物理凝聚法)　将药物制成热饱和溶液,在急速搅拌下倾入另一不同性质的冷溶剂中,通过溶剂的转换作用,使之快速结晶,可得到10μm以下占80%~90%的微粒沉降物,再将微粒混悬于分散介质中,即得混悬剂。

五、质量控制与稳定性评价

1. 混悬剂的质量要求

(1)药物本身化学性质应稳定,在使用或储存期间不得有异臭、异物、变色、产气或变质现象。

(2)粒子应细小、分散均匀、沉降速度慢、沉降后不结块经振摇后可再分散,沉降体积比不应低于0.9(包括干混悬剂)。

(3)混悬剂应有一定的黏度要求。

(4)混悬剂应在清洁卫生的环境中配制,及时灌装于无菌清洁干燥的容器中,微生物限度检查不得超标,不得有发霉、酸败等。

(5)干混悬剂照干燥失重测定法检查,减失重量不得超过2.0%。

2. 混悬剂的稳定性评价

(1)微粒大小的测定　混悬剂中微粒的大小不仅关系到混悬剂的质量和稳定性,也会影响其药效和生物利用度。因此测定混悬剂中微粒大小及其分布,是评价混悬剂质量的重要指标。《中国药典》(2020年版)规定用显微镜法和筛分法测定药物制剂的粒子大小,混悬剂中微粒大小常用前法。

(2)沉降体积比的测定　通过测定混悬剂的沉降体积比,可以评价混悬剂的稳定性,进而评价助悬剂和絮凝剂的效果及评价处方设计中的有关问题。沉降体积比是指沉降物的体积与沉降前混悬剂的体积之比。测定方法:取混悬剂 50mL 放入具塞量筒中,用力振摇 1min,记下混悬物的开始高度 H_0,静置 3h,记下混悬物的最终高度 H,按下式计算沉降体积比 F:

$$F = \frac{H}{H_0} \tag{4-2}$$

F 的数值在 $0 \sim 1$。《中国药典》(2020 年版)规定,口服混悬液的沉降体积比应不低于 0.90。F 值愈大,混悬剂愈稳定。混悬微粒开始沉降时,沉降高度 H 随时间而减小。所以沉降体积比 H/H_0 是时间的函数,以 H/H_0 为纵坐标,沉降时间 t 为横坐标作图,可得沉降曲线,曲线的起点最高点为 1,以后逐渐缓慢降低。根据沉降曲线的形状可以判断混悬剂处方设计的优劣。沉降曲线比较平和缓慢降低可认为处方设计优良。但较浓的混悬剂不适用于绘制沉降曲线。

(3)絮凝度的测定　絮凝度是比较混悬剂絮凝程度的重要参数,用下式表示:

$$\beta = \frac{F}{F_\infty} \tag{4-3}$$

式中　F——絮凝混悬剂的沉降体积比

　　　F_∞——无絮凝混悬剂的沉降体积比

　　　β——由絮凝所引起的沉降体积比增加的倍数

例如,无絮凝混悬剂的 F_∞ 值为 0.15,絮凝混悬剂的 F 值为 0.75,则 $\beta = 5.0$,说明絮凝混悬剂沉降体积比是无絮凝混悬剂沉降体积比的 5 倍。β 值愈大,絮凝效果愈好。用絮凝度评价絮凝剂的效果,对于预测混悬剂的稳定性具有重要价值。

(4)重新分散实验　优良的混悬剂经过储存后再振摇,沉降物应能很快重新分散,这样才能保证服用时的均匀性和分剂量的准确性。实验方法:将混悬剂置于 100mL 量筒内,以 20r/min 的速度转动,经过一定时间的旋转,量筒底部的沉降物应重新均匀分散,则说明混悬剂再分散性良好。

(5)流变学测定　主要是黏度的测定,可用动力黏度、运动黏度或特性黏度表示。可用旋转黏度计测定混悬液的流动曲线,由流动曲线的形状确定混悬液的流动类型,从而评价混悬液的流变学性质。测定结果如为触变流动、塑性流动和假塑性流动,则能有效地减缓混悬剂微粒的沉降速度。

第六节　乳　　剂

一、概　　述

乳剂(emulsions)也称乳浊液,是两种互不相溶的液相组成的非均相分散体系,其中一种液体往往是水或水溶液,称为水相,另一种液体则是与水不相溶的有机液体,称为油相,乳剂中分散的液滴称为分散相、内相或不连续相,包在液滴外面的另一相则称为分散介质、外相或连续相。分散相液滴的直径一般在 0.1 ~ 100μm 范围内,若乳滴直径在 100nm 以下时,称为微乳(microemulsions),因其乳滴约为光波长的 1/4,故可产生散射,即呈现丁达尔现象。一般乳滴在 50nm 以下的微乳是透明的,100nm 以上则呈现白色。由于乳剂分散相液滴表面积大,表面自由能大,因而具有热力学不稳定性。为了得到稳定的乳剂,除水、油两相外,还必须加入第三种物质——乳化剂。

乳剂有两种类型,其中油为分散相,水为分散介质的称为水包油(油/水,O/W)型乳剂;如水为分散相,油为分散介质的称为油包水(水/油,W/O)型乳剂。

乳剂的类型主要取决于乳化剂的种类及两相的比例。乳剂可供内服、外用,也可注射。乳剂在应用方面有以下特点:

(1)油类与水不能混合,因此分剂量不准确,制成乳剂后,分剂量较准确、方便。

(2)乳剂的液滴(分散相)分散很细,使药物能较快地被吸收并发挥药效。

(3)水包油型乳剂能掩盖油的不良臭味,还可加入矫味剂,使其易于服用。

(4)能改善药物对皮肤、黏膜的渗透及刺激性。

(5)静脉注射乳剂不但作用快,药效高,而且有一定的靶向性。

二、乳 化 剂

分散相分散于介质中,形成乳剂的过程称为乳化。乳化时,除所需油、水两相外,还需加入能够使分散相分散的物质,称为乳化剂。乳化剂的作用是降低界面张力、在液滴周围形成坚固的界面膜或形成双电层。

1. 乳化剂的种类

根据来源和性质不同,乳化剂可以分为以下几类。

(1)天然乳化剂 一般为复杂的高分子化合物,由于其亲水性强,故能形成 O/W 型乳剂。同时这类乳化剂都有较大的黏度,有利于增加乳剂的稳定性。由于天然乳化剂容易霉败而失去乳化作用,使用时除注意新鲜配制外,还应注意防腐。

阿拉伯胶为阿拉伯酸的钙、镁、钠盐的混合物,可形成 O/W 型乳剂。阿拉伯胶能在液滴表面形成黏弹性高分子膜,同时羧基电离,使膜带负电,可防止液滴合并聚集,使乳剂稳定。适于制备植物油、挥发油的乳剂,因阿拉伯胶黏性较低,单独使用制成的乳剂容易分层,故常与西黄蓍胶、果胶、琼脂等混合使用。常用浓度为 10% ~ 15%。

西黄蓍胶水溶液黏度高,但乳化能力较小,很少单独使用,常与阿拉伯胶合用,以增加乳剂的黏度,其黏度在 pH5 时最大。

磷脂由卵黄和大豆中提取,为 O/W 型乳化剂。一般用量为 1% ~ 3%,乳化能力较强。可作为口服、注射用乳剂的乳化剂。

明胶可作为 O/W 型乳化剂和稳定剂使用,用量为油的 1% ~ 2%,但易腐败,需加防腐剂。明胶为两性化合物,使用时需注意 pH 的变化及其他乳化剂如阿拉伯胶所带的电荷,防止产生配伍禁忌。

(2)合成乳化剂　合成乳化剂发展很快,种类很多,其中大部分为合成的表面活性剂,少数为半合成的高分子化合物,如甲基纤维素、羧甲基纤维素钠、羟甲基纤维素等。

口服乳剂常用非离子表面活性剂作乳化剂,如脂肪酸山梨坦类,HLB 值在 3 ~ 8,能降低油的表面张力,常作为 W/O 型乳剂的乳化剂。聚山梨酯类常用 HLB 值在 8 ~ 16,能降低水的表面张力,常作为 O/W 型乳剂的乳化剂。另外还有聚氧乙烯脂肪醇醚类和聚氧乙烯 - 聚氧丙烯共聚物等。

(3)固体粉末乳化剂　许多不溶性的固体粉末,可作为乳化剂使用。能形成何种类型的乳剂,决定于固体在两相中的接触角,接触角较小,易被水润湿的固体粉末可作 O/W 型乳化剂;接触角较大,易被油润湿的固体粉末可作 W/O 型乳化剂。O/W 型乳化剂有:氢氧化镁、氢氧化铝、二氧化硅、皂土等;W/O 型乳化剂有:氢氧化钙、氢氧化锌、硬脂酸镁等。

2. 乳化剂的要求与选择

(1)乳化剂的要求　优良的乳化剂所制成的乳剂,分散度大、稳定性好、受外界因素影响小、分散相浓度增大时不易转相;不易被微生物分解和破坏;毒性和刺激性小;价廉易得。目前没有一种乳化剂能具备上述的全部条件,但可根据两相液体的性质来考虑所要求的主要条件。

(2)乳化剂的选择

①根据乳剂的类型选择:O/W 型乳剂应选择 O/W 型乳化剂,W/O 型乳剂应选择 W/O 型乳化剂。乳化剂的 HLB 值可作为选择的依据。

②根据乳剂给药途径选择:口服应选择无毒的天然乳化剂或某些亲水性高分子乳化剂等。外用乳剂应选择局部无刺激性乳化剂,长期使用无毒性。注射用应选择磷脂、泊洛沙姆等乳化剂。

③根据乳化剂性能选择:应选择乳化性能强、性能稳定、受外界因素影响小、无毒无刺激性的乳化剂。

④根据乳化剂混合比例选择:乳化剂混合使用有许多特点,可改变 HLB 值,以改变乳化剂的亲水亲油性,使其有更大的适应性,如磷脂与胆固醇混合比例为10:1 时,可形成 O/W 型乳剂,比例为 6:1 时则形成 W/O 型乳剂。增加乳化膜的牢固性,如油酸钠为 O/W 型乳化剂,与胆固醇、琼蜡醇等亲油性乳化剂混合使用,可形成络合物,增强乳化膜的牢固性,并增加乳剂的黏度,增加乳剂稳定性。

三、乳剂形成理论

要制成符合要求的稳定乳剂,必须借助机械力使分散相能够分散成微小的乳滴,还要提供使乳剂稳定的必要条件。

1. 降低表面张力

当水相和油相混合时,强力搅拌即可形成液滴大小不同的乳剂,但很快会合并分层,这是因为形成乳剂的两种液体之间存在界面张力,两相间的界面张力愈大,液滴的界面自由能也愈大,形成乳剂的能力就愈小,使分散的液滴又趋向于重新聚集合并,致使乳剂破坏。为保持乳剂的高度分散状态和稳定性,就必须加入乳化剂,降低两相液体间的界面张力。

2. 形成牢固的乳化膜

乳化剂被吸附于乳滴周围,有规律地定向排列成膜,不仅降低油、水间的界面张力和表面自由能,而且可阻止乳滴合并。在乳滴周围有规律地定向排列形成一层乳化剂膜称为乳化膜,乳化膜的形式有三种,即单分子乳化膜、多分子乳化膜、固体微粒乳化膜。

(1)单分子乳化膜 表面活性剂类乳化剂被吸附于乳滴表面,有规律地定向排列成单分子乳化剂层,称为单分子乳化膜,增加了乳剂的稳定性。若乳化剂是离子表面活性剂,那么形成的单分子乳化膜是离子化的,乳化膜本身带有电荷,由于电荷互相排斥,阻止乳滴的合并,使乳剂更加稳定。

(2)多分子乳化膜 亲水性高分子化合物类乳化剂,在乳剂形成时被吸附于乳滴的表面,形成多分子乳化剂,称为多分子乳化膜。强亲水性多分子乳化膜不仅阻止乳滴的合并,而且增加分散剂的黏度,使乳剂更加稳定。如阿拉伯胶作乳化剂就能形成多分子膜。

(3)固体微粒乳化膜 作为乳化剂使用的固体微粒对水相和油相有不同的亲和力,因此对油、水两相表面张力有不同程度的降低,在乳化过程中小固体微粒被吸附于乳滴的表面,在乳滴的表面上排列成固体微粒膜,起阻止乳滴合并的作用,增加了乳剂的稳定性。这样的固体微粒层称为固体微粒乳化膜。如硅藻土和氢氧化镁等都可作为固体微粒乳化剂使用。

3. 加入适宜的乳化剂

基本的乳剂类型是 O/W 型和 W/O 型。决定乳剂类型的因素很多,但最主要的是乳化剂的性质和乳化剂的 HLD 值。乳化剂分子中含有亲水基和亲油基,形成乳剂时亲水基伸向水相,亲油基伸向油相,若亲水基大于亲油基,乳化剂伸向水相的部分较大,使水的表面张力降低很大,可形成 O/W 型乳剂。若亲油基大于亲水基,则形成 W/O 型乳剂。所以乳化剂亲水、亲油性是决定乳剂类型的主要因素。

4. 有适当的相容积比

油、水两相的容积比简称相容积比。在制备乳剂时,分散相浓度一般在10%~50%,分散相的浓度超过50%时,乳滴之间的距离很近,乳滴易发生碰撞而合并或引起转相,使乳剂不稳定。所以制备乳剂时应考虑油、水两相的相容积比,以利于乳剂的形成和长期稳定。

四、乳剂的稳定性

乳剂属于热力学不稳定体系,乳剂常发生下列变化。

1. 分层

乳剂在放置过程中,有时会出现分散相液滴集中上浮或下沉的现象,称为分层。分层主要是由于分散相与连续相的密度不同所致。O/W 型乳剂往往出现分散相粒子上浮,因为油的相对密度常小于 1。W/O 型乳剂则相反,分散相的粒子要下沉。乳剂的分层速度受 Stokes 定律中诸因素的影响。如减小乳滴的直径、增加连续相的黏度、降低分散相与连续相之间的密度差等均能降低分层速度。

2. 絮凝

乳剂中分散相的乳滴发生可逆的聚集现象称为絮凝。但由于乳滴荷电以及乳化膜的存在,阻止了絮凝时乳滴的合并。发生絮凝的条件是:乳滴的电荷减少时,使 ζ 电位降低,乳滴产生聚集而絮凝。絮凝状态仍能保持乳滴及其乳化膜的完整性。乳剂中电解质和离子型乳化剂的存在是产生絮凝的主要原因,同时絮凝与乳剂的黏度、相容积比以及流变性有密切关系。絮凝状态与乳滴的合并是不同的,但絮凝状态进一步发展会引起乳滴的合并。

3. 转相

乳剂由于某些条件的变化而改变乳剂的类型称为转相,由 O/W 型转变为 W/O 型或由 W/O 型转变为 O/W 型。转相主要是由于乳化剂的性质改变而引起的,如油酸钠是 O/W 型乳化剂,遇氯化钙后生成油酸钙,变为 W/O 型乳化剂,乳剂则由 O/W 型转变为 W/O 型。此外油水两相的比例(或体积比)的变化也可引起转相,如在 W/O 型乳剂中,当水的体积与油体积相比很小时,水可分散在油相中,但加入大量水时,可转变成 O/W 型乳剂。一般乳剂分散相的浓度在 50% 左右最稳定,浓度在 26% 以下或 74% 以上其稳定性较差。

另外,向乳剂中加入相反类型的乳化剂也可使乳剂转相,特别是两种乳化剂的量接近相等时,更容易转相。转相时两种乳化剂的量比称为转相临界点。在转相临界点乳剂不同于任何类型,处于不稳定状态,可随时向某种类型乳剂转变。

4. 破裂

乳剂中分散相液滴合并进而分成油水两层的现象,称为乳剂的破裂。合并后液滴周围的水化膜已破坏,界面消失,故乳剂的破裂是不可逆的变化,再经振摇也不可能恢复到原来的分散状态。乳剂的稳定性与乳滴的大小与均匀性有关,此外分散介质的黏度降低可使乳滴合并速度增加。乳剂破裂还与温度、加入相反类型的乳化剂、添加电解质、离心作用、微生物、油的酸败等因素有关。

5. 酸败

乳剂受光、热、空气、微生物等影响,使乳剂组成发生水解、氧化,引起乳剂酸败、发霉、变质的现象。可通过添加抗氧剂、防腐剂等,以及采用适宜的包装及贮藏方法,防止乳剂的酸败。

五、乳剂的制备

1. 常用制备方法

（1）干胶法　干胶法即水相加到含乳化剂的油相中。制备时先将胶粉（乳化剂）与油混合均匀,加入一定量的水,研磨乳化成初乳,再逐渐加水稀释至全量。在初乳中,油、水、胶有一定比例,若用植物油,其比例为4:2:1,若为挥发油其比例为2:2:1;液体石蜡比例为3:2:1。所用胶粉通常为阿拉伯胶或阿拉伯胶与西黄蓍胶的混合物。

（2）湿胶法　湿胶法即油相加到含乳化剂的水相中。制备时将胶（乳化剂）先溶于水中,制成胶浆作为水相,再将油相分次加于水相中,研磨成初乳,再加水至全量。湿胶法制备乳剂时油、水、胶的比例与干胶法相同。

（3）新生皂法　新生皂法即将油水两相混合时,两相界面上生成的新生皂类产生乳化的方法。植物油含有硬脂酸、油酸等有机酸,加入氢氧化钠、氢氧化钙、三乙醇胺等,在高温下（70℃以下）生成的新生皂为乳化剂,经搅拌即形成乳剂。生成的一价皂则为O/W型乳化剂,生成的二价皂则为W/O型乳化剂。本法适用于乳膏剂的制备。

（4）机械法　机械法即将油相、水相、乳化剂混合后用乳化机械制备乳剂的方法。机械法制备时可不考虑混合顺序,借助于机械提供的强大能量,很容易制成乳剂。此法操作容易,粒子分散度较大,乳剂质量好。目前使用的乳化机械主要有组织捣碎机、乳匀机、超声波乳化器、胶体磨等。

2. 影响乳化的因素

制备乳剂主要是将两种液体乳化,而乳化的好坏对乳剂的质量有很大影响。影响乳化的因素主要有以下几方面。

（1）界面张力　在乳化过程中将分散相分切成小液滴时,由于界面面积增加而引起表面自由能增大,故乳化时必须做功。操作时,油水两相的界面张力越小,乳化时所需的功也越小,因此选用能显著降低界面张力的乳化剂,只用很小的功就能制成乳剂。

（2）黏度与温度　在两相乳化过程中,黏度越大,所需的乳化功也就越大。加热能降低表面张力和黏度,有利于乳剂的形成。但同时也增加了乳滴的动能,促进了液滴的合并,甚至破裂。故乳化时温度应根据具体情况,实验证明,最适宜的乳化温度为70℃左右。若用非离子型表面活性剂为乳化剂时,乳化温度不应超过其昙点。

（3）乳化时间　在乳化开始阶段搅拌可促使分散相形成乳滴,但继续搅拌则可增加乳滴间的碰撞机会,即增加液滴聚集的机会。因此应避免乳化时间过长,要视具体情况如乳化剂的乳化能力、降低界面张力的程度、所需制备乳剂的量及乳化用器械的效率等而定。

(4)乳化剂的用量 乳化剂的用量过少,乳化剂吸附在分散相小液滴表面所形成的界面膜的密度很小,或甚至不够包围小液滴,这样形成的乳剂不稳定。一般乳化剂的用量越多,则界面张力降低得越大,界面膜的密度越大,并且乳剂的黏度也越大,形成的乳剂也越稳定。一般乳化剂的用量为乳剂的0.5%~10%。

3. 乳剂中药物的加入方法

(1)水溶性药物先溶于水相,油溶性药物先溶于油相,然后再用此水相或油相制备乳剂。

(2)如需制成初乳,可将溶于外相的药物溶解后再用以稀释初乳。

(3)油、水中都不能溶解的药物,可用亲和性大的液相研磨,再制成初乳;也可将药物研成极细粉后加入乳剂中,使其吸附于乳滴周围而达均匀分布。

4. 制备举例

例4-8 液体石蜡乳

【处方】液体石蜡12mL 阿拉伯胶4g 5%尼泊金乙酯醇溶液0.1mL 纯化水加至30mL

【制法】(1)干胶法 取阿拉伯胶粉分别加入液体石蜡中,研匀,加入8mL纯化水,不断研磨至发出噼啪声,即成初乳。再加入尼泊金乙酯醇溶液,适量纯化水,使成30mL,研匀即得。

(2)湿胶法 取8mL纯化水置烧杯中,加4g阿拉伯胶粉配成胶浆,置乳钵中,作为水相,再将12mL液体石蜡分次加入水相中,边加边研磨,成初乳,加入尼泊金乙酯醇溶液,适量纯化水,使成30mL,研匀即得。

【注解】①干胶法制备时,液体石蜡初乳所用油、水、胶的比例为3:2:1。②湿胶法制备时,所用胶水的比为1:2,应提前配好。③制成初乳时,必须待初乳形成后,方可加水稀释。④本品为轻泻剂,用于治疗便秘。

例4-9 鱼肝油乳剂

【处方】鱼肝油500mL 阿拉伯胶细粉125g 西黄蓍胶细粉7g 糖精钠0.1g 挥发杏仁油1mL 尼泊金乙酯0.5g 纯化水加至1 000mL

【制法】将阿拉伯胶与鱼肝油研匀,一次加入250mL纯化水,用力沿一个方向研磨制成初乳,加糖精钠水溶液、挥发杏仁油、尼泊金乙酯醇液,再缓缓加入西黄蓍胶胶浆,加纯化水至全量,搅匀即得。

【注解】①处方中鱼肝油为药物与油相;阿拉伯胶为乳化剂;西黄蓍胶为稳定剂(增加连续相黏度);糖精钠、杏仁油为矫味剂;羟苯乙酯为防腐剂;②本品系用干胶法制成的O/W型乳化剂,制备初乳时油、水、胶的比例为4:2:1;③本品在工厂大量生产时采用湿胶法,即油相加入到含有乳化剂的水相中,在高压乳匀机中生产,所得产品洁白细腻,乳滴直径1~5μm。④本品为营养药,常用于维生素A、D缺乏症。

例4-10　丙泊酚脂肪乳

【处方】丙泊酚1g　中链甘油三酸酯10g　大豆卵磷脂1.2g　泊洛沙姆188 3.6g　油酸0.16g　维生素E 0.08g　甘油2.25g　注射用水加至100mL

【制法】将大豆卵磷脂(无水乙醇溶解)、油酸、维生素E加入中链甘油三酸酯中,搅拌均匀,旋蒸除去乙醇,加入丙泊酚,混匀作为油相;将泊洛沙姆188和甘油用适量的注射用水在室温下溶解,作为水相。两相分别预热至60℃,将油相缓缓加入水相中,500W超声10min,分散成初乳,加入剩余处方量的水,0.1mol/L氢氧化钠溶液调节pH8～9,移至高压均质机中,40MPa压力下匀化10次,得到终乳,过0.45μm的微孔滤膜,灌封于西林瓶中,115℃热压灭菌30min,即得。

【注解】制备时,超声乳化时间不宜过长,因为长时间超声可能导致乳滴破坏,同时体系的温度也会迅速上升,可能引起大豆卵磷脂水解;均质到一定程度,平均粒径达到最小,继续增加均质次数就可能增加乳滴间的碰撞,出现乳滴合并,平均粒径增大。

六、乳剂质量控制与稳定性评价

乳剂给药途径不同,其质量要求也不同,很难制定统一的质量标准,但对所制备乳剂的质量必须有最基本的评定。

1. 乳剂的质量要求

乳剂应呈均匀的乳白色,以4 000r/min的转速离心15min,不应观察到分层现象;乳剂不得有发霉、酸败、变色、异臭、异物、产生气体或其他变质现象;加入的乳化剂等附加剂不影响产品的稳定性和含量测定,不影响胃肠对药物的吸收;需易于从容器中倒出,但应有适宜的黏度;乳剂应密封,置阴凉处储藏。

2. 乳剂的稳定性评价

(1)乳剂粒径大小的测定　乳剂粒径大小是衡量乳剂质量的重要指标。不同用途的乳剂对粒径大小要求不同,如静脉注射乳剂,其粒径应在0.5μm以下。其他用途的乳剂粒径也都有不同要求。常用粒径大小测定方法有显微镜测定法、库尔特计数器测定法、激光散射光谱法、透射电镜法等。

(2)分层现象的观察　乳剂经长时间放置,粒径变大,进而产生分层现象。产生分层现象的快慢是衡量乳剂稳定性的重要指标。为了在短时间内观察乳剂的分层,可用离心法加速其分层。用4 000r/min离心15min,如不分层可认为乳剂质量稳定。此法可用于比较各种乳剂间的分层情况,以估计其稳定性。在半径为10 mm离心管中以3 750r/min速度离心5h,相当于1年的自然分层的效果。

(3)乳滴合并速率的测定　对于一定大小的乳滴,其合并速率符合一级动力学规律,其直线方程为:

$$\lg N = \lg N_0 - kt/2.303 \qquad (4-4)$$

式中　N——t时的乳滴数

N_0——t_0 时乳滴数

k——合并速率常数

t——时间

如果乳滴合并成大滴所需的平均时间短,即 k 大,说明乳剂不稳定。所以测定随时间 t 变化的乳滴数 N,然后求出合并速率常数 k,估计乳滴合并速率,结果可用以评价乳剂稳定性大小。

(4)稳定常数的测定　乳剂离心前后光密度变化百分率称为稳定常数,用 K_e 表示,其表达式如下:

$$K_e = [(A_0 - A)/A_0] \times 100\% \tag{4-5}$$

式中　K_e——稳定常数

A_0——未离心乳剂稀释液的吸光度

A——离心后乳剂稀释液的吸光度

测定方法:取适量乳剂于离心管中,以一定速度离心一定时间,从离心管底部取出少量的乳剂,稀释一定倍数,以纯化水为对照,用比色法在可见光某波长下测定吸光度 A,同法测定原乳剂稀释液吸光度 A_0,代入公式计算 K_e。离心速度和波长的选择可通过试验加以确定。K_e 值愈小乳剂愈稳定。本法是研究乳剂稳定性的定量方法。

第七节　液体制剂的防腐、矫味和着色

一、液体制剂的防腐

1. 防腐的意义

液体制剂易为微生物所污染,尤其是含有营养物质肽类、蛋白质等时,微生物更易滋生与繁殖。即使是抗生素和一些化学合成的消毒防腐药的液体制剂,有时也会染菌生霉。这是因为各种抗菌药物对本身抗菌谱以外的微生物不起作用所致。目前对液体制剂已规定了染菌数的限量要求,即在每 1g 或每 1mL 内不得超过 100 个,并不得检出有大肠杆菌,沙门菌、痢疾杆菌、金黄色葡萄球菌、绿脓杆菌等。用于烧伤、溃疡及无菌体腔用的制剂,则不得含有活的微生物。

2. 防腐措施

(1)防止污染　防止微生物污染是防腐的重要措施,特别是容易引起发霉的一些霉菌如青霉菌、酵母菌等。在尘土和空气中常引起污染的细菌有枯草杆菌、产气杆菌。为了防止微生物污染,在制剂的整个配制过程中,应尽量注意避免或减少污染微生物的机会。例如缩短生产周期和暴露时间;缩小与空气的接触面积;加防腐剂前不宜久存;用具容器最好进行灭菌处理,瓶盖、瓶塞可用水煮沸15min后使用;还应加强制剂室环境卫生和操作者的个人卫生;成品应在阴凉、干燥处贮存,以防长菌变质。

(2)添加防腐剂 尽管在配制过程中,注意了防菌,但并不能完全保证不受细菌的污染。因此加入适量防腐剂用以抑制微生物的生长繁殖,甚至杀灭已经存在的微生物,也是有效防腐措施之一。

防腐剂本身应无毒、无刺激性;能溶解达到有效的浓度时,不改变药物的作用,也不受药物的影响而降低防腐作用,不影响药剂的色、香、味等。

同一种防腐剂在不同溶液中或不同防腐剂在同一种溶液中,其防腐作用的强弱和防腐浓度都有很大差别。所以在实际应用时,必须根据制剂的品种和性质来选择不同的防腐剂和不同的浓度。防腐剂的用量因季节亦有不同。在乳剂中使用的防腐剂还应考虑到防腐剂的油、水分配系数,避免防腐剂集中分散在油相中而不足以防止水相中微生物的繁殖。

3. 液体制剂中常用的防腐剂

(1)苯甲酸与苯甲酸钠 这是一类有效的防腐剂,起防腐作用的是未解离的分子,而离子则无抑菌作用。因此,pH 对其抑菌作用影响很大,降低 pH 对防腐作用有利,在 pH4 以下作用较好,pH 增高时离解度增大,防腐作用降低。一般用量为 0.1% ~ 0.3%。

苯甲酸的防霉作用较尼泊金类弱,而防发酵能力则较尼泊金类强,如将二者联合应用(如苯甲酸 0.25%、尼泊金乙酯 0.05% ~ 0.1%)对防止发霉和发酵均为理想,尤其适用于中草药水性制剂的防腐。

苯甲酸钠必须转变成苯甲酸后,才有抑菌作用,故其防腐力不如苯甲酸,但水中溶解度较大(25℃时 1:1.8),其常用量为 0.2% ~ 0.5%。

(2)尼泊金类(对羟基苯甲酸酯类) 这是一类优良的防腐剂,无毒、无味、无臭、不挥发、化学性质稳定。防腐作用受 pH 影响不大,但在酸性溶液中作用较强。本类的抗菌作用随烃基碳原子数的增加而增强,但其溶解度则正好相反。

聚山梨酯类表面活性剂虽能增加本类防腐剂在水中的溶解度,但却不能相应地增加其防腐能力。因为二者之间可发生络合作用,仅有小部分游离体保持其抑菌力。

(3)乙醇 乙醇 20%(mL/mL)以上的制剂已具有防腐作用。若溶液中同时含有甘油、挥发油等物质时(亦属抑菌性物质),低于 20% 的乙醇也可达防腐目的。在中性或碱性溶液中含醇量需在 25% 以上才能防腐。

(4)季铵盐类 本类药物常用作防腐剂的有:新洁尔灭(苯扎溴铵)为淡黄色澄明液体、有特臭、无刺激性,在酸性和碱性水溶液中均稳定,耐热压。此外还有度米芬、洁尔灭(苯扎氯铵)及消毒净等。

(5)其他 30% 以上的甘油溶液具有防腐作用;薄荷油含量 0.05% 时有一定防腐和矫味作用,苯甲醇(0.5%)也具有一定防腐作用。

二、液体制剂的矫味与着色

药物制剂除了保证其应有的疗效和稳定性外,还应注意其味道可口和外观美好。许多药物具有不良臭味,往往在下咽时引起病人恶心和呕吐,特别是儿童患者往往拒绝服用,不仅影响了及时治疗而且还浪费了药物。对于慢性病人,由于长期服用同一药剂,往往也会引起厌恶,因此酌加适宜的矫味剂与着色剂,则在一定程度上可以掩盖与矫正药物的异味与美化药物的外观,使病人乐于服用。

1. 矫味剂

矫味剂亦称调味剂,是一种能改变味觉的物质。药剂中常用来掩盖药物的异味,也可用来改进药剂的味道。有些矫味剂同时兼有矫臭作用,而有些则需加芳香剂矫臭。选用矫味剂必须通过小量试验,不要过于特殊,以免产生厌恶感。药剂中常用的矫味剂有:甜剂、芳香剂、胶浆剂及泡腾剂等。

(1)甜剂　常用的甜剂有蔗糖、单糖浆及各种芳香糖浆,如橙皮糖浆、柠檬酸糖浆等。它们不仅可矫味,也可矫臭。在应用单糖浆时,往往加入适量山梨醇、甘油或其他多元醇,可防止蔗糖结晶析出。

天然甜菊苷作为甜剂,是从甜叶菊中提取精制而得,为微黄白色粉末、无臭、有清凉甜味,其甜度比蔗糖大约 300 倍,在水中溶解度 1:10(25℃),pH4～10 时加热也不被水解。常用量为 0.025%～0.05%。本品甜味持久且易被吸收,但甜中带苦,故常与蔗糖或糖精钠合用。人工甜剂常用的为糖精钠,甜度比蔗糖大 200～700 倍,常用量为 0.03%,在水溶液长时间放置,甜味可减低。

(2)芳香剂　常用天然芳香性挥发油,如薄荷油、橙皮油、复方橙皮酊等。天然芳香性挥发油多为芳香族有机化合物。根据天然芳香剂的组成由人工合成制得的芳香性物质一般称为香精,如香蕉香精、橘子香精等,通常一种香精是由很多种成分组成的。目前在液体制剂中,以水果味的香精最为常用,其香气浓郁且稳定。

(3)胶浆剂　胶浆剂具有黏稠、缓和的性质,可以干扰味蕾的味觉而矫味,并可减轻刺激性药物的刺激作用。对涩味亦有矫正作用,常用的胶浆剂有:淀粉浆、阿拉伯胶浆、西黄蓍胶浆、羧甲基纤维素钠、甲基纤维素、海藻酸钠等。

(4)泡腾剂　在制剂中加有碳酸氢钠和有机酸如酒石酸等,可产生二氧化碳,而二氧化碳溶于水呈酸性,能麻痹味蕾而矫味。常用于苦味制剂中,有时与甜味剂、芳香剂合用,可得到清凉饮料类的佳味。

2. 着色剂

应用着色剂改善药物制剂的颜色,可用于识别药物的浓度或区分应用方法,也可改变制剂的外观,减少病人对服药的厌恶感。尤其是选用的颜色与矫味剂能够配合协调,更易为病人接受。

用作着色剂的色素可分为天然与人工合成的两类。

（1）天然色素　植物性的如焦糖与叶绿素。焦糖亦称糖色,是由蔗糖加热至180~220℃,使糖熔化,继续加热1~1.5h,熔化的糖液逐渐增稠,变色,失去两分子水而变为深棕色稠膏状物即焦糖。可与水任意混合。

（2）人工合成色素　目前我国允许使用的人工合成色素,有苋菜红、胭脂红、柠檬黄、靛蓝、日落黄、姜黄及亮蓝。液体制剂中用量一般为0.000 5%~0.001%,常配成1%贮备液使用。

市售食用色素,一般含有稀释剂食盐,在使用前应先脱盐(常用透析法)。外用液体制剂中常用的着色剂有伊红(亦称曙红,适用于中性或弱碱性溶液)、品红(适用于中性、弱酸性溶液)以及美蓝(亦称亚甲蓝,适用于中性溶液)等。

第八节　按给药途径和应用方法分类的液体制剂

给药途径不同对液体制剂有特殊的要求,因此在临床应用中,常常又按给药途径和应用方法将其分类、命名,不少剂型已收载于《中国药典》(2020年版)制剂通则中,如合剂、滴耳剂、滴鼻剂、洗剂、搽剂等。本节仅对常用的几个剂型简介如下。

一、合　剂

合剂是指主要以水为溶剂或分散介质,含两种或两种以上药物的口服液体制剂(滴剂除外)。合剂中的药物多数是化学药物,但也可以由某些醇性浸出制剂(如酊剂、流浸膏剂等)为原料配制而成。合剂口服后,吸收较快,可起全身作用或局部作用。它包括溶液型、胶体型、混悬型及乳剂型各种分散系统。调配合剂时,应先将固体药物溶于1/2~3/4量的溶剂中,必要时过滤,再将其他药物加入滤液中,然后通过滤器加溶剂达到全量,贴标签。除振摇时可发生大量泡沫的溶液型合剂外,标签上均应有"用前摇匀"字样。

例4-11　氯化铵甘草合剂

【处方】氯化铵50g　甘草流浸膏120mL　酒石酸锑钾0.24g　复方樟脑酊120mL　甘油120mL　稀氨溶液(10%)适量　纯化水适量　全量1 000mL

【制法】取氯化铵溶于约500mL的纯化水中,滤过,用稀氨溶液(10%)将pH调至8~9。加甘油、甘草流浸膏混合;另取酒石酸锑钾,加入纯化水20mL溶解,然后依次加酒石酸锑钾水溶液、复方樟脑酊,并随加随搅拌,再加纯化水使成1 000mL,搅匀、分装即得。

【注解】①本品每1 000mL中加稀氨溶液约12mL,将pH调为8,甘草甜素遇酸析出甘草酸沉淀。②酒石酸锑钾在水中溶解度为1:12,在沸水中易溶(1:3),在乙醇中不溶。配制时需先用少量水溶解后,再与其他成分混合。③酒石酸锑钾为重金属盐,复方樟脑酊中含吗啡类生物碱。二者不宜直接混合,应稀释后混合,以免生成吗啡的重金属沉淀。④酒石酸锑钾溶液遇碱生成白色的三氧化二锑沉淀,毒性大,故浓氨溶液不得与酒石酸锑钾浓溶液直接混合。⑤酒石酸锑钾具有刺激胃黏膜、呈反射性的祛痰作用,可减轻干咳症状。

二、洗 剂

洗剂是指药物的澄清溶液、混悬液、乳状液,供涂敷皮肤或冲洗的制剂。洗剂的分散介质多为水和乙醇。应用时轻涂或用纱布蘸取湿敷于皮肤上,也有用于冲洗皮肤伤患处或腔道等。一般有清洁、消毒、消炎、止痒、收敛及保护等局部作用。洗剂有溶液型、混悬型、乳剂型以及它们的混合液,其中以混悬型的洗剂居多。

混悬型洗剂中所含水分在皮肤上蒸发时,有冷却及收缩血管的作用,能减轻急性炎症。留下的干燥粉末有保护皮肤免受刺激的作用。洗剂中常加乙醇,目的是促进蒸发、增加冷却作用,且能增加药物的渗透性。有的加入甘油,目的是待水分蒸发后,可形成保护膜,保护皮肤免受刺激。有些水溶液型洗剂,如甲硝唑溶液、呋喃西林溶液等主要用于冲洗伤患处及腔道等,起清洁、消毒、消炎等作用。

三、搽 剂

搽剂是指药物用乙醇、油或适宜的溶剂制成的澄清溶液、混悬液或乳状液,供无破损皮肤揉搽用。搽剂有镇痛、收敛、保护、消炎、杀菌、抗刺激作用。起镇痛、抗刺激性作用的搽剂多用乙醇为分散介质,使用时用力揉搽,可增加药物的渗透性。起保护作用的搽剂多用油、液状石蜡为分散介质,搽用时有润滑作用,无刺激性,并有清除鳞屑痂皮的作用。

乳剂型搽剂多用肥皂为乳化剂,搽用时有润滑作用,且乳化皮脂而有利于药物的穿透。

四、滴 耳 剂

滴耳剂是指药物制成滴耳用的澄清溶液、混悬液。也可以固态药物形式包装,另备溶剂,在临用前配成澄清溶液或混悬液的制剂。滴耳剂一般以水、乙醇、甘油为溶剂;也有以丙二醇、聚乙二醇等为溶剂。乙醇为溶剂虽然有渗透性和杀菌作用,但有刺激性。以甘油为溶剂作用缓和、药效持久、有吸湿性,但渗透作用差,所以滴耳剂常用混合溶剂。

滴耳剂有消毒、止痒、收敛、消炎、润滑作用。

五、滴 鼻 剂

滴鼻剂是指药物制成供滴鼻腔用的澄清溶液、混悬液或乳状液。亦可以固态药物形式包装,另备溶剂,在临用前配成溶液、混悬液的制剂。滴鼻剂能产生全身或局部效应。

滴鼻剂多以水、丙二醇、液状石蜡、植物油为溶剂,一般制成溶液剂,但亦有制成混悬剂、乳剂使用的。滴鼻用水溶液容易与鼻腔内分泌物混合,容易分布于鼻腔黏膜表面,但维持药效短。油溶液刺激性小,作用持久,但不易与鼻腔黏膜混合。正常人鼻腔液 pH 一般为 5.5～6.5,炎症病变时,则呈碱性,有时 pH 可高达 9,易使细菌繁殖,影响鼻腔内分泌物的溶菌作用以及纤毛的正常运动,所以滴鼻剂 pH 一般为 5.5～7.5。滴鼻剂应无刺激性,对鼻腔及其纤毛的功能不应产生副作用。滴鼻剂如为水性溶液通常应为等渗,多剂量包装的滴鼻剂,除另有规定外,应不超过 10mL。

六、滴 牙 剂

滴牙剂是指用于局部牙孔的液体制剂。其特点是药物浓度大,往往不用溶剂或用少量溶剂稀释。滴牙剂由医护人员直接用于患者的牙病治疗。

七、含 漱 剂

含漱剂是指用于咽喉、口腔清洗的液体制剂,用于口腔的清洗、去臭、防腐、收敛和消炎。一般用药物的水溶液,也可含少量甘油和乙醇。溶液中常加入适量着色剂,以示外用漱口,不可咽下。有时发药量较大,可制成浓溶液发出,用时稀释;也可制成固体粉末用时溶解。含漱剂要求微碱性,有利于除去口腔的微酸性分泌物、溶解黏液蛋白。

八、涂剂和涂膜剂

涂剂系指涂于口腔、喉部黏膜的液体制剂,多为消毒、消炎药物的甘油溶液,也有用其他溶剂者。甘油可使药物滞留于局部,并且有滋润作用,对喉头炎、扁桃体炎等均能起辅助治疗作用。

涂膜剂系指将药物溶解或分散于含成膜材料的溶剂中,涂布患处后可形成薄膜的外用液体制剂。用时涂于患处,溶剂挥发后形成薄膜,对患处有保护作用,同时逐渐释放所含药物起治疗作用。涂膜剂一般用于无渗出液的损害性皮肤病等。常用的成膜材料有聚乙烯醇、聚维酮、聚乙烯缩甲乙醛、聚乙烯缩丁醛、乙基纤维素、火棉胶等,增塑剂常用甘油、丙二醇、邻苯二甲酸二丁酯等,溶剂一般为乙醇、丙酮、乙酸乙酯或使用不同比例的混合溶液等。

九、灌 肠 剂

灌肠剂是指以灌肠器从肛门将药液灌注于直肠的一类液体制剂。多以水为溶剂,按其用途可分为清除灌肠剂和保留灌肠剂两类。

(1)清除灌肠剂 主要用于消除粪便,减低肠压,恢复肠功能等,如 20% 药用肥皂液,1% 碳酸氢钠液及生理盐水等,一次用量为 250～1 000mL。这类制剂施用后必须排出,使用时应温热并缓缓注入。

(2)保留灌肠剂 这类灌肠剂需要较长时间保留在肠中,缓缓发挥局部作用和吸收作用。为了避免某些药物在胃中被破坏或病人不能口服时常采用此法给药,如3%~5%水合氯醛溶液(可用1%~3%阿拉伯胶浆溶解)。

当某些病人不能经口摄取食物时,也可应用保留灌肠剂进行营养给药,如葡萄糖、鱼肝油及蛋白质等。因此类灌肠剂需较长时间保留在肠中,所以可加适量附加剂以增加其黏度,如阿拉伯胶浆等。此种制剂用量不宜过大,一般每次60mL左右。

十、灌 洗 剂

灌洗剂主要系指灌洗阴道、尿道、膀胱等用的液体制剂。在药物或食物中毒初期,洗胃用的液体制剂亦属灌洗剂。灌洗剂以水为溶剂,一般临用时新鲜配制或用浓溶液稀释,应温热至体温时再用,具有防腐、收敛、清洁等作用。

阴道用灌洗剂主要用于冲洗阴道,因为正常阴道pH在3.8~4.7,此酸度下有抵抗外来细菌的作用,但感染的阴道或患阴道滴虫病症时,pH多在5.5~7,故阴道用灌洗剂要求pH在3.3~3.4。

思考题

1.液体药剂有哪些特点?

2.液体药剂的常用溶剂有哪些?

3.何谓溶解度? 影响溶解度的因素有哪些?

4.增加药物溶解度的方法有哪些?

5.影响混悬剂稳定性的因素有哪些?

6.乳剂不稳定性的表现有哪些?

7.常用液体药剂的防腐剂、矫味剂和着色剂有哪些?

参考文献

1.崔福德.药剂学(第7版).北京:人民卫生出版社,2011.

2.李向荣.药剂学.杭州:浙江大学出版社,2010.

3.高建青.药剂学与工业药剂学实验指导.杭州:浙江大学出版社,2012.

4.王芳,李艳丽,翟文婷,许卉.正交试验优化穿心莲内酯口服混悬剂的处方工艺.中国实验方剂学杂志,2013,19(11):42-44.

5.欧汝静,关世侠,李庆国,周郁斌,杨艳.丙泊酚中链脂肪乳的制备和表征.中国新药杂志,2013,22(9):2314-2317.

第五章　灭菌制剂与无菌制剂

[学习目标]

1. 掌握灭菌制剂和无菌制剂的概念和分类；常用的灭菌法；注射剂与眼用制剂的概念、分类、特点及质量要求；注射剂与眼用制剂的附加剂；注射液与滴眼液的制备过程。
2. 熟悉注射用水的概念及质量要求；热原的概念、性质、污染途径及除去方法；注射剂的给药途径；眼用制剂的药物吸收途径及影响因素；注射用无菌粉末的制备过程。
3. 了解洁净室的设计与空气净化。

[技能目标]

1. 掌握制备注射液的操作要点。
2. 掌握制备滴眼液的操作要点。

第一节　概　述

一、灭菌制剂与无菌制剂的定义

无菌药品是指法定药品标准中列有无菌检查项目的制剂和原料药，其中的制剂包括非经肠道制剂、无菌的软膏剂、眼膏剂、混悬剂、乳剂及滴眼剂等，按除去活微生物的制备工艺分为灭菌制剂和无菌制剂。灭菌制剂是采用某一物理或化学方法杀灭或除去所有活的微生物繁殖体和芽孢的一类药物制剂。无菌制剂是采用某一无菌操作方法或技术制备的不含任何活的微生物繁殖体和芽孢的一类药物制剂。

二、灭菌制剂与无菌制剂的类型

《中国药典》（2020年版）中规定的灭菌和无菌制剂主要包括以下制剂。

注射剂：分为注射液、注射用无菌粉末与注射用浓溶液。

眼用制剂：分为眼用液体制剂（滴眼剂、洗眼剂、眼内注射溶液）、眼用半固体制剂（眼膏剂、眼用乳膏剂、眼用凝胶剂）、眼用固体制剂（眼膜剂、眼丸剂、眼内插入剂)等。

其他制剂:包括植入剂,冲洗开放性伤口或腔体的冲洗剂,用于烧伤或严重创伤的软膏剂、乳膏剂、凝胶剂、涂剂、涂膜剂等,用于烧伤、创伤或溃疡的气雾剂与喷雾剂,用于烧伤或创伤的局部用散剂,用于手术、耳部伤口或耳膜穿孔的滴耳剂与洗耳剂,用于手术或创伤的鼻用制剂等。

第二节　灭菌制剂与无菌制剂的相关技术和理论

一、灭　菌　法

1.概述

灭菌法是指应用物理或化学等方法杀灭或除去一切存活的微生物的繁殖体或芽孢使之达到无菌的手段。

微生物包括细菌、真菌、病毒等,凡有生命的地方都有微生物存在,微生物的繁殖很快,细菌的芽孢具有较强的抗热力,不易杀死,故灭菌效果应以杀死芽孢为主。

灭菌是药品生产中的一项重要基本操作,涉及到厂房、设备、容器、用具、工作服装、原辅材料、成品、包装材料、仪器等药物生产全过程。其基本目的是在保证药物的理化性质及临床疗效不受影响的前提下,杀死或除去药物及药物制剂中的所有微生物。

根据药物的性质及临床治疗要求,选择适当的灭菌方法,溶液剂型产品灭菌工艺的决策树见图 5-1,非溶液剂型、半固体或干粉产品灭菌工艺的决策树见图 5-2。灭菌方法的效果,必须经过验证以证明灭菌效果不低于设定的标准,即无菌保证水平(sterility assurance level,SAL)。药品生产中常采用 F_0 值、生物指示剂等方法进行验证。因微生物死亡后细胞壁破裂产生热原等毒素,故药品生产过程应严格执行 GMP 的有关原则及规定,建立良好的无菌保障体系,在生产各环节采取各种有效措施来减少待灭菌产品灭菌前的微生物污染及灭菌后的再次污染。

灭菌的方法基本上分为两大类,即物理灭菌方法和化学灭菌方法。

2.物理灭菌法

(1)干热灭菌法　干热灭菌法系将物品置于干热灭菌柜、隧道灭菌器等设备中,利用干热空气达到杀灭微生物或消除热原物质的方法。由于空气是一种不良的传热导体,其穿透力弱,且不太均匀,所需灭菌温度较高,时间较长,干热灭菌法适用于耐高温但不宜用湿热灭菌法的物品灭菌,如玻璃、金属容器和用具以及甘油、液状石蜡、油类、油混悬液、脂肪类、软膏基质或耐热药物粉末等的灭菌。由于此法灭菌温度高,不适于橡胶、塑料制品及大部分对高温不稳定药物的灭菌。

一般认为对繁殖型细菌用 100℃ 以上干热 1h 可杀灭。对耐热性细菌芽孢,在

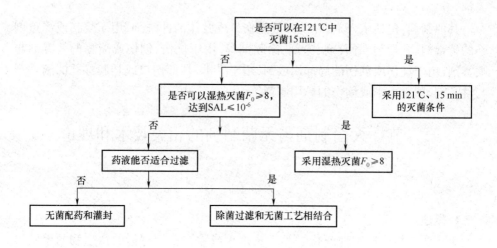

图 5-1 溶液剂型产品灭菌工艺的决策树

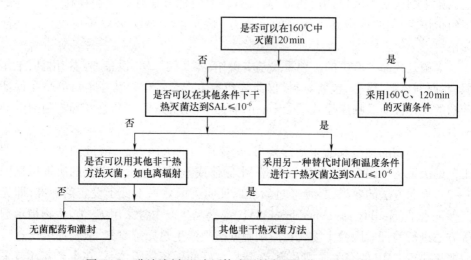

图 5-2 非溶液剂型、半固体或干粉产品灭菌工艺的决策树

120℃以下长时间加热也不死亡,在140℃以上,灭菌效率急剧提高。《中国药典》(2020年版)规定干热灭菌条件为:160~170℃、120min以上;170~180℃、60min以上或250℃、45min以上,也可采用其他温度和时间参数。采用干热250℃、45min灭菌也可除去无菌产品包装容器及生产灌装用具中的热原物质。

(2)湿热灭菌法 湿热灭菌法系将物品置于灭菌柜内利用高压饱和蒸汽、过热水喷淋等手段使微生物菌体中的蛋白质、核酸发生变性而杀灭微生物的方法。由于蒸汽质量热容大,穿透力强,容易使蛋白质变性,故该法灭菌能力强,且操作简便、易于控制,为制剂生产中应用最广泛的一种灭菌方法。药品、容器、培养基、衣物等任何遇高温和潮湿不变化不损坏的物品均可采用该法灭菌,该灭菌法的缺点是不适用于对湿热敏感的药物及物品。

①热压灭菌法:利用大于常压的饱和蒸汽灭菌,能杀灭所有的细菌繁殖体和芽孢,为一般公认的最可靠的湿热灭菌法。制剂生产一般可采用121℃、15min,121℃、30min,116℃、40min的灭菌程序,也可采用其他温度和时间参数。

②流通蒸汽灭菌法与煮沸灭菌法:即在不密闭的容器内用水蒸气灭菌或将物品放入水中煮沸灭菌。该法灭菌压力与大气相等,温度100℃,不耐高热的产品可采用此灭菌法灭菌。灭菌条件一般是100℃、60min。因不能杀灭所有的芽孢,故生产过程应尽可能减少微生物的污染。

③低温间歇灭菌法:是将待灭菌的产品在60~80℃下加热1h,杀死其中的细菌繁殖体,然后在室温或孵箱中放置24h,让其中的芽孢发育成繁殖体,再次加热灭菌。此法加热和放置一般需操作3次以上,直至全部芽孢杀灭为止。对必须用热法灭菌但又不耐较高温度的产品可考虑用此法灭菌。此法需时较长,并且杀灭芽孢的效果常不够完全。因此用本法灭菌的产品一般应加抑菌剂,以增加灭菌效力。

(3)射线灭菌法

①辐射灭菌法:辐射灭菌系指将灭菌物品置于适宜的放射源辐射的γ射线或电子加速器发生的电子束中进行电离辐射而达到杀灭微生物的方法。γ射线通常可由放射性同位素如Co⁶⁰产生。辐射灭菌的特点是可不升高产品的温度,适用于某些不耐热且不受辐射破坏的药物及医疗器械、容器、生产辅助用品的灭菌。γ射线穿透性强,杀伤力强,适用于较厚样品的灭菌,可对已包装的产品进行灭菌,因而大大减少了产品污染的机会。某些药物如维生素类、激素类、巴比妥类、菌苗、抗毒素、部分生物制品、酶制剂、天然药物产品及药用辅料等已成功利用辐射法实现灭菌。

②紫外线灭菌法:紫外线灭菌法系指利用紫外光源产生的紫外线照射空气或物体的表面达到杀灭微生物的方法。用于灭菌的紫外线波长是200~300nm,灭菌力最强的是波长为254nm的紫外线,制药工业多用低压汞灯为紫外光源。紫外线进行直线传播,其强度与距离平方成比例地减弱,并可被不同的表面反射。其穿透作用微弱,但较易穿透清洁空气及纯净的水,其中悬浮物或水中盐类增多时,则穿透程度显著下降。因此本法广泛用作空气灭菌和表面灭菌。药品生产中,厂房洁净区的空气以及物料、机械设备、容器、包装材料表面附着的微生物采用紫外线杀菌比较有效。普通玻璃可吸收紫外线,因此安瓿中药物不能用此法灭菌。

③微波灭菌法:微波灭菌法系指利用微波照射产生的热来杀灭微生物的方法。微波通常指频率在300 MHz~300 GHz的高频电磁波。微波加热原理是:水等极性分子在微波产生的高频交变电场下,产生极化并随着高频交变电场的改变高速转动,分子间相互剧烈碰撞摩擦而生热。因热量是在被加热的物质内产生的,所以加热均匀,升温迅速。同时,由于微波可穿透介质较深,所以在一般情况下,可以做到表里一致地均匀加热。水分子可强烈吸收微波,微生物细胞内水含

量比较高,所以微波可对微生物内、外同时加热,导致微生物迅速死亡。微波用于水性注射液的灭菌,主要是由于其产生热效应的缘故。

(4)高速热风灭菌法 高速热风灭菌法系采用风速 30 ~ 80 m/s,风温 190℃ 的高速热风加热灭菌物体杀灭微生物的方法。由于降低了被加热物品周围滞流层的厚度,使升温迅速。如 2mL 安瓿注射液能于 3min 内升至 140℃,与热压灭菌相比,不但具有同等效果,而且由于加热时间短,减小了药液降解程度,所以更适用于小容量安瓿剂的灭菌。

(5)过滤除菌法 过滤除菌法系利用细菌不能通过致密具孔滤材的原理以除去气体或液体中微生物的方法。此法是一种机械除菌方法,不需加热,适用于不耐热药液的灭菌。供灭菌用的滤器,要求能有效地从溶液中除净微生物,过滤速度快,过滤介质无脱落、无吸附性,不污染药物,滤器容易清洗,操作简便。

繁殖型细菌很少有小于 1μm 者,芽孢大小为 0.5μm 或更小些,所以,对于以物理筛析作用滤过的滤器,其孔径大小必须小到足以阻止细胞和芽孢进入滤孔之内。目前注射剂生产广泛采用微孔薄膜作除菌滤器,除菌滤膜的孔径一般不超过 0.22μm。微孔滤膜具有孔径小而均匀、截留能力强、滤速快、无介质脱落、吸附性小、不滞留药液、不影响药液的含量及 pH 的特点。注射液的除菌过滤应在无菌室内进行,在除菌过滤前后均应进行滤膜的完整性试验,以保证产品的无菌性。

3. 化学灭菌法

(1)气体灭菌法 气体灭菌法系指用化学消毒剂形成的气体杀灭微生物的方法。常用的化学消毒剂有环氧乙烷、气态过氧化氢、甲醛、臭氧等。本法适用于在气体中稳定物品的灭菌。

制药生产中最常用于灭菌的气体是环氧乙烷,环氧乙烷为沸点 10.9℃ 的气体,在水中溶解度大,易穿透塑料、纸板及固体粉末,对大多数固体显惰性,暴露空气中就可从这些物质中消散。因此适用于塑料容器、对热敏感的固体药物、纸或塑料包装的药物、橡胶制品、注射器、工作服及器械等的灭菌。因环氧乙烷具可燃性、可爆性、致畸性和残留毒性,因此,使用时一般与 80% ~ 90% 的氮气或二氧化碳混合使用,灭菌后物品须抽真空排除,用空气代换完全驱除。环氧乙烷灭菌条件一般可采用在温度 54℃、相对湿度 60%、灭菌压力 0.8MPa 下灭菌 90min。灭菌效果可用生物指示剂验证。

在制药工业也常采用气态过氧化氢、过氧乙酸、甲醛、臭氧、丙二醇等化学消毒剂进行物品及室内空气的熏蒸灭菌。

(2)化学杀菌剂 化学杀菌剂对繁殖体有效但不能杀灭芽孢。在制剂生产中应用化学杀菌剂,主要用于环境、器械、人员等物体的表面消毒,以减少微生物的数目,为其他灭菌法的辅助措施。常用的化学杀菌剂有 0.1% ~ 0.2% 的苯扎溴铵溶液、2% 的甲酚皂溶液,75% 乙醇、1% 聚维酮碘溶液等。由于化学杀菌剂多具腐蚀性,故应注意应用浓度不要过高,以防止其化学腐蚀作用。

4. 无菌操作技术

无菌操作法是整个过程控制在无菌条件下进行的一种操作方法。无菌分装及无菌冻干是最常见的无菌生产工艺。无菌操作所用的一切用具、材料以及环境,均需采用适宜的灭菌法灭菌,操作须在无菌操作室或无菌操作柜内进行,对操作人员有严格的卫生要求。目前无菌操作室多利用层流空气净化技术,确保无菌环境。按无菌操作制备的产品,最后一般不再灭菌而直接使用,故无菌操作法对于保证不耐热产品的质量至关重要。

(1)无菌操作室的灭菌　无菌操作室的空气灭菌,可应用甲醛、丙二醇、乳酸等的蒸气熏蒸灭菌。对室内的墙面、设备、用具等表面可用紫外线或化学杀菌剂灭菌,能耐热的物品尽量采用热压或干热法灭菌。无菌操作室需严密监控生产环境的无菌空气质量。

(2)无菌操作　无菌操作人员进入无菌操作室之前要洗浴、更换无菌工作服、口罩和鞋子,头发、内衣等不能外露,双手应按规定洗净并消毒,戴无菌手套后方可进行操作,以免造成污染的机会。

二、洁净室设计与空气净化

1. 洁净室设计

洁净室是指对洁净环境中空气洁净度(包括尘埃和微生物)、温度、湿度、压力和噪声等进行控制的密闭空间。医药工业洁净室以空气洁净度为主要控制对象,同时还应控制其他相关参数。洁净区的设计必须符合相应的洁净度要求,包括达到"静态"和"动态"的标准。"静态"是指所有生产设备均已安装就绪,但未运行且没有操作人员在场的状态。"动态"是指生产设备按预定的工艺模式运行并有规定数量的操作人员在现场操作的状态。

无菌药品生产所需的洁净区可分为以下4个级别。A级:高风险操作区,如灌装区、放置胶塞桶、敞口安瓿瓶、敞口西林瓶的区域及无菌装配或连接操作的区域。通常用层流操作台(罩)来维持该区的环境状态。层流系统在其工作区域必须均匀送风,风速为0.36~0.54m/s。B级:指无菌配制和灌装等高风险操作A级区所处的背景区域。C级和D级:指生产无菌药品过程中重要程度较次的洁净操作区。各级别空气悬浮粒子的标准规定如表5-1所示。

表5-1　　　　　　　　各级别洁净度空气悬浮粒子的标准规定

洁净度级别	悬浮粒子最大允许数/m³			
	静态		动态	
	≥0.5μm	≥5μm	≥0.5μm	≥5μm
A级	3 500	1	3 500	1
B级	3 500	1	350 000	2 000
C级	350 000	2 000	3 500 000	20 000
D级	3 500 000	20 000	不做规定	不做规定

（1）生产工艺要求　根据各种剂型质量要求及其生产过程的特点,其生产环境洁净度要求有所不同。部分生产工序与洁净度级别的要求介绍如表 5 – 2 所示。

表 5 – 2　　　　　　　　　　　　　药品生产环境洁净度分区表

	洁净度级别	生产操作示例
最终灭菌产品	C 级背景下的局部 A 级	高污染风险 * 的产品灌装(或灌封)
	C 级	产品灌装(或灌封) 高污染风险 * * 产品的配制和过滤 滴眼剂、眼膏剂、软膏剂、乳剂和混悬剂的配制、灌装(或灌封) 直接接触药品的包装材料和器具最终清洗后的处理
	D 级	轧盖 灌装前物料的准备 产品配制和过滤(指浓配或采用密闭系统的稀配) 直接接触药品的包装材料和器具的最终清洗
非最终灭菌产品	B 级背景下的 A 级	产品灌装(或灌封)、分装、压塞、轧盖 灌装前无法除菌过滤的药液或产品的配制 冻干过程中产品处于未完全密封状态下的转运 直接接触药品的包装材料、器具灭菌后的装配、存放以及处于未完全密封状态下的转运 无菌原料药的粉碎、过筛、混合、分装
	B 级	冻干过程中产品处于完全密封容器内的转运 直接接触药品的包装材料、器具灭菌后处于完全密封容器内的转运
	C 级	灌装前可除菌过滤的药液或产品的配制 产品的过滤
	D 级	直接接触药品的包装材料、器具的最终清洗、装配或包装、灭菌

注：*:此处的高污染风险是指产品容易长菌、灌装速度很慢、灌装用容器为广口瓶、容器须暴露数秒后方可密闭等状况；* *:此处的高污染风险是指产品容易长菌、配制后需等待较长时间方可灭菌或不在密闭容器中配制等状况。

（2）洁净室的建筑要求　洁净区一般由洁净室、风淋、缓冲室、更衣室、洗澡室和厕所等区域构成(图 5 – 3)。各区域的连接必须在符合生产工艺的前提下,明确人流、物流和空气流的流向(洁净度从高→低),确保洁净室内的洁净度要求。洁净室对墙壁与地面总的要求是:便于清扫,防湿,防潮,防霉,不易开裂,不易燃烧,经济等。因此从材料的选择到施工与洁净度紧密相关。①洁净室墙壁和顶棚的表面应无裂缝、光洁、平整、不起灰、不落尘、耐腐蚀、耐冲击、易清洗、避免眩光(如采用瓷釉漆涂层墙面和金属隔热夹芯板),阴阳角均宜做成圆角,以减少灰尘积聚和便于清洁。洁净室地面应整体性好,平整、无缝隙、耐磨、耐腐蚀、耐撞击、不易积静电、易除尘清洗(如采用环氧自流平整地坪、复合 PVC 地板等)。②洁净室的门窗造型要简单、平整、不易积尘、易于清洗、密封性能好。门窗不应采用木质等易引起微生物繁殖的材料,以免生霉或变形。门窗与内墙宜平整,不应设门槛,不留窗台。洁净室内门的宽度应能满足一般设备安装、修理、更换的需要。气闸室、货淋室的出入门应有不能同时打开的措施。③洁净区应设置技术夹层或技术夹道,用以布置风管和各种管线。④洁净区内通道应有适当宽度,以利于物料运输、设备安装、检修等。洁净区应按《建筑设计防火规范》的要求设置安全出口,满足人员疏散距离要求。⑤洁净区内有防爆要求的区域宜靠外墙布置,并符合国家现行《建筑设计防火规范》和《爆炸和火灾危险环境电力装置设计规范》。放射性药品生产厂房应符合国家关于辐射防护的有关规定。⑥送风道、回风道、回风地沟的表面装修应与整个送、回风系统相适应,并易于除尘。⑦洁净室(区)内各种管道、灯具、风口以及其他公用设施,在设计和安装时应考虑避免出现不易清洁的部位。⑧A/B 级洁净区(室)不得设置地漏。洁净室安装的水池、地漏不得对药品生产产生污染。⑨厂房应有防止昆虫和其他动物进入的措施。

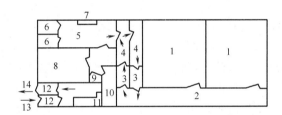

图 5 - 3　洁净室(区)平面布置示意图

1—洁净室　2—走廊　3—风淋(气闸)　4—非污染区　5—亚污染区　6—厕所
7—水洗　8—休息　9—擦脚　10—管理室　11—更衣　12—气闸　13—进口　14—出口

(3)洁净室(区)的管理　①洁净室(区)内人员数量应严格控制。其工作人员(包括维修、辅助人员)应定期进行卫生和微生物学基础知识、洁净作业等方面的培训及考核;对进入洁净室(区)的临时外来人员应进行指导和监督。②洁净室(区)与非洁净室(区)之间必须设置缓冲设施,人、物流走向合理。③无菌生产的A/B 级区内禁止设置水池和地漏。在其他洁净区内,机器设备或水池与地漏不应直接相连。洁净区内的地漏应设水封,防止倒流。④传送带不得穿越 A、B 或 C 级区与更低级别区域的隔离墙。⑤员工每次进入 A、B 级区操作,都应更换无菌工作服;或至少一天更换一次,但须用监测结果证明这种方法的可行性。⑥洁净室(区)内设备保温层表面应平整、光洁,不得有颗粒性物质脱落。⑦洁净室(区)内应使用无脱落物、易清洗、易消毒的卫生工具,卫生工具要存放于对产品不造成污染的指定地点,并应限定使用区域。⑧洁净室(区)在静态条件下检测的尘埃粒子数、浮游菌数或沉降菌数必须符合规定,应定期监控动态条件下的洁净状况。⑨洁净室(区)的净化空气如可循环使用,应采取有效措施避免污染和交叉污染。⑩空气净化系统应按规定清洁、维修、保养并做记录。

2. 空气净化

空气净化系指以创造洁净空气为目的的空气调节措施。根据不同行业的要求和洁净标准,可分为工业净化和生物净化。工业净化系指除去空气中悬浮的尘埃粒子,以创造洁净的空气环境,如电子工业等。在某些特殊环境中,可能还有除臭、增加空气负离子等要求。生物净化系指不仅除去空气中悬浮的尘埃粒子,而且要求除去微生物等以创造洁净的空气环境。如制药工业、生物学实验室、医院手术室等均需要生物洁净。

洁净室的空气净化技术多采用空气过滤法,即当含尘空气通过具有多孔过滤介质时,尘粒被微孔截留或孔壁吸附而与空气分离,达到空气净化的目的。该方法是空气净化中最经济最有效的关键措施之一。空气过滤属于介质过滤,根据尘粒与介质的作用方式,其作用机理可分为拦截、惯性、扩散、静电及其他作用力等。影响空气过滤的主要因素包括尘粒的粒径、过滤风速、介质纤维直径和密实性以及附尘作用。

空气净化系统中,一般采用三级过滤,即粗效、中效和高效过滤器。它们所起的作用是:粗效过滤器用以滤除 $10\mu m$ 以上大尘粒和异物;中效过滤器用以滤除 $1\sim10\mu m$ 的悬浮尘粒;高效过滤器用以滤除 $1\mu m$ 以下的悬浮尘粒以控制送风系统含尘量。

空气洁净度 D 级及高于 D 级的空气净化处理,应采用初效、中效、高效空气过滤器三级过滤,其中 D 级空气净化处理,也可采用亚高效空气过滤器代替高效空气过滤器。

净化空气调节系统除直流式系统和设置值班风机的系统外,应采取防止室外污染空气通过新风口渗入洁净室内的防倒灌措施。

空气过滤器的选用、布置方式应符合下列要求:①初效过滤器不应选用浸油式过滤器;②中效空气过滤器宜集中设置在净化空气调节系统的正压段;③高效空气过滤器或亚高效空气过滤器宜设置在净化空气调节系统终端;④中效以上空气过滤器宜按额定风量选用。

送风机可按净化空气调节系统的总送风量和总阻力值进行选择,中效以上空气过滤器的阻力宜按其初阻力的两倍计算。

净化空气调节系统如需电加热时,应选用管状电加热器,位置应布置在高效空气过滤器的上风侧,并应有防火安全措施。

三、水处理技术

制药用水包括饮用水、纯化水、注射用水与灭菌注射用水。

制药用水的原水通常为饮用水,为天然水经净化处理所得的水,其质量必须符合现行中华人民共和国国家标准《生活饮用水卫生标准》。纯化水为饮用水经蒸馏法、离子交换法、反渗透法或其他适宜方法制得的供药用的水,不含任何附加剂。注射用水为纯化水经蒸馏所得的水,应符合细菌内毒素试验要求。灭菌注射用水为注射用水照注射剂生产工艺制备所得,不含任何添加剂。饮用水可作为药材净制时的漂洗用水、制药用具的粗洗用水。纯化水可作为配制普通药物制剂用的溶剂或试验用水,中药注射剂、滴眼剂等灭菌制剂所用饮片的提取溶剂,口服、外用制剂配制用溶剂或稀释剂,非灭菌制剂用器具的精洗用水,非灭菌制剂所用饮片的提取溶剂,不得用于注射剂的配制与稀释。注射用水为配制注射剂、滴眼剂等的溶剂或稀释剂及容器的精洗。灭菌注射用水主要用于注射用灭菌粉末的溶剂或注射液的稀释剂。

注射用水的质量要求在《中国药典》(2020 年版)及各国家药典中有严格的规定,除检查 pH、氨、氯化物、硫酸盐与钙盐、硝酸盐与亚硝酸盐、二氧化碳、易氧化物、不挥发物与重金属等理化指标外,还必须通过细菌内毒素和微生物限度的检查,并应新鲜制备密闭保存。

1. 蒸馏法制备注射用水

蒸馏法是制备注射用水最经典的方法,为我国药典及当今世界多国药典规定的制备注射用水的方法。原水经蒸馏后,水中不挥发性有机、无机物质,包括悬浮物、胶体、细菌、病毒、热原(细菌内毒素)等杂质都能有效除去。

(1)原水处理 原水用于制备纯化水前,一般需先进行净化处理,以除去原水中的固体杂质和部分离子,以减轻水中杂质对制水设备的负担和损坏。原水处理方法有以下三种。

①过滤法:过滤是除去水中固体悬浮杂质的有效方法,一般采用石英砂滤器滤除较大固体杂质;活性炭滤器可降低水的色度和浊度并吸附热原、胶体等有机物及余氯;细过滤器可除去 $5\mu m$ 以上的细小微粒,另有微过滤器可对 $0.5\sim10\mu m$ 的微粒杂质有效截留。

②电渗析法:当原水中含盐量达到 3 000 mg/L 以上时,离子交换法已不适用于直接制备纯化水,可采用电渗析法做预处理。即使含盐量高达 5 000 mg/L 电渗析法仍然经济有效,所得水的电导率可达 $(10\sim20)\times10^{-4}$ S/m,以此水供离子交换法使用,可减轻离子交换树脂的负担。

③反渗透法:反渗透法是在 20 世纪 60 年代发展起来的新技术,纯化效率较高,国内目前主要用于原水处理。

(2)离子交换法制备纯化水 离子交换法是利用离子交换树脂除去水中阴、阳离子的方法,为制备纯化水的基本方法之一。此法的主要优点是所得纯化水化学纯度高,设备简单,无需燃料和冷却水,成本低廉。通过离子交换系统,可除去水中绝大部分阴离子、阳离子,对于热原和细菌也有一定的清除作用。此法的缺点是除热原效果不可靠,离子交换树脂需经常再生,耗费酸碱量大。

离子交换法制备纯化水,是利用阴、阳离子交换树脂分别同水中存在的各种阴离子和阳离子进行交换,从而达到纯化水的目的。

离子交换树脂是一种球状、多孔性的具有活性离子基团的高分子(聚苯乙烯)聚合体。最常用的离子交换树脂有两种,一种是 732 型苯乙烯强酸性阳离子交换树脂,其极性基团为磺酸基,可用简化式 $RSO_3^- H^+$(氢型)或 $RSO_3^- Na^+$(钠型)表示,另一种是 717 或 711 型苯乙烯强碱性阴离子交换树脂,其极性基团为季铵基,可用简化式 $RN^+(CH_3)_3OH^-$(氢氧型)或 $RN^+(CH_3)_3Cl^-$(氯型)表示。钠型阳离子交换树脂和氯型阴离子交换树脂较稳定,便于树脂的保存,在临用前阳离子交换树脂转为氢型,阴离子交换树脂转为氢氧型。离子交换树脂纯化水的过程可简单表述如下:

$$nRSO_3^- H^+ + M^{n+} \longrightarrow (RSO_3^-)_n M^{n+} + nH^+$$
$$nRN^+(CH_3)_3OH^- + B^{n-} \longrightarrow [(RN^+(CH_3)_3)]_n B^{n-} + nOH^-$$
$$H^+ + OH^- \longrightarrow H_2O$$

离子交换法制备纯化水的工艺:离子交换树脂置离子交换柱内组成树脂床,离子交换柱常用有机玻璃、钢衬胶或复合玻璃钢的有机玻璃制造,柱高与直径之比一般为 2～5,树脂层高度约为圆桶高度的 2/3。为保证出水质量,目前生产中使用的离子交换柱多采用阳床、阴床、混合床串联的组合形式,混合床为阴、阳树脂以一定比例(2∶1)混合组成。大生产时,为减轻阴树脂的负担,常在阳床后加脱气塔,除去二氧化碳,使用一段时间后,需再生树脂或更换。

(3)纯化水蒸馏制备注射用水　制备注射用水主要设备有塔式或亭式蒸馏水器、多效蒸馏水器和气压式蒸馏水器。

塔式蒸馏水器的结构主要包括蒸发锅、隔沫装置和冷凝器三部分(图 5-4)。首先在蒸发锅内加入大半锅纯化水,然后打开气阀,蒸汽经蒸汽选择器除去夹带的水珠后进入蛇形加热管,蒸发锅内的纯化水受蛇形管加热而蒸发,蒸汽通过隔沫装置时,沸腾时产生的泡沫和雾滴被挡回蒸发锅内,而纯蒸汽则上升到第一冷凝器,冷凝后汇集于挡水罩周围的槽内,流入第二冷凝器,继续冷却成注射用水。塔式蒸馏水器生产能力大,一般有 50～200L/h 等多种规格,塔式蒸馏水器因能耗高,目前大生产已较少使用。

多效蒸馏水器(图 5-5)是最近发展起来制备注射用水的主要设备,其特点是耗能低,产量高,质量优,自动化程度高。

2. 反渗透法制备注射用水

反渗透技术是美国 20 世纪 60 年代后期发展起来的高新技术,也是目前世界上最先进的制备纯化水的膜分离技术。美国药典和日本药局方已将该法作为制备注射用水的法定方法之一。目前我国药典已将该法列为制备纯化水的方法之一。

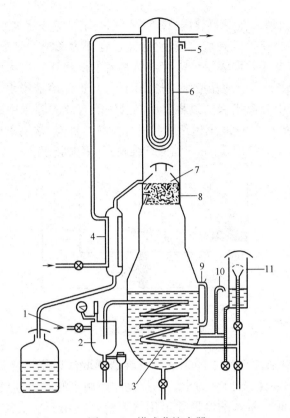

图 5-4 塔式蒸馏水器

1—蒸汽进口 2—蒸汽选择器 3—加热蛇管 4—第二冷凝器 5—排气孔
6—第一冷凝器 7—收集器 8—隔沫装置 9—水位玻管 10—溢流管 11—废气排出口

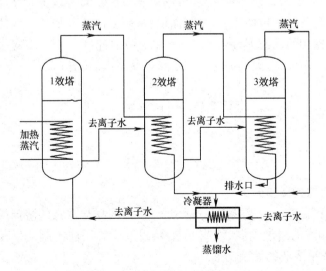

图 5-5 多效蒸馏水机示意图

101

（1）反渗透原理　在 U 形管内（图 5-6）用一个半透膜将纯水和盐溶液隔开，则纯水就透过半透膜扩散到盐溶液一侧，此过程即为渗透。渗透达到平衡时，半透膜两侧的液柱高度差即表示该盐溶液所具备的渗透压。反渗透是渗透的逆过程，是对盐溶液施加高于此盐溶液渗透压的压力，迫使溶液中水通过适当的半透膜将水从盐溶液中分离出来的过程。反渗透法能有效去除水中的盐、有机物、细菌、病毒、热原、离子等，能完全达到注射用水标准。目前，常用于反渗透法制备注射用水的膜材有醋酸纤维膜（如三醋酸纤维膜）和聚酰胺膜。

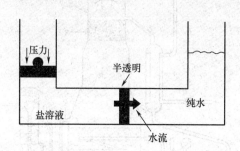

图 5-6　反渗透示意图

（2）反渗透制取注射用水的系统　反渗透制取注射用水应根据原水质量情况，采取相应的设备组合来综合制备，为提高注射用水的质量，原水应预先经过离子交换树脂或超滤。基本的制取注射用水系统是采用两次反渗透、膜过滤的方法，将原水制成注射用水。

（3）反渗透法制备注射用水的特点　反渗透法制备注射用水的特点包括：①反渗透法与多效蒸馏法比较，能耗节约 75%，节水 60% 以上。②反渗透制水系统产量较大，且具有一定的压力，可平面供水，使生产速度加快。③注射用水可以随产随取用，使用的水总是新鲜水，适于注射液的配制。④反渗透法制备的水与蒸馏法相比，水温适宜，尤其适用于不耐热药品制剂的配制。

第三节　注　射　剂

一、概　　述

1. 注射剂的定义和分类

（1）注射剂的定义　注射剂（injection）系指药物与适宜的溶剂或分散介质制成的供注入体内的溶液、乳状液或混悬液，以及供临用前配制或稀释成溶液或混悬液的粉末或浓溶液的无菌制剂。

（2）注射剂的分类　注射剂按分散系统分类，可分四类。

①溶液型注射液：包括水溶液和非水溶液。对于易溶于水并在水溶液中稳定

或采取适宜方法后可稳定的药物,宜制成水溶液型注射液(如盐酸昂丹司琼注射液等)。对不溶于水或在水中不稳定的药物,可制成油溶液(如维生素 E 注射液等)或其他非水溶液型注射液(如硝酸甘油注射液),还可用复合溶剂制成溶液型注射液。

②注射用无菌粉末:注射用无菌粉末亦称粉针剂,系采用无菌分装或冷冻干燥法等制成无菌粉末或块状物,临用前可用适宜的无菌溶液配制成澄清溶液或均匀混悬液的制剂(如遇水不稳定的青霉素等药物的粉针剂)。

③混悬型注射液:水难溶性药物或注射后要求延长药效作用的药物,可制成水或油混悬液(如醋酸氢化可的松注射液等),这类注射剂一般仅供肌内注射。

④乳剂型注射液:水不溶性药物根据医疗需要可以制成乳剂型注射液(例如鸦胆子油乳注射液等)。

2. 注射剂的特点

注射剂通过注射给药,是一种不可替代的临床给药途径,对抢救用药尤为重要,为现代药物制剂中临床应用最为广泛的重要剂型之一,主要具有以下优点。

(1)药物起效迅速、作用可靠　注射剂在临床应用时均直接注射入人体组织、血管或器官内,无吸收过程或吸收过程很短,并且不经胃肠道,不受消化系统及食物的影响,所以吸收快、剂量准确、起效迅速、作用可靠。特别是静脉注射,药液可直接进入血液循环,更适于抢救危重病人。

(2)适用于不宜口服给药的患者　对昏迷、不能吞咽或消化系统障碍等不能口服给药的患者,可采用注射给药途径。

(3)适用于不宜口服的药物　某些药物由于本身的性质不易被胃肠道吸收,或具有刺激性,或易被消化液破坏,均可制成注射剂。如酶、蛋白质等生物技术药物、青霉素 G 盐等在胃肠道不稳定的药物,卡那霉素等口服不易吸收的药物,常制成注射剂。

(4)可发挥局部定位作用　麻醉药局部注射、封闭注射、穴位注射等疗法可产生特殊疗效;造影剂局部注射可用于疾病诊断,脂质体、微球、微囊等新型注射剂还具有延长药效和局部定位作用。

注射剂也存在以下缺点。

(1)注射给药不如口服及外用给药安全　由于注射剂是一类直接注入人体的制剂,越过了人体消化道、皮肤黏膜等生物屏障,各种药物作用较快,易产生不良反应,使用不当更易发生危险,所以质量要求比其他剂型更严格,应根据医嘱严格用药,以保证安全。

(2)使用不方便且注射时疼痛　注射给药必须有一定条件并由技术熟练的人注射,注射部位易产生刺激引起疼痛。

(3)生产制造过程复杂　注射剂生产过程复杂、管理严格,对生产人员及厂房设备要求高,质量要求严格,因此成本较高。

3. 注射剂的给药途径

(1)静脉注射 分为静脉推注和静脉滴注两种方法,一次剂量自几毫升至几千毫升。静脉注射多为水溶液,油溶液、混悬液和乳浊液易引起毛细血管栓塞,一般不宜静脉注射,但平均直径 $< 1\mu m$ 的亚微乳液,粒径在 $10 \sim 100nm$ 的纳米球混悬液可作静脉注射。凡能导致红细胞溶解或使血浆蛋白质沉淀的药液,均不得静脉给药。

(2)肌内注射 注射于肌肉组织中,一次剂量一般在5mL以内。水溶液、油溶液、混悬液及乳浊液均可做肌内注射。刺激性强的药物,一般不宜做肌内注射。

(3)脊椎腔注射 注入脊椎四周蛛网膜下腔内,一次剂量一般不得超过10mL。由于神经组织比较敏感,脊椎液缓冲容量小、循环慢,故脊椎腔注射剂必须等渗并不得添加抑菌剂,pH 在 $5 \sim 8$,注入时应缓慢。

(4)皮内注射 药物注射于表皮与真皮之间,一次注射剂量在0.2mL以下,常用于过敏性试验或疾病诊断,如青霉素皮试等。

(5)皮下注射 药液注射于真皮与肌肉之间,用量一般为 $1 \sim 2mL$。皮下注射剂主要是水溶液,药物吸收速度稍慢。由于人体皮下感觉比肌肉敏感,故具有刺激性的药物混悬液一般不宜作皮下注射。

(6)动脉内注射 注入靶区动脉末端,如诊断用动脉造影剂、抗肿瘤药的动脉注射治疗等。

(7)其他 包括心内注射、关节内注射、滑膜腔内注射、穴位注射以及鞘内注射等。

二、注射剂的处方组成

1. 注射剂的溶剂

注射剂的溶剂是注射剂重要的成分,大多数产品溶剂占其组分的90%以上。因此,注射剂的溶剂应有良好的生理相容性,对机体无害,不引起任何不良反应;并应有足够的稳定性和溶解性,不与药物发生反应。

注射剂溶剂分为水性溶剂和非水性溶剂。水性溶剂最常用的为注射用水,其具有良好的生理相容性、稳定性、广泛的溶解范围及价廉易得等特点。非水性溶剂常用的为植物油,其他还有乙醇、丙二醇和聚乙二醇等。供注射用的非水性溶剂应严格限制其用量。

(1)注射用油

①注射用植物油:一些不溶于水的药物如甾体化合物及脂溶性维生素常溶于植物油中制成油性注射剂,经精制后可供注射的植物油有麻油、花生油、玉米油、橄榄油、棉籽油、大豆油、蓖麻油及桃仁油等,《中国药典》(2020 年版)收载有供注射用大豆油。矿物油因不被机体吸收代谢,故不能作注射用。油性注射剂仅供肌肉注射用。

为保持稳定性,注射用油应储存于避光、密闭的洁净容器中,并在保质期内使用。日光、空气会加快油脂氧化酸败,可考虑加入没食子酸丙酯、维生素 E 等抗氧剂保存。有些患者对某些植物油有变态反应,因此在产品标签上应标明名称及来源。

②油酸乙酯:油酸乙酯为浅黄色油状液体,能与乙醇、脂肪油混溶,性质与脂肪油相似而黏度较小。本品贮藏会变色,故常加抗氧剂,如含 37.5% 没食子酸丙酯、37.5% 二叔丁对甲酚(BHT)及 25% 叔丁对羟基茴香醚(BHA)的混合抗氧剂,用量为 0.03g/L 效果最佳,可 150℃灭菌 1h。某些激素类药物用该品作溶剂可提高疗效。

③苯甲酸苄酯:苯甲酸苄酯为无色油状或结晶,能与乙醇、脂肪油混溶。该品不仅可作为溶剂,还有潜溶剂的作用,如二巯丙醇(BAL)虽可制成水溶液,但不稳定,又不溶于油,使用苯甲酸苄酯可制成 BAL 油溶液供使用且能够增加 BAL 的稳定性。

(2)其他注射用溶剂

①乙醇:能与水、甘油、挥发油等任意混溶,可供静脉或肌内注射。采用乙醇为注射溶剂浓度可达 50%。但乙醇浓度超过 10% 时可能会有溶血作用或疼痛感。静注含乙醇注射剂时应注意防止溶血的发生。安定注射液、苯妥英钠注射液中均含一定量的乙醇,硝酸甘油注射液以无水乙醇为溶剂。

②甘油:能与水或醇任意混合,但在挥发油和脂肪油中不溶。由于黏度和刺激性较大,不单独做注射溶剂用。常用浓度 1%～50%,但大剂量注射会导致惊厥、麻痹、溶血。常与乙醇、丙二醇、水等组成复合溶剂,《中国药典》(2020 年版)收载了注射用甘油。如普鲁卡因注射液的溶剂为 95% 乙醇(20%)、甘油(20%)与注射用水(60%)。

③丙二醇:丙二醇能与水、乙醇、甘油混溶,能溶解多种挥发油。注射用溶剂或复合溶剂常用量为 10%～60%,用作皮下或肌注时有局部刺激性。其溶解范围较广,已广泛用作注射溶剂,供静注或肌注。如地高辛注射液中含 40% 丙二醇。

④聚乙二醇(PEG):聚乙二醇能与水、乙醇相混溶,化学性质稳定,有聚乙二醇 300 及聚乙二醇 400 可供选用,但有报道聚乙二醇 300 的降解产物可能会导致肾病变,因此聚乙二醇 400 更常用。如塞替哌注射液、安定注射液的溶剂均含聚乙二醇 400。

2. 注射剂的附加剂

为确保注射剂的安全、有效和稳定,注射剂中除主药和溶剂外还可加入其他适宜的物质以增加药物的溶解度及理化稳定性、抑制微生物生长、减轻对组织的刺激等。这些物质统称为"附加剂"。注射剂的附加剂应安全无害,不影响主药的疗效和产品的质量检测。注射剂常用附加剂按作用主要分以下几种。

(1)等渗与等张调节剂

①等渗调节剂:注射液的渗透压应与血浆渗透压相等或接近,人体血浆正常

渗透压为 280~310mOsmol/L,0.9% 的氯化钠、5% 的无水葡萄糖溶液与血浆渗透压相等,故为等渗溶液。注射液的渗透压过高或过低,肌注或皮下等局部注射时会产生刺激性,影响药物吸收。因为机体本身有一定的调节能力,肌肉可耐受 0.45%~2.7% 氯化钠产生的渗透压(154~830mOsmol/L),小剂量注射剂的渗透压可以在此范围内,但为了减少对组织的损伤与刺激,减少溶血,若有可能小剂量注射剂也应制成等渗溶液。静脉注入大量的低渗溶液时水分可进入红细胞内,使红细胞膨胀破裂,造成溶血现象,出现胸闷、头胀、麻木、寒颤、高烧等不适。所以,对低渗溶液必须调节至等渗。注入高渗溶液时,红细胞内水分渗出,红细胞萎缩,但只要注射量少,注射速度缓慢,人体可自行调节,渗透压恢复正常,一般不至发生不良影响。脊椎腔内注射因脊椎液缓冲容量小,循环慢,神经组织对渗透压敏感,所以必须调至等渗。注射剂常用的渗透压调节剂有氯化钠、葡萄糖、柠檬酸钠、山梨醇、木糖醇等。调节等渗的方法有多种,本节主要介绍冰点下降法和氯化钠等渗当量法。

冰点下降法(D 法) 血浆、泪液、0.9% 氯化钠溶液冰点为 -0.52℃,若某溶液冰点为 -0.52℃,则表明该溶液与血浆、泪液等渗。常用药物的 1% 溶液冰点下降值(D)可查阅有关书籍。冰点下降法用下式计算加入调节等渗药物的量:

$$W = \frac{0.52 - (a_1 c_1 + a_2 c_2 + \cdots)}{100b} \times V \qquad (5-1)$$

式中 a——各药物 1% 溶液的冰点下降值

b——调整等渗的药物 1% 溶液的冰点下降值

c——各药物溶液的百分浓度

V——配制溶液的体积

W——V 体积溶液中需加调整等渗的药物质量 g

如配制某 1% 药物溶液 5 000mL,已知药物的 a 为 0.1℃,调节等渗的药物 b 为 0.42℃,那么在 5 000mL 药液中加入调节等渗药物的克数(W)如下计算:

$$W = \frac{0.52 - 1 \times 0.1}{100 \times 0.42} \times 5\,000 = 50(g)$$

氯化钠等渗当量法(E 值法) 氯化钠等渗当量(E)是指与 1g 药物呈现等渗效应的氯化钠的量。

例如,硼酸的氯化钠等渗当量为 0.48,即表示在相同体积的溶液中 1g 硼酸与 0.48g 氯化钠产生的渗透压相当。E 值可以查阅有关书籍。低渗液一般用氯化钠或其他药物调节成等渗,用氯化钠调节等渗的计算通式为:

$$W = \frac{0.9 - (C_1 E_1 + C_2 E_2 + \cdots)}{100} \times V \qquad (5-2)$$

式中 E——各药物 1% 溶液氯化钠等渗当量值

C——各药物溶液百分浓度

V——配制溶液的体积

W——加氯化钠的克数

例如,配制2%盐酸普鲁卡因溶液5 000mL,需加多少克氯化钠调整等渗?

盐酸普鲁卡因 $E = 0.21$

需加氯化钠量: $W = \dfrac{0.9 - 2 \times 0.21}{100} \times 5\,000 = 24(\text{g})$

②等张调节剂:由于细胞膜并非理想的半透膜,一些物质的溶液尽管其渗透压与血浆相等,由于此类物质能迅速自由地通过细胞膜,同时促使膜外的水分进入细胞,从而使得红细胞胀大破裂而发生溶血。如甘油、盐酸普鲁卡因、维生素C、丙二醇、聚乙二醇400等的等渗溶液,仍可发生程度不同的溶血,为此,提出了等张的概念,等张指与红细胞膜张力相等的溶液,是一个生理概念。在等张溶液中,红细胞不发生萎缩或溶血,仍可保持其原有大小与形态。对很多药物,它们的溶液等渗和等张浓度相等或相近,如0.9%的氯化钠溶液和5%的葡萄糖溶液等渗也等张。而另一类药物,它们的溶液等渗和等张浓度不相等,即等渗不等张,如2.6%甘油为等渗溶液但因不等张而溶血,对此类药物,应调节至等张。常用的等张调节剂有葡萄糖、氯化钠等。某药液是否等张,必须经体外溶血试验来确定,注射剂新产品的试制中需通过体外溶血试验来测定注射剂的等张性,对不等张的应调节至等张。

(2)pH调节剂　为满足药物的溶解度、稳定性,人体的生理适应性的要求及疗效的发挥,注射剂均有其最适宜的pH。人体体液正常pH约为7.4,人体可耐受的pH一般在4~9;脊椎腔用注射液pH应尽量与体液相等,其他途径注射给药或大量静脉注射产品的pH通常调节在4~9,因为血液是良好的缓冲系统,小剂量静脉注射液的pH可在3.0~10.5。注射液pH过高或过低,常引起注射局部的剧烈疼痛与静脉炎,大量静脉注射会引起酸碱中毒的危险。

常用的pH调节剂有一般的酸碱或缓冲对,如盐酸、硫酸、磷酸、柠檬酸、酒石酸、醋酸等酸类;氢氧化钠、碳酸氢钠、乙二胺、葡甲胺等碱类,磷酸盐、醋酸及其盐、柠檬酸及其盐等缓冲液。产品最佳pH的确定及选用何种pH调节剂应综合考虑药物的溶解度、疗效的有效发挥、稳定性、人体生理适应性等要求,经实验确定。

(3)增加主药溶解度的附加剂　许多药物溶解度达不到治疗所需的要求,常需用适宜的方法增加药物的溶解度,以满足治疗的需要,在注射剂中,增加主药溶解度的方法与液体制剂类似,有制成可溶性盐类、选用复合溶剂、添加增溶剂和助溶剂、改变部分分子结构等方法。因通过这些方法增加药物溶解度时,可能会影响主药的吸收和疗效,影响药物的稳定性,甚至还会产生刺激性和毒性。因此对所用附加剂选用应慎重,并应经可靠的安全性试验以保证用药安全。

(4)防止主药氧化的附加剂　注射剂中药物的降解以氧化变质为常见。如含酚羟基药物(如肾上腺素)、芳胺类药物(如磺胺嘧啶钠)、烯醇类药物(如维生素C)、吡唑酮类药物(如安乃近),均易氧化变质。注射剂中药物的氧化常与氧、金属离子、光线及温度的影响有关,因此,在注射剂制备过程中常加抗氧剂、金属络合剂及通惰性气体等办法解决。

①抗氧剂:抗氧剂本身是还原剂,其氧化电势比药物低,与易氧化的药物共存时,可首先与药液中的氧发生作用,从而保护主药保持稳定。注射剂用抗氧剂有水溶性与油溶性两种。水溶性抗氧剂常用焦亚硫酸钠、亚硫酸钠、亚硫酸氢钠(0.1%~0.2%),通常注射液偏酸性时选用焦亚硫酸盐,中性时选用亚硫酸氢盐,偏碱性时选用亚硫酸盐较好。另外还有硫脲(0.05%~0.1%)、抗坏血酸(0.05%~0.2%)、硫代甘油(0.1%~0.5%)、谷胱甘肽(0.2%)、甲硫氨酸(0.1%)、半胱氨酸(0.00015%)等。抗氧剂的选用需视药物而定,应以保护效果好,不与药物发生作用,不降低疗效,不产生毒副作用为原则。

油溶性抗氧剂常用的有没食子酸及其酯类(丙酯、辛酯,0.01%)、叔丁基对羟基茴香醚(BHA,0.02%)、二叔丁对甲酚(BHT,0.02%)、维生素 E(0.01%~0.1%)、去甲二氢愈创木酸(NDGA,0.01%)、抗坏血酸棕榈酸酯等。

②金属络合剂:许多药物如维生素 C、肾上腺素等的氧化降解反应,可被金属离子(如铜、铁)催化加速。这些金属离子可微量存在于原辅料、溶剂中,生产所用的金属容器、管道等设备与药液接触也可向药液释放微量的铁等金属离子。生产中除采用高质量的原辅料、溶剂及设备减小金属离子的污染外,常在处方中添加金属络合剂,以掩蔽其催化作用,从而提高药物的稳定性。最常用的络合剂是依地酸二钠(EDTA 钠盐),其一般用量为 0.01%~0.05%。柠檬酸、酒石酸之类多羧酸化合物亦有络合金属离子的作用。在注射液中常将金属螯合剂与抗氧剂联合使用,二者具有协同作用。

③惰性气体:对氧敏感的药物,在与空气中的氧或与溶解在药液中的氧接触时,容易发生氧化变质。生产上常用高纯度的惰性气体(N_2、CO_2)来替代药液和容器内的空气。惰性气体可在配液时直接通入药液或在灌封时通入安瓿或注射剂容器以置换液面上的空气。

在易氧化药物的注射剂生产中,往往联合应用上述三种抗氧措施,效果较好。

(5)抑菌剂 对采用无菌操作法、过滤除菌法、低温间歇灭菌法制备的注射剂及大剂量装的注射剂,为防止注射剂在制造、储存及使用过程中遭到微生物污染,常加入适量的抑菌剂,以确保产品无菌。但供静脉注射或脊椎腔注射的注射剂不得加抑菌剂,一次剂量超过 5mL 的注射液添加抑菌剂应特别慎重。抑菌剂必须有足够的溶解度、抑菌谱广、抑菌力强、理化性质稳定,对人体无毒;能保持主药及其他附加剂的稳定、有效;不易受温度、pH 等影响而降低抑菌效果。注射剂中常用抑菌剂有苯酚(0.5%)、甲酚(0.3%)、三氯叔丁醇(0.5%)、苯甲醇(1%~2%)、尼泊金丁酯或尼泊金甲酯(0.01%~0.015%)、硫柳汞(0.001%~0.02%)等。

抑菌剂的用量应严格限制在规定的安全浓度范围内,并应注意药物、产品的

pH 及其他附加剂对防腐剂抑菌力的影响,应尽可能采用药剂学其他方法满足药品的无菌要求,减小或不用抑菌剂。

(6)帮助主药混悬或乳化的附加剂　混悬型及乳剂型注射剂属不稳定的分散体系,根据其物理的不稳定特性,常需加入不同的稳定剂。

混悬型注射剂的稳定剂主要有助悬剂、润湿剂、絮凝剂和反絮凝剂等。常用的助悬剂有羧甲基纤维素钠、甲基纤维素、海藻酸钠、聚乙烯吡咯烷酮等。注射剂常用的润湿剂有聚山梨酯 80、卵磷脂、豆磷脂、泊洛沙姆等。絮凝剂和反絮凝剂主要为电解剂如柠檬酸盐、酒石酸盐、磷酸盐等。

乳浊型注射剂常见的稳定性问题有聚集、分层与破裂的现象,一般需选用乳化力较强的乳化剂。注射剂常用的乳化剂有聚山梨酯 80、泊洛沙姆 188、卵磷脂及其修饰物。

三、注射剂的质量要求

注射液生产后,必须按国家药品标准和《中国药典》(2020 年版)的要求进行严格的质量检查。每种注射液检查项目均有具体规定,包括性状、鉴别、pH、渗透压、可见异物、装量、无菌、热原或细菌内毒素、含量、有关物质等。此外还应根据规定进行特定项目的检查,如异常毒性检查、降压物质检查、组胺物质检查、过敏反应检查等。

1. pH

pH 应尽量接近人体体液的 pH。

2. 渗透压

渗透压应等渗或高渗。

3. 可见异物

可见异物是指存在于注射剂和滴眼剂中,在规定条件下目视可以观测到的任何不溶性物质,其粒径或长度通常大于 $50\mu m$。注射剂中的微粒对人体有严重的危害,可见异物的检查,不但可以保证用药安全,而且可以发现生产中的问题,监控生产的过程。例如“白点”,多为原料或安瓿产生;纤维多半因环境污染所致;玻屑往往是由于割口灌封不当所造成。

4. 不溶性微粒

在可见异物检查符合规定后,溶液型静脉用注射液、注射用无菌粉末及注射用浓溶液还应检查不溶性微粒,以检查上述静脉用注射剂中不溶性微粒的大小及数量。

5. 无菌

注射剂在生产后都应进行无菌检查,以确保产品的灭菌质量。

6. 热原和细菌内毒素

(1)定义　热原(pyrogens)系微量即能引起恒温动物和人体体温异常升高的

致热性物质的总称,是微生物产生的一种内毒素(endotoxin)。大多数细菌都能产生热原,致热能力最强的是革兰氏阴性杆菌,霉菌甚至病毒也能产生热原。含有热原的注射液注入体内大约 30min 后,就能产生发冷、寒战、体温升高、恶心呕吐等不良反应,严重者体温可高达 42℃,出现昏迷、虚脱,甚至有生命危险。

(2)组成 热原存在于细菌的细胞膜和固体膜之间,是磷脂、脂多糖和蛋白质的复合物,其中脂多糖是内毒素的主要成分,因而大致可认为热原=内毒素=脂多糖。脂多糖组成因菌种不同而不同。热原的相对分子质量根据产生它的细菌种类而定。在水溶液中,其相对分子质量可为几十万到几百万不等。

(3)性质 热原具有下列性质,根据其各种性质,在生产和使用中可采取适当的方法将其去除。①耐热性:热原具良好的耐热性,热原在 60℃ 加热 1h 不受影响,100℃ 加热也不降解,在注射剂通常使用的热压灭菌法中,热原不易被破坏;但 250℃、30~45min 或 200℃、60min 或 180℃、3~4h 可使热原彻底破坏。②过滤性:热原体积小,为 1~5nm,一般的滤器均可通过,即使微孔滤膜,也不能截留。③可吸附性:热原的相对分子质量较大(10^6),在水溶液中能被活性炭、白陶土等吸附。④水溶性:由于磷脂结构上连接有多糖,所以热原能溶于水。⑤不挥发性:热原本身不挥发,但因溶于水,在蒸馏时可随水蒸气中的雾滴带入蒸馏水,故应设法防止。⑥其他:热原能被强酸强碱破坏,也能被强氧化剂如高锰酸钾或过氧化氢等破坏,超声波及某些表面活性剂(如去氧胆酸钠)也能使之失活。

(4)热原污染的主要途径

①溶剂中带入:注射用水及其他溶剂是注射剂污染热原的主要来源。尽管水本身并非是微生物良好的培养基,但易被空气或含尘空气中的微生物污染。蒸馏水机结构不合理、操作不当及贮藏时间过长均易发生注射用水的热原污染问题。故注射用水的制备及贮存设备质量要好,工艺要合理,环境应洁净,并应保持新鲜使用。

②原辅料中带入:某些用生物方法制造的药物和辅料如右旋糖酐等,易孳生微生物,如贮藏及包装不当,易污染微生物产生热原。

③从容器、管道和装置等带入:如注射剂生产过程中未按 GMP 要求认真清洗消毒处理,容器、用具、管道与设备常易导致热原污染。

④制备过程与生产环境的污染产生:注射剂制备过程中,生产环境净化清洗消毒不规范、不彻底,操作时间过长,产品灭菌不及时或不合格,均增加细菌污染的机会,从而可能产生热原。

⑤输液器具:有时输液本身不含热原,而常常由于输液器具及调配器具的污染而引起热原反应。

(5)热原的去除方法 根据热原的性质,注射剂生产中常采用下列方法去除热原。

①高温法:凡能经受高温加热处理的容器与用具,如针头、针筒、玻璃及不锈

钢器具,在洗净后,于250℃加热30min以上,可破坏热原。

②酸碱法:玻璃容器、用具可用重铬酸钾硫酸清洗液或稀氢氧化钠液处理,不锈钢器具可用氢氧化钠液处理,将热原破坏。热原亦能被强氧化剂破坏。

③吸附法:注射液配液常用优质针剂用活性炭吸附处理,用量通常为0.3～5g/L。也可将活性炭与硅藻土合用,除热原效果较好。

④离子交换法:离子交换树脂对热原有吸附和交换作用。国内有用301型弱碱性阴离子交换树脂10%与122型弱酸性阳离子交换树脂8%,成功地除去丙种胎盘球蛋白注射液中的热原。

⑤凝胶过滤法:热原相对分子质量较大,可用分子筛过滤。如可用二乙氨基乙基葡聚糖凝胶(分子筛)制备无热原去离子水。

⑥反渗透法:反渗透法用醋酸纤维膜的表层孔径为1～2nm,小于热原分子粒径,能有效除去热原,这是20世纪60年代发展起来的有使用价值的新方法。

⑦超滤法:超滤法除热原是一种物理分离方法,可依据药物及热原的相对分子质量差异,用超滤膜除去热原。

(6)热原检查方法　热原检查方法系将一定剂量的供试品,静脉注入家兔体内,在规定的时间内,观察家兔体温升高的情况,以判定供试品所含热原是否符合规定。家兔法作为热原检查法,为《中国药典》(2020年版)法定的方法。选用家兔作试验动物,是因为家兔对热原的反应和人基本相似。在试验条件规范,剂量选用恰当情况下,家兔热原试验法经长期应用证明其检测结果与临床应用结果基本一致。

(7)细菌内毒素检查法　细菌内毒素检查法系利用鲎试剂来检测或量化由革兰氏阴性菌产生的细菌内毒素,以判断供试品中细菌内毒素的限量是否符合规定的一种方法。《中国药典》(2020年版)规定了两种细菌内毒素检查法,即凝胶法和光度测定法。供试品检测时可使用其中任何一种方法,当测定结果有争议时,除另有规定外,以凝胶法为准。

①凝胶法:凝胶法系通过鲎试剂与内毒素产生凝集反应原理来检测或半定量内毒素的方法。鲎试剂是用鲎的血细胞溶解物制得,其与细菌内毒素产生凝集反应的机制是鲎的血细胞中含两种物质,即凝固蛋白原和凝固酶原,凝固酶原经内毒素激活,转化成具有活性的凝固酶;凝固酶使凝固蛋白原酶解,转变成凝固蛋白;凝固蛋白又在交联酶的作用下,相互凝集而形成牢固的凝胶,如图5-7所示。

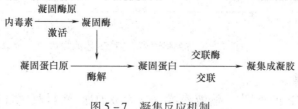

图5-7　凝集反应机制

②光度测定法:光度测定法分为浊度法和显色基质法。浊度法系利用检测鲎试剂与内毒素反应过程中的浊度变化而测定内毒素含量的方法。根据检测原理分为终点浊度法和动态浊度法。显色基质法系利用检测鲎试剂与内毒素反应过程中产生的凝固酶使特定底物释放出呈色团的多少而测定内毒素含量的方法。根据检测原理分为终点显色法和动态显色法。

四、静脉输液的制备

1.概述

供静脉滴注用的大体积(一般不小于 100mL)注射液也称静脉输液。根据我国 GMP 规定,输液生产必须有合格的厂房或车间,并有必要的设备和经过训练的人员,通过认证取得 GMP 证书才能进行生产。我国大部分企业仍采用传统的浓配－稀配工艺,加入活性炭以吸附杂质和除去内毒素,但是可能会导致活性炭中的可溶性杂质进入药液,也容易污染洁净区和空调净化系统。工业发达国家目前主要采用不加活性炭的一步配制工艺,一步配制工艺要求原料生产时除去内毒素,并且在贮存运输过程中采取防止微生物污染的措施。静脉输液的生产工艺流程见图 5－8。

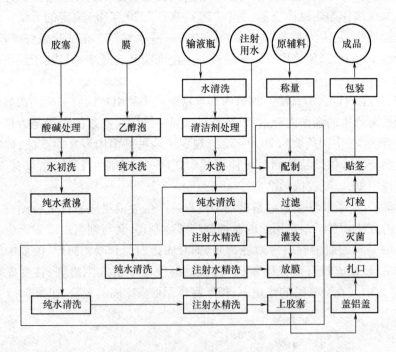

图 5－8　静脉输液的生产工艺流程

2.输液容器

(1)输液容器的类别　输液容器可分为玻璃瓶、塑料瓶、塑料袋三种。玻璃瓶采用硬质中性玻璃,具透明、药物相容性、阻水阻气性好、材料来源广、价格便宜的优点,但也有口部密封性较差、胶塞与药液直接接触、易产生脱落、易碎不利于运输、碰撞致隐形裂伤易引起药液污染的不足。塑料瓶以聚丙烯塑料瓶为代表,其性能特点主要为稳定性好、口部密封性好、无脱落物、质轻、抗冲击力强、输液产品在生产过程中受污染几率减少、一次性使用既卫生又方便等,不足之处有瓶体透明度差,透气率高。瓶装容器存在一个共同的弱点,即输液产品在使用过程中可形成空气回路,外界空气进入瓶体形成内压以使药液滴出,这大大增加了输液过程中的二次污染。为此,塑料输液袋包装应运而生,塑料袋输液在使用过程中可依靠自身张力压迫药液滴出,无需形成空气回路,大大降低二次污染的几率。输液袋早期主要采用无毒聚氯乙烯(PVC),近几十年聚烯烃多层共挤膜袋输液容器得到了飞速的发展。聚烯烃多层共挤膜具有膜材热封性能好、适宜多种灌装设备、弹性好抗跌落、耐高温、可在121℃下灭菌、透光性好;膜材生化性能惰性,对水蒸气、氧气和氮气的阻隔性能好等特点,适宜灌装各种电解质输液、营养输液和治疗型输液,是输液包装的发展方向。

(2)质量要求

①输液瓶口内径必须符合要求,光滑圆整,大小合适,否则将影响密封程度,在贮存期间可能污染长菌。输液瓶应用硬质中性玻璃制成,物理化学性质稳定,质量符合国家药品包装材料有关标准。

②塑料容器应具有无毒、重量轻、机械强度高、不易破损等特点。塑料瓶与塑料袋均应符合大容量注射剂用塑料容器有关规定。

(3)输液容器的洗涤处理

①输液容器:输液容器的洗涤洁净程度对产品的澄明度即不溶性微粒影响很大,输液玻璃瓶洗涤一般有直接水洗、酸洗、碱洗等方法。碱洗法是用50~60℃的热碱水(如2%NaOH)冲洗,操作方便,可破坏微生物和热原,但作用较弱,对玻璃有腐蚀,不宜接触时间太长,仅用于新瓶或洁净度较好的输液瓶的洗涤。采用滚动式洗瓶机可大大提高洗涤效率。如制瓶车间洁净度高,瓶子出炉即密封新鲜使用,也可只用滤过的注射用水精洗即可使用。塑料容器多在洁净车间制膜灌药前现场成型或现场吹制,洁净度高只需注射用水荡洗或洁净电离空气吹洗即可灌药,操作简单,产品质量较高。

②橡胶塞:橡胶塞对输液的澄明度影响很大,现广泛使用的是化学稳定性、生物安全性、洁净度均优良的丁基橡胶塞。橡胶塞的质量要求是富于弹性及柔软性、针头刺入和拔出后应立即闭合;具耐溶性,不增加药液中的杂质,耐高温灭菌;化学稳定性高;对药液中的药物或附加剂的吸附作用应达最低限度;无毒、无溶血作用。

橡胶塞用前可先用水漂洗干净,再用0.5%~1%氢氧化钠溶液煮沸60min,用自来水洗去表面粘附的填料颗粒等杂质,并用自来水反复搓洗。然后用1%~2%

盐酸溶液煮沸 60min,用自来水搓洗表层粘附的填料,再用注射用水漂洗,最后用注射用水煮沸 30min,临用时用滤过的注射用水冲洗干净。

③隔离膜:天然橡胶塞及质量较差的丁基橡胶塞虽经反复处理,但仍难保证输液中不带有微粒,防止的方法之一是在橡胶塞下衬垫一层隔离薄膜,使胶塞与液体隔离。常用的隔离膜是涤纶薄膜,其理化性质稳定,阻隔性好、能耐热压灭菌,抗水、抗张的强度好,不易破裂,但具有静电性,容易吸附空气中的纤维和灰尘,故在贮存过程中应避免污染。

输液容器的精洗处理要求在洁净室内进行,精洗设备安装在 D 级区,经最终精洗的输液瓶应在 A 级环境下存放和输送,防止细菌粉尘的再污染。

3. 输液的配制

(1)原辅料的要求　配制注射剂的原辅料,应采用注射用规格且必须符合国家药品标准所规定的各项指标。对部分含有影响注射液质量的微量杂质的特殊原辅料,还应增加国家药品标准规定以外的检查项目(内控标准)。

(2)投料计算　投料配制前,首先应严格核对所用原辅料的品名、规格、批号、性状等,与处方相符后,按处方规定计算原辅料的用量,然后准确称取,经核对后投料。

(3)配制用具的处理　注射液的配制用具应符合 GMP 的相关规定,接触药液的器具应化学性质稳定,不与药液发生任何作用,利于清洗消毒。常用的器具材料有优质不锈钢、中性硬质玻璃、硅橡胶、耐酸耐碱陶瓷、无毒聚乙烯、聚氯乙烯塑料等,目前多采用性质稳定、无污染、易清洗消毒的优质不锈钢夹层配液灌及不锈钢快装管道加压过滤输送配液系统。器具使用前可用适宜方法清洗干净,消毒备用,临用前再用注射用水冲洗。

(4)配制方法　药液配制工艺有浓配－稀配工艺和一步配制工艺两种,质量好的原料可采用一步配制工艺,即将原料药加入全部溶剂中,一次配成所需的浓度。质量较差的原料,通常采用浓配－稀配工艺,即将全部原料药加入部分溶剂中,配成浓溶液,加热过滤,必要时也可冷藏后过滤,然后稀释至所需浓度。浓配时溶解度小的杂质可以过滤除去。对杂质多或不易滤清的药液,每升药液可酌情加 1～3g 注射用活性炭,起吸附和助滤作用。使用时一般采用加热煮沸后,冷至 60～70℃再过滤,也可趁热过滤。使用活性炭时要注意对药物的吸附作用。配制用注射用水必须新鲜。配制油性注射液一般先将注射用油在 150～160℃ 干热灭菌 1～2h,冷却后进行配制。浓配－稀配工艺通常在 D 级区进行,一步配制工艺需要在开放状态下投料,一般布置在 C 级区。

4. 输液的过滤

输液的过滤装置与过滤方法和注射剂基本相同,滤过多采用加压过滤法,效果较好。滤过材料一般用陶瓷或钛滤棒或板框式压滤机进行预虑和脱炭,精滤多采用微孔滤膜,常用滤膜孔径为 0.45～0.8μm。在预滤时,滤棒上应先吸附一层炭,并在过滤开始,反复进行回滤直至滤液澄明度合格为止。溶液的黏度可影响滤速,黏度越大,滤速越慢,因此对黏度高的输液可在温度较高的情况下过滤。

过滤系指将固液混合物强制通过多孔介质(过滤介质),使固体沉积或截留在多孔介质上而使液体通过,达到固液分离的操作。

(1)过滤机制　固体粒子在过滤介质中的截留方式可分为以下三种。

①表面过滤:大于过滤介质孔径的固体粒子被截留在过滤介质的表面,过滤介质起筛网作用。如微孔滤膜、超滤膜和反渗透膜等的过滤作用。要求绝对不许大于某一尺寸微粒通过的过滤,必须采用表面过滤。

②深层过滤:固体粒子被截留在过滤介质的深层,固体粒子通过过滤介质内部错综迂回的不规则孔隙时,由于惯性、重力、扩散的作用沉积在空隙内部形成"架桥"或滤饼层被截留,或由于范德华力及静电引力的吸附作用滞留于孔隙内部。因此,深层过滤能截留小于介质空隙平均大小的粒子。如垂熔玻璃滤器、砂滤棒等主要通过深层过滤起截留作用,此类滤器孔径不完全一致,较大的孔隙可容许部分细小颗粒通过,因此初滤液常不符合要求,在过滤操作开始,需将滤液回流重新过滤(回滤),随着过滤进行,固体物质沉积形成架桥或滤饼层,滤液就易于符合要求。

③滤饼过滤:固体粒子沉积在过滤介质的表面,过滤的截留作用主要由所沉积的滤饼起作用。注射剂的过滤常在药液加入活性炭,使之在过滤介质上形成滤饼层起截留颗粒和助滤作用。

(2)过滤器

①垂熔玻璃滤器:垂熔玻璃滤器采用中性硬质玻璃的均匀细粉烧结成孔径均匀的滤板,再经粘连制成不同规格的滤棒、漏斗和滤球,如图5-9所示。滤板孔径大小由于生产厂家不同,代号亦不同,在使用时应根据产品的说明标识选用适宜孔径规格的产品。

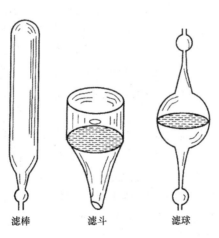

滤棒　　　滤斗　　　滤球

图5-9　各种垂熔玻璃滤器

　　垂熔玻璃滤器常用于注射液的精滤或膜滤器前的预滤。

　　垂熔玻璃滤器的特点是化学性质稳定，能耐受除强碱或氢氟酸外任何药品的腐蚀；过滤时无碎渣脱落，对药物无吸附性，不影响药液 pH；易于清洗，可以热压灭菌。但垂熔玻璃滤器价格昂贵，质脆易破裂，过滤后处理较麻烦。滤器操作压力低，一般不能超过 0.1MPa。

　　②砂滤棒：砂滤棒系用硅藻土或白陶土与有机黏合剂等混合，在高温下烧制而成的棒形滤器。国内主要有两种产品。一种是硅藻土滤棒，此种滤器质地较松散，适用于浓度大黏度高药液的滤过。另一种是多孔素瓷滤棒，此种滤器质地致密，滤速较慢，用于低黏度液体的滤过。砂滤棒廉价易得，滤速快，适用于大生产的粗滤。但砂滤棒易于脱沙，对药液吸附性强，吸留药液多，难以清洗，且有改变药液 pH 的情况。

　　③微孔滤膜：微孔滤膜是一种高分子薄膜滤过材料，在薄膜上分布有许多孔径大小均匀的微孔，其微孔的孔隙率可达 80%，孔径有 0.025 ~ 25μm 多种规格。微孔滤膜的种类有醋酸纤维素膜、硝酸纤维素膜、醋酸纤维与硝酸纤维混合酯膜、聚酰胺（尼龙）膜、聚四氟乙烯膜等供选用。

　　微孔滤膜孔径小而均匀，截留能力强，能截留一般常规滤器所不能截留的微粒，过滤速度快；不影响药液的 pH，滤膜吸附性小，不滞留药液；滤膜用后弃去，不会产生交叉污染。微孔滤膜主要缺点是易于堵塞，有些纤维素类滤膜的化学稳定性还不够理想。

　　微孔滤膜在注射剂的生产中广泛用于终端精滤，0.45 ~ 0.8μm 滤膜用于药液的精滤，有利于提高注射液的澄明度；0.22μm 滤膜可用于除菌过滤；在生产前，应进行膜与药物溶液的配伍实验，表明确无相互作用后方可使用。

　　微孔滤膜过滤器分为圆盘形膜滤器和圆筒形膜滤器两种。圆盘形膜滤器结构如图 5 - 10 所示。滤膜安放时，反面朝向被滤液体，有利于防止膜的堵塞。安装前，滤膜应放在注射用水中浸润 12h（70℃）以上，使用前需用起泡点法测定滤膜孔径大小及完整性。圆筒形膜滤器是将一只或多只微孔滤管密封在滤筒内制成，此种滤器滤过面积大，适用于大生产。

　　④板框压滤器：板框压滤器是由中空滤框和支撑过滤介质的滤板组装而成，可由多个滤框和滤板交替排列组合。此种滤器，过滤面积大，截留固体量多，经济耐用，滤材也可任意选择，适于大生产使用，在注射剂生产中一般用于预滤及脱炭粗滤。缺点是装配和清洁较为麻烦。

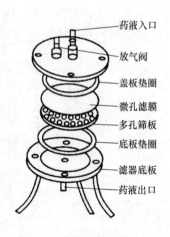

药液入口
放气阀
盖板垫圈
微孔滤膜
多孔筛板
底板垫圈
滤器底板
药液出口

图 5 - 10　微孔滤膜过滤器

⑤钛滤器:钛滤器是新发展的滤器,采用粉末冶金工艺将钛粉末烧结制成的钛滤棒与钛滤片,具耐热耐腐蚀性好、强度高、重量轻、过滤阻力小、滤速快等优点。国内制剂生产中已广泛代替砂滤棒或垂熔玻璃滤器,用于注射液的脱炭过滤(孔径$30\mu m$)和除微粒的预过滤。

药液的滤过是保证注射液澄明的关键操作。注射液生产中的滤过,通常采用粗滤与精滤相结合的方法,一般可将微孔滤膜过滤器串联在常规滤器后作为终端精滤。过滤装置根据产量有高位静压滤过装置、减压滤过装置和加压滤过装置等。大生产多采用加压滤过装置,并应设终端过滤。在生产前和结束后应对微孔滤膜等终端滤器进行完整性测试,如起泡点试验,以保证产品质量。

5. 输液的灌封

输液灌封由药液灌注、加膜隔离、塞胶塞和轧铝盖四步连续操作组成,即将药液灌至刻度,立即将隔离膜平放在瓶中央,对准瓶口塞入胶塞,翻下胶塞,盖上铝盖扎紧密封。输液灌装要严格控制室内的洁净度,在 C 级背景下的 A 级层流进行,防止细菌粉尘的污染。应采用自动灌装和压塞机完成,手工加塞的风险无法控制,已不符合现行 GMP 的要求。灌封完成后,应逐瓶进行检查,对于轧口不紧的,应予以剔除。大生产中多用旋转式自动灌封机、自动翻塞机、自动落盖轧口机完成整个灌封过程,实现了联动化机械化生产,提高了工作效率和产品质量。国内已有由外洗机、洗瓶机、灌装机、轧盖机、贴标机等六台单机联合组成的大输液生产成套设备,可以进行自动化连续化生产。

塑料包装输液,现场制输液瓶,经注射用水冲洗,洁净电离空气吹净即可灌装药液,电热熔合封口;聚烯烃多层共挤膜袋装输液制袋后即可灌装药液,熔合封口,整个工艺在同一设备上在无菌、无尘的洁净环境下连续进行,生产效率高、质量好。

6. 输液的灭菌

灌封后的输液应尽快灭菌,以减少微生物的污染,保证产品的无菌、无热原。输液的灭菌多采用121℃、15min 的热压灭菌方法,根据输液容器大而厚的特点,输液灭菌开始应逐渐升温,一般预热 20～30min 达到预定的温度,如果骤然升温,能引起输液瓶爆破,待达到灭菌温度 121℃后,维持 15min,然后停止加热,待锅内压力下降至零放出锅内蒸汽,等锅内压力与大气相等后,才缓慢(约 15min)打开灭菌门。目前大生产多采用大容量的卧式灭菌器,采用过热水为热源,升温快,温度分布均匀,灭菌的升温、恒温、降温速率和时间可按预定的程序自动高精度控制进行,且能自动记录和显示灭菌状态。脂肪乳等导热差的输液则可用旋转灭菌方式灭菌。

7. 包装

通过灯检剔除有异物的产品,输液的灯检目前主要依靠人工进行,自动灯检设备还不成熟。输液应按标准进行质量全检,经质量检查合格的产品,贴上标签,注明品名、规格、批号、应用范围、用法和用量、使用或贮存时的注意事项、生产单位、批准文号等规定内容,以免发生混淆。贴好标签后装箱,包装箱上也应标明品名、规格、批号、生产厂家等。

8.举例

例5-1 葡萄糖注射液

【处方】注射用葡萄糖50g 1%盐酸适量 注射用水加至1 000mL

【制法】按处方量称取葡萄糖投入煮沸的注射用水内,使成50%~60%的浓溶液,加盐酸适量,同时每升浓溶液中加入1g注射用活性炭,搅拌均匀,煮沸15min,趁热滤过脱炭。滤液加注射用水至全量,每升稀溶液加入0.1~0.3g注射用活性炭,搅匀,测pH及含量合格后,用钛滤棒脱炭,0.65μm微孔滤膜精滤至澄明,灌装于500mL瓶中封口,115℃、30min热压灭菌,检漏,包装。

【注解】葡萄糖注射液有时产生云雾状沉淀,一般是由于原料不纯或滤过时漏炭等原因造成,解决办法一般采用浓配法,滤膜过滤,并加入适量盐酸(一般每100 kg葡萄糖加10%盐酸10mL)中和胶粒上的电荷,加热煮沸使糊精水解,蛋白质凝聚,同时加入活性炭吸附滤过除去。葡萄糖注射液另一个不稳定的表现为颜色变黄和pH下降,因此为避免溶液变色,一方面要严格控制灭菌温度与时间,同时调节溶液的pH在3.8~4.0,使之较为稳定。

五、注射用无菌粉末的制备

注射用无菌粉末简称粉针剂,系指药物制成的临用前用适宜无菌溶液配制成澄清溶液或均匀混悬液的无菌粉末或块状物。

在水溶液中不稳定的药物,特别是某些抗生素类药物和生物制品对热非常敏感,不宜制成水溶性注射液,更不能在水溶液中加热灭菌;均需采用无菌操作法将它们制成注射用无菌粉末,以提高药物的稳定性,便于产品的贮藏和使用。

注射用无菌粉末的质量要求与溶液型等其他类型注射剂的质量要求基本相同,其质量检查应符合该产品质量标准及《中国药典》(2020 年版)有关注射剂的各项规定;因其采用固体粉末形式,对产品的含水量有明确的要求,对产品可见异物检查的判定标准有相应的规定。

注射用无菌粉末采取无菌操作法制备,整个生产制备过程应在符合 GMP 要求的洁净无菌厂房内进行,进行无菌操作的人员必须经严格的技术培训,应根据产品的工艺特点制定严谨的生产工艺规程和质量控制要点并严格执行。

据药物的性质和生产工艺的不同,注射用无菌粉末的制备方法有无菌粉末分装法和冷冻干燥法两种。

1.无菌粉末分装法

无菌粉末分装法是将符合注射用要求的无菌药物粉末在无菌操作条件下,直接无菌分装于洁净灭菌的安瓿或西林瓶内密封的生产方法。

注射用无菌粉末直接分装的工艺包括:无菌药物粉末的准备、无菌分装、灭菌与异物检查、印字包装。流程如图5-11所示。

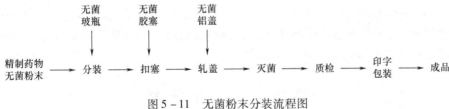

图5-11　无菌粉末分装流程图

(1)无菌药物粉末的准备　根据药物的性质,无菌药物粉末可采用溶剂结晶法或喷雾干燥法制备,制得的药物粉末应无菌、无异物、粒度或结晶大小适宜,流动性好,其纯度以及溶解后的澄明度、不溶性微粒等均应符合要求,还应测定其相应的理化性质,以便确定生产工艺。

(2)分装　无菌粉末分装多采用容量法分装,将精制的无菌粉末,在无菌条件下直接定量分装于灭过菌的洁净西林瓶内,加塞、轧铝盖密封或分装于灭菌过的洁净安瓿内,熔封。可以通过机械操作,如螺旋自动分装机、插管式自动分装机、真空吸粉式分装机等,也可以用手工操作,如刮板或小勺分装。

(3)灭菌与异物检查　对于在干燥状态下耐热的品种可进行补充灭菌以确保安全,如结晶青霉素在生产上采用密封后120℃ 1h灭菌。对于不耐热的品种,必须严格无菌操作,产品不能灭菌。异物检查多在传送带上,逐瓶检视,剔除不合格品。

2. 冷冻干燥法

冷冻干燥法是将需要干燥的药物溶液预先冻结成固体,然后在一定真空和低温条件下,从冻结状态将水分不经过液态直接升华而除去的一种干燥方法。

(1)冷冻干燥法的特点　①冻干制品呈疏松多孔结构,并保持了原来冻结前的体积,加水后极易复溶,立即恢复药液原有特性;②由于制品的干燥是在低温和真空条件下进行的,可避免产品受热变化或氧化,特别适用于不耐热药物的干燥;③可以除去95%~99%的水分,有利于制品的长期保存;④药物溶液可过滤除菌,污染机会相对减少,产品中的微粒物质比用直接分装方法生产者少;⑤所得产品剂量准确,外观优良。

(2)冷冻干燥的生产工艺　注射液在冷冻干燥之前的处理,与水溶性注射液相同,药液配制后进行除菌过滤,然后进行无菌分装,送入冷冻干燥机中,进行预冻、升华、干燥,最后取出封口即得。

3. 举例

例5-2　注射用细胞色素C

【处方】细胞色素C 15g　葡萄糖15g　亚硫酸钠2.5g　亚硫酸氢钠2.5g

注射用水 700mL

【制法】在无菌操作室中,称取细胞色素 C、葡萄糖,置于适当无菌容器中,加注射用水,在氮气流下加热(75℃以下),搅拌使溶,再加入亚硫酸氢钠溶解,用氢氧化钠(2mol/L)调节 pH 在 7.0 ~ 7.2,每升溶液中加 1 ~ 2g 活性炭,搅拌数分钟,过滤除炭,用 5 号垂熔玻璃漏斗滤过,滤液检查合格后,分装于安瓿或西林瓶中,冷冻干燥约 34h,无菌熔封或严封即得。

第四节　眼用制剂

一、概　述

1. 眼用制剂的定义和分类

眼用制剂是直接用于眼部发挥治疗作用的无菌制剂。由于眼是感觉敏锐的器官,又是较为娇嫩的组织,尤其在患眼疾时,对外来刺激更为敏感,因此眼用制剂要求性质稳定、无菌、无异物,使用时无痛、无刺激性等。眼用制剂可分为眼用液体制剂(滴眼剂、洗眼剂、眼内注射溶液)、眼用半固体制剂(眼膏剂、眼用乳膏剂、眼用凝胶剂)、眼用固体制剂(眼膜剂、眼丸剂、眼内插入剂)及近年开发的新型眼用制剂(眼用脂质体、环糊精包合物滴眼液、载体角膜接触镜、载体角膜胶原膜)等。本节主要介绍眼用液体制剂,眼膏剂等眼用半固体制剂、眼用固体制剂参见第八章相关内容。

2. 药物经眼吸收途径

药物滴入眼结膜囊内,可通过两种途径吸收后而发挥其作用,即结膜吸收和角膜吸收两种途径。以哪种为主要吸收途径,要视药物的性质和剂量而定。一般认为,滴入眼中的药物首先进入角膜内,通过角膜至前房再进入虹膜和睫状体,被局部血管网摄取而发挥局部作用;药物经结膜吸收途径,通过巩膜,可到达眼球后部,该途径是药物经眼部进入体循环的主要途径。结膜下注射的药物可以大量透入眼内,其吸收途径说法不一。一般认为结膜下注射的药物经过注射针眼回流或渗漏入泪液,经角膜进入前房,但多数药物进入眼内的主要途径是经巩膜扩散进入眼内。

用于眼部的药物,多数情况下以局部应用为主,近年来亦有眼部用药发挥全身治疗作用的报道。常用的滴入方法中,脂溶性药物经角膜渗透吸收;而亲水性药物及多肽蛋白质类药物不易通过角膜,因而主要通过结膜、巩膜吸收,亲水性药物的渗透系数与相对分子质量相关,相对分子质量增大,渗透系数降低。当采用滴入给药透入太慢时,可将其注射结膜下或眼角后的眼球囊,药物可借助简单扩散过程通过巩膜进入眼内,对睫状体、脉络膜和视网膜发挥作用。若将药物做球后注射,则药物同样以简单扩散方式进入眼后段,对球后神经及其他结构发挥作用。

3. 影响药物眼部吸收的因素

眼用制剂中药物的吸收很大程度上受药物的 pK_a 值、药液表面张力、黏度以及药液浓度和滴入的体积量等因素影响。

（1）滴入体积　人正常泪液容量约 7 μL，若不眨眼可容纳 30 μL 左右的液体。一般滴眼剂一滴 50～70 μL，约 70% 的药液从眼部溢出而造成损失；若眨眼则有 90% 的药液损失，加之泪液对药液的稀释损失会更大，因而采取每次多滴进一些药量和多次滴入的方法更为可取。

（2）药物的油/水分配系数　角膜由上皮层、内皮层和基质组成。其中上皮层、内皮层是亲脂性的，基质层是亲水性的，药物透过角膜不是单纯的扩散过程，而是在不同相中的溶解分配过程，因此亲脂性或亲水性强的药物，不易透过完整的角膜，两亲性的药物易于透过角膜屏障。

（3）pH　滴入眼内的药液除能被泪液稀释外，还可被泪液的缓冲作用迅速调整至生理 pH 范围（7.4 左右），因此制剂中缓冲剂的作用并不大，起决定作用的是药物在泪液生理 pH 时非离子型和离子型浓度的比，这个比值取决于药物的 pK_a 和用药部位的 pH。对于弱碱性药物在中性到碱性范围内非离子型浓度高，角膜透过性增加，有利于药物的吸收，但从药物的稳定性和溶解度考虑，这类药物的滴眼剂则往往配成酸性溶液。不过可通过泪液的中和作用迅速将它们转至生理 pH 范围（7.4 左右），使之有足够的游离碱出现并渗入角膜中而发挥其作用。

（4）药物在外周血管的消除　药物进入眼睑和眼结膜的同时也通过外周血管从眼组织消除而进入血液。因而透入结膜的药物有很大比例将进入血液，并有可能引起全身性作用。

（5）刺激性　若滴眼剂对眼有刺激时，能使结膜血管和淋巴管扩张，增加药物从外周血管的消除。同时眼泪分泌增多，药物被稀释，并进入鼻腔和口腔，而使药物不能发挥作用和疗效降低。对于混悬剂，如果粒度过大，也会刺激眼部使其药液损失，同时药物的表面积减少，溶解度降低，均可降低药物的生物利用度，因此混悬剂应尽量减小其粒度。

（6）表面张力　滴眼剂表面张力越小，越有利于泪液与滴眼剂的充分混合，也利于药物与角膜上皮接触，使药物容易渗入。适量的表面活性剂有促进吸收、增溶和湿润的作用，如聚山梨酯 80、苯扎氯铵等。

（7）黏度　增加滴眼剂的黏度可使药物与角膜接触时间延长，有利于药物吸收，并能降低药物的刺激。

二、眼用制剂的附加剂

为保证眼用制剂的安全有效性，在其处方设计过程中应综合考虑药物的溶解度、稳定性、滴眼剂的 pH、渗透压、无菌、可见异物、刺激性等方面的问题。为能及时解决上述问题,在配制中往往需加入适量的附加剂,但对眼内注射溶液、眼内插入剂及供手术、伤口、角膜穿透等用滴眼剂,不应加入抑菌剂或抗氧剂或不适当的缓冲剂。滴眼剂配制中所用原料应为无杂质、纯度高的注射级原料。其常用溶剂有注射用水和注射用非水溶剂,可参考注射剂用溶剂,所用溶剂必须符合《中国药典》(2020 年版)对其的质量要求。

1. pH 调节剂

为使药物稳定和减小刺激性,滴眼剂中常选用缓冲液作眼用溶剂,使滴眼剂的 pH 稳定在一定范围内,常用的缓冲液如下。

(1)硼酸缓冲液 1.9% 的硼酸溶液(含抑菌剂)pH 为 5,可直接作滴眼剂溶剂,既有缓冲作用,又有微弱的抑菌作用。适用于甲硫酸新斯的明、硫酸锌、托吡卡胺等。

(2)硼酸盐缓冲液 此缓冲液的储备液为 1.24% 的硼酸(H_3BO_3)酸性液和 1.91% 的硼砂($Na_2B_4O_7 \cdot 10H_2O$)碱性液,临用时按不同比例配制成 pH6.7~9.1 的缓冲液(表 5-3)。适用于磺胺类、氯霉素等。

(3)磷酸盐缓冲液 此缓冲液的储备液为 0.8% 的无水磷酸二氢钠酸性溶液和 0.947% 的无水磷酸氢二钠碱性溶液(表 5-4),临用时按不同比例配成 pH5.9~8.0 的缓冲液。适用于阿托品、硝酸毛果芸香碱等。

表 5-3 硼酸盐缓冲液

pH	酸性溶液用量/mL	碱性溶液用量/mL	100mL 等渗溶液中应加 NaCl 的质量/g
6.77	97	3	0.22
7.09	94	6	0.22
7.36	90	10	0.22
7.60	85	15	0.23
7.89	80	20	0.24
7.94	75	25	0.24
8.08	70	30	0.25
8.20	65	35	0.25
8.41	55	45	0.26
8.60	45	55	0.27
8.69	40	60	0.27
8.84	30	70	0.28
8.98	20	80	0.29
9.11	10	90	0.30

表 5 - 4　　　　　　　　　　　　　　　　　磷酸盐缓冲液

pH	酸性溶液用量/mL	碱性溶液用量/mL	100mL 等渗溶液中 应加 NaCl 的质量/g
5.91	90	10	0.48
6.24	80	20	0.47
6.47	70	30	0.47
6.64	60	40	0.46
6.81	50	50	0.45
6.98	40	60	0.45
7.17	30	70	0.44
7.38	20	80	0.43
7.73	10	90	0.42
8.04	5	95	0.42

2. 等渗调节剂

配制滴眼剂应根据主药的性质,调节渗透压力与泪液相等,相当于 0.9% 氯化钠溶液。眼睛对渗透压的耐受性范围比较大,可适应相当于 0.6% ~ 1.5% 的氯化钠溶液的渗透压范围,低渗溶液需调节成等渗,常用于调节眼用溶液渗透压的物质有:氯化钠、硼酸、葡萄糖、硼砂、氯化钾、甘油等。

3. 抑菌剂

国内市场使用的眼用制剂大多数为大剂量包装,制剂一旦开封后,容易在使用和保存过程中被泪液及空气中的微生物污染,从而产生安全性隐患。为了防止眼用制剂在使用中被微生物污染,大部分眼用制剂(甚至包括抗生素类)中都添加了抑菌剂。对抑菌剂的要求主要有:①作用迅速,在两次使用间隔时间内达到无菌;②对眼无刺激;③性质稳定,有合适的 pH 范围,与主药和其他附加剂无配伍禁忌,与内包材无相互作用。

常用抑菌剂主要包括有机汞类、季铵盐类、羟苯酯类、醇类及酸类。有机汞类中常用的有硝酸苯汞、硫柳汞;季铵盐类中常用的有苯扎溴铵、苯扎氯铵、醋酸氯己定;羟苯酯类中常用的有羟苯甲酯、羟苯乙酯和羟苯丙酯;醇类中常用的有三氯叔丁醇、苯乙醇;酸类中常用的有山梨酸。抑菌剂的常用量见表 5 - 5。

表 5 - 5　　　　　　　　　　　　常用抑菌剂及使用浓度

抑菌剂	常用浓度/%	抑菌剂	常用浓度/%
有机汞类		酯类	
硝酸苯汞	0.001 ~ 0.002	羟苯酯类	0.03 ~ 0.06
硫柳汞	0.005 ~ 0.02	醇类	
季铵盐类		三氯叔丁醇	0.35 ~ 0.5
苯扎溴铵	0.002 ~ 0.02	苯乙醇	0.5
苯扎氯铵	0.002 ~ 0.02	酸类	
醋酸氯己定	0.002 ~ 0.02	山梨酸	0.15 ~ 0.25

4. 抗氧剂

影响药物氧化的主要因素有 pH、空气中的氧、金属离子、光线、温度等。滴眼剂与注射剂类似，多为液体分散体系，以水作溶剂，与固体制剂相比，化学稳定性较差，易发生水解、氧化、聚合、光解等降解反应。为避免药物变质发生化学变化等，常需加入适宜的附加剂，如抗氧化剂、表面活性剂、金属螯合剂等，以提高药物的稳定性。常用抗氧剂见本章第三节。

5. 延效剂

延效剂是一类具有黏性的亲水性高分子化合物。在水不溶性滴眼剂中可作助悬剂，可以增加分散媒体系的黏度、减慢微粒的沉降速度，并可吸附在微粒表面，起到阻止微粒聚集结块、稳定分散体系的作用；在水溶性滴眼剂中可作增稠剂，可以增加滴眼剂的黏度，降低其表面张力，增加药物在结膜囊内的滞留时间，延长药液与眼组织的接触时间，从而有利于滴眼剂与泪液的充分混合及药物的吸收，并降低对眼部刺激以及增加药物渗入角膜的机会，同时还可以润湿保护干涩的眼球。常用延效剂有纤维素类如甲基纤维素（0.5% ~ 1%）、羟丙甲纤维素（0.5% ~ 1.0%）、羧甲基纤维素钠（0.1% ~ 1.0%）；黏多糖类如玻璃酸钠；合成高分子聚合物类如聚乙烯醇（1.4%），聚乙烯吡咯烷酮（0.5% ~ 1%）等。

玻璃酸钠（透明质酸钠）为白色纤维状或颗粒状粉末，无臭，在水中溶胀成澄清的胶体溶液。0.1% 水溶液 pH 为 5.5 ~ 7.5，对热较敏感，高温下黏度下降明显；紫外线、超声波、某些重金属等也使其黏度下降。玻璃酸钠是由葡糖醛酸和 N－乙酰氨基葡糖为双糖单位组成的直链高分子多糖，广泛存在于各种动物组织中，无毒、无刺激性。玻璃酸钠对角结膜上皮损伤具有促愈合作用；可防止角膜干燥、达到预防角膜上皮损伤的目的；其还可与角膜表面和泪膜发生作用，对泪膜起稳定作用，从而对眼部产生湿润和润滑作用，缓解眼干燥症的疼痛、痒、烧炽感、异物感等临床症状；玻璃酸钠具有独特的非牛顿流体特性和良好的生物相容性。由于玻璃酸钠具有合成高分子聚合物所不具有的一些生理活性和特点，使得玻璃酸钠成为一种更具应用价值的药物媒介，常用浓度 0.05% ~ 0.3%。

三、眼用制剂的质量要求

眼用制剂虽然是外用剂型，但其质量要求类似注射剂，对 pH、渗透压、无菌、可见异物等均有一定要求。

1. pH

pH 对眼用制剂有重要的影响，由 pH 不当而引起的刺激性，可增加泪液的分泌，导致药物迅速流失，甚至损伤角膜。正常眼耐受的 pH 范围为 5 ~ 9，最佳 pH 为 6~8。pH 小于 5 或大于 11.4 对眼均有刺激性。眼对酸性比较敏感，强酸、强碱能使眼受损伤，酸性过大可使眼黏膜蛋白凝固，碱性过大可使眼黏膜上皮肿胀。因此设计滴眼剂处方时即应兼顾药物的溶解度、稳定性、刺激性，亦要考虑 pH 对药物渗透吸收和疗效等方面的影响。

2. 渗透压

眼对渗透压的感受不如对 pH 敏感,因治疗的需要有时也用高渗溶液。

3. 可见异物

《中国药典》(2020 年版)中规定滴眼剂中不得检出金属屑、玻璃屑、长度或最大粒径超过 2mm 的纤毛和块状物等明显外来的可见异物,并在旋转时不得检出烟雾状微粒柱。混悬型滴眼液亦不得检出色块等可见异物。

4. 无菌

眼用制剂在生产后都应进行无菌检查,以确保产品的灭菌质量。

5. 黏度

适当增加滴眼剂的黏度可以延长滴眼剂在眼部滞留时间,增加滴眼剂中药物吸收,减少滴眼剂对眼部刺激。

6. 粒度

混悬型滴眼剂中药物微粒一般为 $0.5 \sim 10 \mu m$,小者可为 $0.1 \mu m$。《中国药典》(2020 年版)规定混悬型滴眼剂大于 $50 \mu m$ 的粒子不得过 2 个,且不得检出大于 $90 \mu m$ 的粒子。

7. 沉降体积比

混悬型滴眼剂的沉降物不应结块或聚集,经振摇应易再分散,通过检查沉降体积比控制。

四、滴眼剂的制备

滴眼剂的制备与注射剂基本相似,主要包括容器的处理、药液的配制、灌装等工序。滴眼剂的生产过程应符合 GMP 中的相关规定,溶液型滴眼剂的工艺流程图见图 5 - 12。

1. 容器的清理与处理

滴眼剂所用内包装主要有玻璃瓶和塑料瓶两种。但目前市场上多为塑料瓶包装,该包装具有价廉、不易破裂、轻便等特点。塑料滴眼瓶经清洗干净,再经气体灭菌后备用。

2. 滴眼剂的配制、过滤和灭菌

滴眼剂为无菌制剂,生产工序应符合 GMP 中的相关规定,其配制环境应定期消毒,所用的容器、设备应进行清洗、灭菌;配制人员在配制药液时应穿戴好无菌服和无菌手套;药液的配制需在洁净区环境下操作。

滴眼剂的基本制备工艺流程系根据主药稳定性不同而定。对热稳定的药物,多采用配液经过滤、灭菌(其中以流通蒸汽灭菌法为常用),无菌条件下分装的方法进行配制;而对热不稳定的药物,则可采用无菌条件下除菌过滤的方法进行配制;对用于眼部手术或眼外伤等方面的滴眼剂,可按注射剂的生产工艺进行配制,

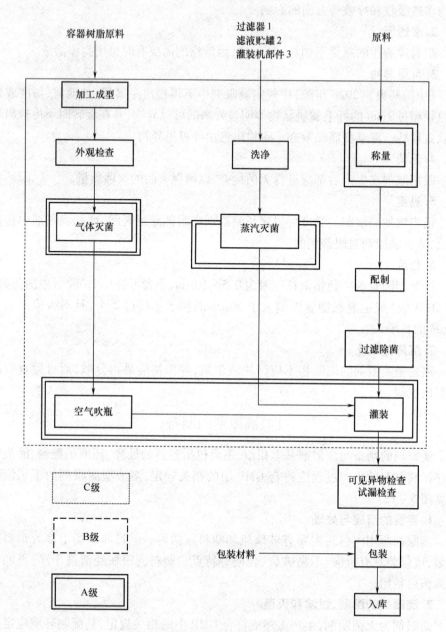

图 5 - 12　溶液型滴眼剂工艺流程图

用安瓿进行包装,且必须制成单剂量包装的制剂,保证无菌。洗眼液可按输液生产工艺制备与包装。

　　过滤系指将配制完成的药液强制通过多孔性介质,使药液与其中的不溶物分离的操作过程。常用过滤装置有垂熔玻璃过滤器,常作精滤或微孔滤膜前的预滤,适用于实验室等小规模的生产使用;砂滤器、钛滤器,价廉易得,滤速快,适用于大生产的粗滤;微孔滤器是由高分子材料制成的微孔滤膜作过滤介质,具有孔径小而均匀、截留能力强、过滤快、不影响药液 pH、无介质脱落、吸附性很少等特性。

3. 滴眼剂的灌装

滴眼剂的灌装从最早的手工灌封、真空灌封、机械灌封发展到全自动灌封,目前又有了"制瓶 - 灌装 - 封口"三合一的灌封技术,相应的灌装设备也向自动化、多功能化、智能化方向发展。滴眼剂的灌装应在洁净区无菌环境中进行,小规模的灌装可采用减压灌装法,对于制药厂大规模的生产现多使用全自动灌装机。采用何种方法视生产量的大小及瓶的类型而定。

4. 包装

通过灯检剔除有异物的产品,按标准进行质量全检,经质量检查合格的产品,贴上标签,注明品名、规格、批号、应用范围、用法和用量、使用或贮存时的注意事项、生产单位、批准文号等规定内容,以免发生混淆。贴好标签后装盒、装箱,包装箱上也应标明品名、规格、批号、生产厂家等。

5. 举例

例 5 - 3 氯霉素滴眼液

【处方】氯霉素 2.5g 氯化钠 9.0g 依地酸二钠 1.0g 羟苯乙酯 0.3g 玻璃酸钠 0.5g 注射用水加至 1 000mL

【制法】取玻璃酸钠,加入 500mL 注射用水溶解。另取氯化钠、依地酸二钠、羟苯乙酯、氯霉素,加入 400mL 注射用水,加热溶解,两液合并,混匀,用 0.4% 氢氧化钠溶液调节 pH 至 6.5 左右,加注射用水至 1 000mL,混匀,除菌过滤,按无菌操作要求分装,即得。

【注解】(1)本品中氯化钠为等渗调节剂;依地酸二钠为金属离子螯合剂;玻璃酸钠为延效剂,同时还具有吸湿保水润滑等眼保护作用;(2)本品也可使用含硼酸 1.5% 和硼砂 0.3%(pH 为 7)的等渗溶液作溶剂,其配比为 1 份氯霉素可溶于 160 份上述等渗溶液;(3)氯霉素在水中的溶解度为 1:400,硼砂与氯霉素能形成络合物使后者在水中的溶解度及稳定性提高;(4)光照使本品降解,并增加对眼的刺激性,故应避光保存。

思考题

1. 简述灭菌制剂和无菌制剂的概念。

2. 物理灭菌法有哪些?

3. 简述注射剂的概念、特点及分类。

4. 注射剂常用附加剂有哪些?

5. 简述热原的定义及去除方法。

6. 简述静脉输液的一般制备工艺。

7. 眼用制剂的定义是什么?

8.对滴眼剂的质量要求主要包括哪几方面?滴眼剂中常用附加剂主要包括哪几项?

9.滴眼剂的制备方法主要有哪几种?

10.滴眼剂的质量检查项目有哪些?

11.配制100mL等渗NaCl溶液,需多少NaCl?(1%NaCl,冰点= -0.58℃,血浆冰点= -0.52℃)

参考文献

1.崔福德.药剂学(第7版).北京:人民卫生出版社,2013.

2.胡巧红.药剂学(第二版).北京:中国医药科技出版社,2012.

3.国家药典委员会.《中国药典》(2020年版)(二部).北京:中国医药科技出版社,2020.

4.国家食品药品监督管理局药品认证管理中心.药品GMP指南——无菌药品.北京:中国医药科技出版社,2011.

5.凌沛学.眼科药物与制剂学.北京:中国轻工业出版社,2010.

6.庄越,凌沛学.新编药物制剂技术.北京:人民卫生出版社,2008.

实训1 维生素C注射剂的制备

一、实 训 目 的

1.通过溶液型注射剂的制备实验,掌握注射剂生产的工艺过程和基本操作。

2.掌握注射剂的质量要求。

二、实 训 原 理

注射剂(injection)俗称针剂,系指药物制成的供注入人体内的灭菌溶液、乳状液或混悬液,以及供临用前配成溶液或混悬液的无菌粉末或浓溶液。

注射剂的质量要求主要有无菌、无热原或细菌内毒素、无可见异物(澄明度)及不溶性微粒,pH一般控制在4~9,渗透压要求与血浆的渗透压相等或接近(静脉注射剂应尽量等张,脊椎腔注射剂必须等张),无组织刺激和毒性反应,质量稳定符合药典有关规定。

注射剂一般制备工艺为:

安瓿 $\xrightarrow{\text{检验}}$ 割圆 ⟶ 洗涤 ⟶ 干燥与灭菌

物料准备 ⟶ 配液 ⟶ 滤过 ⟶ 灌封 ⟶ 灭菌、检漏 ⟶ 灯检 ⟶ 印包 $\xrightarrow{\text{成品质量}}_{\text{检验}}$ 入库

三、实训材料

药品试剂:维生素 C、碳酸氢钠、焦亚硫酸钠、依地酸二钠、盐酸、注射用水、碘滴定液、淀粉指示液、丙酮、1% 亚甲蓝或品红溶液、硫酸清洁液等。

仪器:2mL 空安瓿、垂熔玻璃漏斗(孔径 5~15μm)、微孔滤膜(孔径 0.45μm、Φ150mm)、微孔滤膜过滤器、二氧化碳钢瓶、灌注器(2~5mL)、熔封(灯)机、澄明度检查装置、pH 计、蒸锅(5~10L)、天平、灭菌锅(100 L)、干燥箱、减压滤过装置、插盘(铝或不锈钢制具孔平底盘,沿高可高于安瓿口 3~5mm)、玻璃棒、烧杯(2 000mL),热压灭菌器、量筒(1 000mL)、滴定管(50mL)、锥形瓶(100mL)。

四、实训内容与操作

1. 处方

维生素 C 52.0g(即按 104% 投料)　碳酸氢钠约 24.2g　焦亚硫酸钠 2.0g
依地酸二钠 0.05g　注射用水 1 000mL

2. 操作

(1)配制前准备

①灭菌制剂室的地面、台面清洁:先用水擦拭,然后用 2% 煤酚皂擦拭,UV 照射 1h。

②空安瓿的处理:将空安瓿灌满过滤的纯化水,置灭菌锅内 100℃ 加热 30min。趁热甩水(大量用离心机,小量可手工甩水),再用过滤纯化水洗两次,澄明度合格的注射用水洗一次,置插盘中,120~140℃ 烘干备用。

③容器处理:配液用容器,用硫酸清洁液浸泡或处理(浸泡或表面润洗 1~2h)后,用纯化水、注射用水洗净,灭菌(玻璃仪器可 250℃、45min 干热灭菌),避免引入杂质及热原。

④滤器等处理:包括垂熔玻璃漏斗、微孔滤膜和硅胶或乳胶管的处理。

垂熔玻璃漏斗:先用水反冲,除去药液留下的杂质,沥干后用洗液(1%~2% 硝酸钠硫酸洗液)浸泡处理(24h),用水冲净(3~5 次),最后用注射用水,过滤冲洗至滤出水检查 pH 中性,并检查澄明度合格为止。

微孔滤膜:经检查合格的微孔滤膜(孔径 0.45μm)用注射用水漂洗、灭菌(可置蒸锅中用注射用水 100℃ 煮沸 30min)、浸泡 12h,使滤膜中纤维充分膨胀,增加滤膜韧性。使用时用镊子取出滤膜且使毛面向上,平放在膜器的支撑网上(注意滤膜无褶皱或不被刺破),装好后应完整无缝隙,无泄露现象,用注射用水过滤,滤出水澄明度合格,即可将滤器盖好备用。

硅胶或乳胶管:先用水揉洗,再用 0.5%~1% 氢氧化钠液适量(以浸没胶管为宜),煮沸 30min,洗去碱水;0.5%~1% 盐酸适量(以浸没胶管为宜),煮沸 30min,纯化水洗至中性,再用注射用水煮沸即可。

(2)注射液的配制　按处方取配制量80%的注射用水(可置于烧杯中),通入二氧化碳(20~30min)使其饱和,称取并加入依地酸二钠溶解,加维生素C使溶解,分次缓缓加入碳酸氢钠,并不断搅拌至无气泡产生,待完全溶解后,加焦亚硫酸钠溶解,调节(碳酸氢钠)药液pH至5.8~6.2,最后加用二氧化碳饱和的注射用水至足量。用G_3垂熔玻璃漏斗预滤,再用0.45μm的微孔滤膜精滤,检查滤液澄明度合格后,即可灌封。

(3)灌封

①灌注器的处理:首先要检查灌注器玻璃活塞是否严密不漏水,用稀洗液浸泡(1h)再抽洗灌注器(用纯化水、注射用水冲洗)至不显酸性,最后过滤注射用水抽洗至流出水澄明度检查合格,即可灌装药液备用。

②装量调节:在灌装前先调节灌装器装量,适当增加装量,以保证注射液用量不少于标示装量(对易流动液体2mL装量增加0.15mL)。

③熔封灯火焰调节:熔封时要求火焰细而有力,燃烧完全。单焰灯使成黄蓝火焰,两层火焰交界处温度最高;双焰灯使两火焰应有一定夹角并交叉,交点处温度最高。

④灌封操作:将过滤合格的药液,立即灌装于2mL安瓿中,通入二氧化碳于安瓿上部空间,随灌随封。

(4)灭菌与检漏　灌封好的安瓿,应及时用100℃流通蒸汽灭菌15min(置蒸锅中用注射用水煮沸)。灭菌完毕后立即将安瓿放入1%亚甲蓝或品红的溶液中,挑出药液被染色的安瓿。将合格安瓿外表用水洗净、擦干,供质量检查用。

3. 质量检查与评定

(1)性状　本品为无色至微黄色的澄明液体。

(2)装量　照《中国药典》(2020年版)二部附录检查,取供试品5支,将内容物分别用2mL的干燥注射器及注射针头抽尽,然后注入经标化的5mL量筒内,室温下读出每个容器内容物的体积,每支装量均不得少于其标示装量。

(3)可见异物　取供试品20支,擦净容器外壁,将样品置于澄明度检测仪遮光板边缘处(照度应为1 000~1 500lx),在明视距离(通常为25cm),分别在黑色和白色背景下,手持供试品颈部轻轻翻转容器(注意不使药液产生气泡),用目检视,20支供试品中,均不得检出可见异物。如检出可见异物的供试品仅有1支,应另取20支同法复试,均不得检出。

(4)pH测定　应为5.0~7.0。

(5)颜色　取本品,加水稀释成每1mL中含维生素C 50mg的溶液,照紫外-可见分光光度法[《中国药典》(2020年版)二部附录],在420nm的波长处测定,吸光度不得过0.06。

(6)含量测定　精密量取本品适量(约相当于维生素C 0.2g),加水15mL与丙酮2mL,摇匀,放置5min,加稀醋酸4mL与淀粉指示液1mL,用碘滴定液

(0.05mol/L)滴定,至溶液显蓝色并持续30s不褪。每1mL碘滴定液(0.05mol/L)相当于8.806mg的$C_6H_8O_6$。含量应为标示量的93.0%~107.0%。

4.注意事项

(1)配液时,注意将碳酸氢钠撒入维生素C溶液时应缓慢,以防产生的气泡使溶液溢出,同时要不断搅拌,以免局部过碱。

(2)维生素C容易氧化变质致使含量下降,颜色变黄,尤其当金属离子存在时变化更快。故在处方中加入抗氧剂并通二氧化碳,一切容器、工具、管道不得露铁、铜等金属。

(3)灌装要求装量准确,药液不沾安瓿颈壁,以免熔封时焦头,一般措施是使药液瓶略低于灌注器位置,灌注针头先用硅油处理,快拉慢压可以防止焦头。

(4)熔封时可将安瓿颈部放于火焰温度最高处,掌握好安瓿在火焰中停留时间,及时熔封(以拉丝封口较好)。熔封后的安瓿顶部应圆滑、无尖头或鼓泡等现象。

(5)掌握好灭菌温度和时间,灭菌完毕立即检漏冷却,避免安瓿因受热时间延长而影响药液的稳定性,同时注意避光。

五、实 训 结 果

将维生素C注射液的各项实际检查结果填入表1中。

表1　　　　　　　　　　维生素C注射液的质量检查

名称	项目	质量指标	质量检验结果
维生素C注射液	含量	本品含维生素C($C_6H_8O_6$)应为标示量的93.0%~107.0%	
	性状	本品应为无色至微黄色的澄明液体	
	pH	应为5.0~7.0	
	可见异物	应符合规定	
	装量	每个容器装量≥标示装量	
	颜色	$A_{420nm} \leqslant 0.06$	

六、思 考 题

1.说明维生素C注射液中各成分的作用。

2.简述溶液型注射液制备的一般工艺过程。

实训 2　氯霉素滴眼液的制备与质量评价

一、实训目的

1. 了解滴眼剂的一般制备方法。
2. 掌握滴眼剂的质量要求。

二、实训材料

药品试剂：氯霉素，氯化钙，锌粉，苯甲酰氯，三氯化铁，氯仿，吡啶，氢氧化钠，氢氧化钾，乙醇，硫酸，硼砂，酸度计校正液(25℃,pH 6.86,pH4.01)。

仪器：灯检仪,pH 计,紫外 - 可见分光光度仪,渗透压测定仪,药匙,天平,150mL、250mL 三角瓶,150mL、250mL 烧杯,20mL、100mL、250mL 量筒,10mL 注射器、玻璃棒,电磁搅拌器,电炉,玻璃漏斗,0.45μm、0.8μm 微孔滤膜,不锈钢平板过滤器,电热式蒸汽消毒器,100mL 容量瓶,10mL 刻度吸量管,50mL 具塞比色管,5mL 滴眼瓶,净化工作台,冰点渗透压计。

三、实训内容与操作

1. 处方

氯霉素 0.5g　硼酸 1.5g　硼砂 0.3g　硝酸苯汞 0.002g　注射用水加至 100mL

2. 操作

(1)配制前准备

①容器处理：配制容器使用前,用肥皂、洗洁精刷洗,玻璃器具可用洗液处理,然后用纯化水、注射用水冲洗、沥干,临用前用新鲜注射用水清洗,灭菌后备用。

②滤器处理：不锈钢平板过滤器(100mL),预先用纯化水、注射用水洗净、晾干,备用。

③微孔滤膜：一般使用膜滤器,单纯除去异物时,用孔径 0.8μm 即可,需除菌过滤宜选用 0.22～0.45μm。合格的微孔滤膜用注射用水漂洗、浸泡12h 后,使其毛面向上平放在平板滤器的支撑网上(注意滤膜应无褶皱、无破损),压好滤器盖,用注射用水冲洗微孔滤膜至滤出水澄明度合格后备用。

④包装容器的处理：滴眼瓶有塑料和玻璃两种,目前使用较多的是塑料滴眼瓶。塑料滴眼瓶的清洗方法如下：清洗外皮后切开封口,倒置于装有滤过澄明蒸馏水或去离子水的圆盘中,置于真空干燥器中,抽真空,然后放入滤过的空气,使蒸馏水压入瓶内,取出甩干,如此反复2～3 次,最后 100℃流通蒸汽灭菌20min,瓶帽用纯化水和注射用水洗净,沥干,与瓶体一同灭菌,备用。

（2）配制　于 200mL 烧杯中加入注射用水约 160mL，依次加入处方量的硼酸、硼砂、硝酸苯汞、氯霉素，加热至 90℃，搅拌溶解，药液滤至适宜的 250mL 玻璃输液瓶中，并在过滤器上加注射用水至 200mL，搅匀，然后拧紧瓶塞放入热压灭菌锅内，于 100℃下湿热灭菌 30min，于净化工作台内分装，即得。

（3）灌装　在净化工作台内，摆放已灭菌的塑料滴眼瓶，然后将灭菌后的药液按所需灌装量逐一用注射器灌注到滴眼瓶内（为保证产品的装量不低于标示装量，一般装量增加 0.5mL 左右），塞上内塞，拧紧塑料滴眼瓶外盖。

（4）灯检（可见异物检查）　灯检前，逐支用手检查灌装好的样品是否漏液等，记录不合格品数量。取合格品，握住滴眼瓶上端，将其翻转几次后放到澄明度检测仪的伞棚边沿处，按照"可见异物检查法"逐支目测可见异物，记录不合格品数量。按下式计算产率：

$$成品率 =（成品数/理论数）\times 100\%$$

（5）贴标、包装　将灯检合格品逐支贴标，并按规定检查标签的批号、位置、字体、是否光滑起皱等。

3.质量检查与评定

（1）性状　本品为无色至微黄绿色的澄明液体。

（2）装量　照《中国药典》（2020 年版）二部附录检查，取供试品 5 支，将内容物转移至经标化的 20mL 量筒内，室温下读出每个容器内容物的体积，每支装量均不得少于其标示装量的 93%。计算平均装量，应不少于平均装量。

（3）可见异物　取 20 支供试品，擦净容器外壁，将样品置于澄明度检测仪遮光板边缘处（照度应为 2 000～3 000lx），在明视距离（通常为 25cm），分别在黑色和白色背景下，手持供试品颈部轻轻翻转容器（注意不使药液产生气泡），用目检视，均不得检出金属屑、玻璃屑、长度或最大粒径超过 2mm 的纤毛和块状物等明显外来的可见异物，并在旋转时不得检出烟雾状微粒柱。如有检出其他可见异物（如 2mm 以下的短纤毛及点、块等），应另取 20 支同法复试。初、复试的供试品中，检出其他可见异物的供试品不得超过 3 支。

（4）鉴别　取本品 4mL，加 1% 氯化钙溶液 3mL 与锌粉 50mg，置水浴上加热 10min，倾去上清液，加苯甲酰氯约 0.1mL，立即强烈振摇 1min，加三氯化铁试液 0.5mL 与氯仿 2mL，振摇，水层显紫红色。

（5）pH　应为 6.0～7.0。

（6）渗透压测定　应为 250～350mOsmol/kg。

（7）含量测定　精密量取本品 1mL，置 250mL 量瓶中，加水至刻度，摇匀，照紫外－可见分光光度法测定，在 278nm 波长处测定吸收度，按氯霉素（$C_{11}H_{12}Cl_2O_5$）的吸收系数（$E_{1cm}^{1\%}$）为 298 计算，即得。应为标示量的 90.0%～120.0%。

四、实训结果

将氯霉素滴眼液的各项实际检查结果填入表 1 中。

表1 氯霉素滴眼液的质量检查

名称	项目	质量指标	质量检验结果
氯霉素滴眼液	含量	本品含氯霉素($C_{11}H_{12}Cl_2O_5$)应为标示量的90.0%~120.0%	
	性状	本品应为无色至微黄绿色的澄明液体	
	鉴别	应符合规定	
	pH	应为6.0~7.0	
	渗透压	应为250~350 mOsmol/kg	
	可见异物	应符合规定	
	装量	平均装量≥标示装量 每个容器装量≥标示装量的93%	
	成品率	理论值:100%	实际值: %

五、思考题

1. 说明氯霉素滴眼液中各成分的作用。
2. 简述滴眼液型制备的一般工艺过程。

第六章　散剂、颗粒剂、胶囊剂和膜剂

[学习目标]

1.掌握散剂、颗粒剂、胶囊剂和膜剂的制备过程与注意事项。

2.熟悉粉体学有关概念。

3.了解粉体学在药剂学中的应用。

[技能目标]

1.掌握等量倍增法制备散剂的操作要点。

2.掌握湿法制备颗粒剂的方法。

3.掌握硬胶囊剂的制备方法。

4.掌握匀浆制膜法制备膜剂的操作要点。

第一节　粉体学基础

一、粉体学的概念

粉体学是研究具有各种形状的粒子集合体性质的科学。粒子集合体是指由粒子组成的整体,而不是指一个个的粒子,性质也是粒子整体的性质。粉体中粒子大小范围一般在 $0.1 \sim 100 \mu m$,有些粒子可达 $1\,000 \mu m$,小者可至 $0.001 \mu m$。通常所说的"粉"、"粒"均属于粉体的范畴。一般将小于 $100 \mu m$ 的粒子称为"粉",大于 $100 \mu m$ 的粒子称为"粒"。在一般情况下,粒径小于 $100 \mu m$ 时容易产生粒子间的相互作用而流动性较差,粒径大于 $100 \mu m$ 时粒子的自重大于粒子间的相互作用而流动性较好。

粉体属于固体分散在空气中形成的粗分散体系。粉体是一个复杂的分散体系,有较大的分散度,因而具有很大的比表面积和表面自由能,粉体的性质也因此多种多样。

二、粉体学在药剂学中的应用

药剂学中的某些制剂,如散剂、颗粒剂、胶囊剂、片剂和注射用粉末,均是由粉体加工制成的;一些药用辅料,如稀释剂、黏合剂、崩解剂、润滑剂等本身也属于粉体;其他非固体剂型(如混悬剂、乳剂、粉末气雾剂等)的加工也要涉及粉体。因此粉体学是药剂学的重要基础知识之一。

1. 改变粉体特性可提高制剂工艺中的混合均匀性

几乎所有的固体制剂加工均有原辅料粉末混合这一操作。当原辅料粉末的粒径或密度相差较大时,不仅难以混匀,即使已经混匀的粉末也会因继续加工、运输过程中的振动而产生分层,因此在制剂制备过程中应该使原辅料粉末的粒径、粒径分布、密度、形态等特性尽量接近。若某一种辅料与其他的原辅料的密度有较大差别,应考虑更换;若粒径相差悬殊,应将粒径大的原辅料粉碎后再与其他的原辅料混合,这样才能保证粉末间混合的均匀性。

2. 改变粉体的堆密度和流动性能够提高分剂量的准确性

粉末或颗粒的分剂量,如散剂和颗粒剂的分装、胶囊剂的填充、片剂的分剂量压片等,是固体制剂生产中的重要操作过程。分剂量的准确性是固体制剂的重要检验指标之一。散剂、颗粒剂、胶囊剂、片剂生产中一般是按容积分剂量的,分剂量所需容量常按照制剂的剂量和粉末或颗粒的堆密度确定,要提高分剂量的准确性,必须改善粉体的流动性。流动性差的粉体可以加入微粉硅胶等助流剂或硬脂酸镁等润滑剂,以改善粒子表面性质提高其流动性。在一定范围内,粉体的粒径越大,其流动性越好,因此,在胶囊剂和片剂的制备工艺中,常在粉末中加入合适的黏合剂制成颗粒后再进行填充或分剂量操作。

3. 改变粉体的理化特性提高片剂的可压性和崩解性

粉体的形态对片剂的可压性有较大影响,要提高片剂的可压性,必须改变粉体的形态。粉体呈立方晶体时,具有较高的晶体对称性,可压性好,所得片剂的硬度大。粉体呈鳞片状、针状时,因结晶为横向排列,制成的片剂易顶裂,因此不宜直接压片,需经粉碎或重结晶等加工处理后再压片。

4. 改善粉体特性,提高制剂稳定性、安全性和有效性

要使混悬液具有良好的物理稳定性,减小粉体的粒径和提高粒径分布的均匀性是两种行之有效的解决方法。胃肠道造影剂硫酸钡混悬液就是通过上述两种方法防止粉体沉降和结块的。

一般眼用、注射用混悬液中粉体的粒径分布 D_{90} 应在 $15\mu m$ 以下。混悬型滴眼剂和软膏剂中粉体的粒径越小,疗效越明显。若药物粒径粗大,不仅不能增加药物的吸收,而且会加大对用药部位的刺激性,使病情加剧。因此,只有降低药物粉体的粒径,才能提高用药的安全性和有效性。

疏水性较强的难溶性药物的溶出速度是吸收的重要限速步骤,通过改变难溶性药物粉末的粒径大小、形态和可润湿性,可明显改变粉体接触液体介质的有效面积,从而可提高其溶出速度,使吸收和疗效增加。

三、粒子的大小

粉体是经粉碎等过程得到的粒子集合体,这种不均一的粒子集合体具有两个基本特性:①粒子大小(即粒径)和粒子大小的分布(即粒径分布);②粒子的形态和比表面积。

1.粒径

粒径是指粒子的直径,是用来表示粉体中粒子的大小。其表示方法有以下几种。

(1)几何粒径　在光学显微镜或电子显微镜下观察粒子几何形状所确定的粒子径。

①长径、短径和外接圆等价径:粒子最长两点间距离为长径,粒子最短两点间距离为短径,粒子投影外接圆的直径为外接圆等价径,如图6-1(1)(2)(4)所示。

②定向径:全部粒子按同一方向测得的粒径,如图6-1(3)所示。

③等价径:对形态不规则的粒子,选择具有相同表面积或体积的粒子的等价球体,与该球体的投影面积相等的圆的直径称为等价径,如图6-1(5)所示。

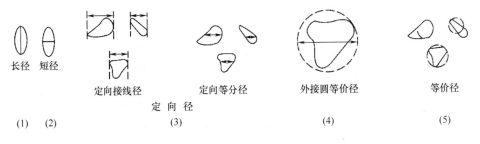

图6-1　粒子径的表示方法

(2)比表面积径　比表面积是指单位重量或体积的表面积。比表面积径是指用吸附法或透过法测定粉体的比表面积后推算出的粒子径。

(3)有效径　又称Stokes径,系指用沉降法求得的粒子径,它实际上是指与被测定粒子有相同沉降速度的圆球形粒子的直径。常用以测定混悬液的粒子径。

(4)平均粒径　由若干粒子径的平均值表示的粒径称为平均粒径。粉体是由大小不一的粒子所组成的集合体,所以不能用某一个粒子的粒径来代表粉体的粒径。常需测定若干粒子的大小,一般用这些粒径的算术平均值来表示粉体的粒径。根据需要利用测定结果可以计算代表粉体物理性质(如长度、表面积、体积和比表面积)的多种平均粒径(算术平均径、几何平均径、面积平均径、体积平均径、体积-面积平均径等)。

各种平均径只有在特定情况下才有实用意义,例如粉体的填充、分剂量与体积平均径有关;粉体的溶解、吸收与面积平均径有关;粉体的比表面积求算时则用体积-面积平均径。

2.粒径分布

粉体在某一粒径范围内的粒子占有的数目或重量百分率,称为粒径分布。两

137

种粉体的平均粒径虽然相同,若粒径分布差别很大,其理化性质就会有较大差异,从而可能使药物的溶出度和生物利用度有差异。

《中国药典》(2020 年版)二部收录了一种测定原料药和药物制剂粒径分布的方法,即光散射法。所用仪器为激光散射粒度分布仪。此法的测量范围可达 0.02 ~ 3 500μm。测定原理为:单色光束照射到颗粒或粉末的表面即发生散射现象,由于散射光的能量分布与颗粒或粉末的大小有关,通过测量散射光的能量分布(散射角),依据米氏散射原理和弗朗霍夫近似理论,即可计算出颗粒的粒径分布。

粒径分布常用粒径分布图来表示,如图 6 - 2 所示,粒径分布图的横坐标为该粉体的粒径范围,纵坐标为一定粒径范围内粒子数目的百分率或粒子质量百分率。一般情况下,粉体粒子的粒径分布为正态分布。

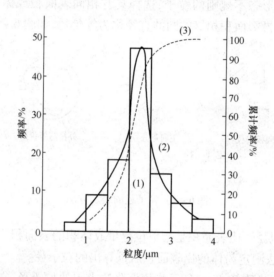

图 6 - 2　粒径分布图
(1)粒径分布直方图　(2)粒径分布曲线图　(3)粒子累计分布曲线图

3. 粒径的测定方法

粒子大小的直接测定方法有显微镜法和筛分法,间接的测定方法有库尔特计数法、沉降法和比表面积法等,它们是利用与粒子大小有关的某些特性(如渗透性、沉降速度和吸附性等)来间接测定粉体的粒径。《中国药典》(2020 年版)二部收录了两种测定药物制剂粒径的方法,即光学显微镜法和筛分法。

(1)光学显微镜法　显微镜法实际上测定的是粒子投影的粒径,而不是粒子本身的粒径,测定时一般应选择视野中 300 ~ 600 个粒子测定,若粒子比较均匀,则测定 200 个粒子也行。此法可测定的粒径范围一般为 0.5 ~ 100μm。显微镜法可用于测定混悬剂、乳剂、混悬型软膏剂、散剂和其他粉体的粒径。

(2)筛分法　筛分法是用筛孔的孔径表示粒径的方法。测定时将分样筛按从上向下、由粗到细的顺序排列,取一定量的样品置于最上层,振动一定时间后,称取留在每一筛上的粉末量,求得各筛上粉体的重量百分比,用相邻两筛的孔径平均值表示该层粉体粒径大小。

(3)库尔特计数法　库尔特计数法又称电感应法,系根据库尔特原理,利用电阻变化技术,快速测定电解液中粒子或液滴的粒度。此法测定的结果为体积等价径。

库尔特计数仪(图6-3)主要由小孔管和分析器组成。测定时,将待测粉体混悬于适宜的电解质溶液中,倒入样品杯中,将小孔管浸没在样品混悬液中,孔的内外各加一个测定电阻用的电极,打开小孔管上方的阀门,使其与真空系统相连,使含有粉体的稀混悬液通过小孔缓缓抽入小孔管,当粉体通过小孔时,使两极间的电阻瞬间增大,产生一个大小与粒子体积成正比的电压脉冲,此脉冲经电子分析器放大并转化成粉体的粒径,并打印或描绘出粒度的分布数据和曲线。

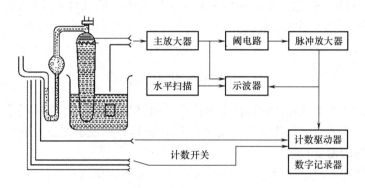

图6-3　库尔特计数仪示意图

粒子通过小孔的速度为4 000个/s,本法可用于测定粉末药物、混悬液、乳剂、脂质体等制剂的粒度分布,也可以用于注射剂的不溶性微粒检查。

(4)沉降法　在混悬液体中粒子的沉降速度服从Stokes定律,即沉降速度与粒子半径的平方、重力加速度以及粒子与分散介质的密度差成正比,与分散介质的黏度成反比。因此当测定粒子的沉降速度后,根据Stokes公式可计算出粒径。

四、粉体的比表面积

1. 比表面积的定义

比表面积是指单位重量或体积粉体所具有的粒子表面积。分别用 S_w 和 S_v 表示:

$$S_w = \frac{6}{\rho d_{vs}} \qquad (6-1)$$

$$S_v = \frac{6}{d_{vs}} \qquad (6-2)$$

式中　ρ——粒子真密度

　　d_{vs}——体积/面积平均径

上述两公式为球形粒子比表面积表示方法,非球形粒子比表面积表示方法比较复杂,这里就不做介绍了。

2. 比表面积的测定方法

粉体粒子的比表面积测定方法主要有气体吸附法、透过法和折射法等。

(1)气体吸附法　气体吸附法是测定粒子比表面积的常用方法,该方法利用粉体对气体吸附能力的强弱与其比表面积之间的关系,通过测定粉体吸附气体的量来计算比表面积。一般用氮气进行测定,通常用于测定粒度在 $2\sim75\mu m$ 的固体粉体试样。

(2)透过法　透过法是将气体或液体透过粉体,根据透过前后压力的变化及透过速度与粉体比表面积三者之间的关系来求出比表面积。

(3)折射法　折射法是将粉体混悬于不同折射率的几种液体中,利用其折射率与比表面积间的关系,测定光通过不同混悬液的强度和长度来计算其比表面积。

五、粉体的密度和孔隙率

粉体的体积不仅包括粉体自身的体积,而且包括粉体粒子之间的空隙和粒子内的孔隙。粉体密度和孔隙率的表示方法,因粉体体积表示方法的不同而不同。

1. 粉体的密度

单位体积的质量称为密度。粉体的密度因粉体体积表示方法的不同,而有真密度、粒密度和松(表观)密度三种表达形式。除去微粒内和微粒间空隙占有的体积后求得真实粉体体积(称为粉体真体积 V_∞),并测其重量而求出的密度称为真密度(true density, ρ)。除去微粒间空隙,但不排除微粒内孔隙,测定其体积和重量而求出的密度称为粒密度(granule density, ρ_g)。单位体积粉体的重量称为松密度(bulk density, ρ_b),又称为堆密度,这里的体积是指微粒的体积、微粒内空隙以及微粒间空隙所占的总体积。若粒子真体积为 V_∞,粒子内孔隙为 V_1,粒子间空隙为 V_2,表观体积为 V,粉体的重量为 W,则粉体密度的公式分别为:

$$\rho = \frac{W}{V_\infty} \tag{6-3}$$

$$\rho_g = \frac{W}{V_\infty + V_1} \tag{6-4}$$

$$\rho_b = \frac{W}{V_\infty + V_1 + V_2} = \frac{W}{V} \tag{6-5}$$

2. 粉体的孔隙率

粉体的孔隙,包括粉体粒子本身的孔隙和粉体粒子间的空隙。粉体的孔隙率(porosity, ε)包括粒子内孔隙率 ε_1、粒子间孔隙率 ε_2 和全孔隙率 ε。粒子内孔隙

率 ε_1 为粉体粒子内孔隙 V_1 与粉体粒子体积($V_\infty + V_1$)的比值。粒子间孔隙率 ε_2 为粉体粒子间空隙 V_2 与粉体表观体积的比值。粉体的全孔隙率 ε 为粉体粒子内孔隙及粉体粒子间空隙所占体积与粉体表观体积的比值。

六、粉体的流动性

流动性是粉体的重要性质之一,散剂分装、胶囊剂填充和片剂分剂量压片等操作均要求物料有良好的流动性,以保证分剂量的准确性。

1. 粉体流动性的表示方法

粉体流动性可用休止角(angle of repose)、流出速度(flow rate)等表示。

(1)休止角　休止角是指静止状态的物料在水平面堆积形成的料堆的自由表面与水平面之间的夹角,又称堆角,用 α 表示,如图 6-4 所示。测定休止角的方法有固定漏斗法[图 6-4(1)]、固定圆锥槽法[图 6-4(2)]、倾斜箱法[图 6-4(3)]和转动圆柱体法[图 6-4(4)]等,不同测定方法间结果有差异,同一方法也因条件不同而使结果有所不同。休止角 α 越小,流动性也越好。一般认为,当粉体的休止角小于 30°时,其流动性良好,休止角大于 40°时,流动性不好。

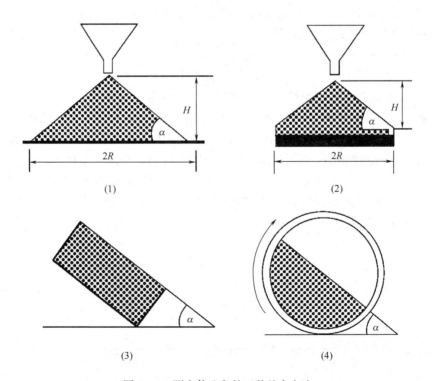

图 6-4　测定休止角的四种基本方法

(2)流出速度　单位时间里粉体从一定孔径的孔或管中流出的量叫流出速度。流出速度越快,粉体的流动性也越好。测定方法是在圆筒容器的底部开口

（出口大小视粉体的粒径大小而定，一般来说，孔的直径不宜小于粉体粒径的 5 倍），将粉体装入容器内，测定单位时间里流出的粉体量，如图 6－5 所示。

2. 改善流动性的方法

（1）适当增加粉体粒径　粉体的粒径越小，其附着性和凝聚性也越大，流动性也就越差。这是由于粉体的粒径越小，其表面自由能也就越大，粉体就会产生自发的附着和凝聚。因此在制剂生产中要适当控制粒子的大小，使其具有一定的流动性，以满足制剂的需要。

（2）控制含湿量　含湿量大的粉体，其凝聚性和附着性均会显著增加，使其流动性降低；粉体的含湿量如果过少，容易产生分层和粉尘飞扬等，因此在制剂过程中应控制合适的含湿量。

（3）加入少量的润滑剂或助流剂　加入少量的润滑剂或助流剂，可减少粉体粒子表面的粗糙性，降低粒子间的凝聚性，减小休止角，增大其流动性。

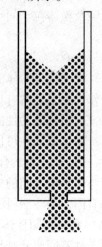

图 6－5　流出速度测定示意图

（4）添加少量细粉　一般在粒径较大的粉体中加入 1%～2% 的物料细粉，可改善其流动性。

七、粉体的润湿性

粉体表面上已被吸附的空气被液体置换的现象称为润湿，该性质称为润湿性。粉体的润湿性是粉体的重要性质之一，湿法制粒、颗粒和片剂包衣以及混悬液制备等过程均要求原辅料具有良好的润湿性。片剂的崩解和难溶性药物的溶出速度也与润湿性相关，因为润湿是崩解和溶出的第一步。常用接触角来表示液体在粉体表面上的润湿能力。设液体在固体表面上形成如图 6－6 所示的水滴。达平衡时，A 点表示气、液、固三相交界点，气－液界面经液体而与固－液界面之间的夹角 θ 称为接触角（contact angle）。

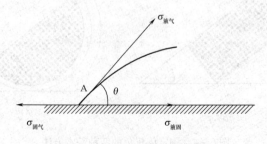

图 6－6　接触角与各界面张力的关系

接触角的大小反映了液体在粉体表面的润湿情况。通常是以 $\theta = 90°$ 作为润湿与否的分界线。$0° < \theta < 90°$，表示液体在粉体表面上润湿，呈棱镜状，如图6-7(1)所示。$90° < \theta < 180°$，表示液体在粉体表面上不润湿，呈平底球状，如图6-7(2)所示。$\theta = 0°$，液体在粉体表面上完全润湿并铺展，如图6-7(3)所示。此外，在毛细管中呈凹形半球状的液面也属于这一类。$\theta = 180°$，液体在粉体表面上完全不润湿，如图6-7(4)所示。在上述公式适用的范围内，接触角θ愈小，润湿性能愈好，故可用接触角的大小来衡量润湿性能的优劣。

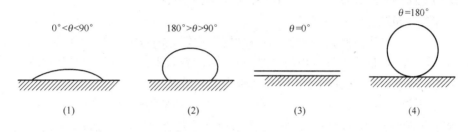

图6-7　液滴在固体表面上的不同θ角

接触角的测定常用的有插板法、投影量角法等，但这些方法由于界面易受外来污染物影响及粉体表面并非理想光滑，其测定结果重复性较差。

第二节　散　　剂

一、概　　述

散剂系指一种或数种药物经粉碎、均匀混合或与适量辅料均匀混合而成的干燥粉末状制剂，可供内服和外用。散剂为一种传统的中药固体制剂，化学药物散剂由于颗粒剂、胶囊剂、片剂的发展，制剂品种已不太多，但在皮肤科和外伤科用药中仍有其独特之处。

散剂的分类方法一般有三种：按照组成药味的多少，可以分为单散剂(由一种药物组成)和复方散剂(由两种或两种以上药物组成)；按照剂量情况，可以分为分剂量散剂和不分剂量散剂；按照用途，可以分为内服散剂和外用散剂。内服散剂一般溶于或分散于水或其他液体中服用，也可直接用水送服。外用散剂可供皮肤、口腔、咽喉、腔道等处应用；专供治疗、预防和润滑皮肤的散剂也可称为撒布剂或撒粉。

散剂的主要特点是具有较大的比表面积，容易分散，药物溶出速度快、起效迅速。但也正是由于药物粉碎后比表面积较大，必将进一步加剧药物的臭味、刺激性或化学不稳定性，所以一些腐蚀性较强、刺激性较大、遇光、热、湿容易变质的药物一般不宜制成散剂。尽管如此，散剂属于固体制剂，与液体制剂相比稳定性相对较好。散剂尤其适合应用于外伤，可迅速起到保护、吸收分泌物、促进凝血和愈合的作用。此外,散剂制法简便,剂量可随意调整,运输携带方便,尤其适合于小儿服用。

二、散剂的制备

散剂制备的一般过程为:粉碎→过筛→混合→分剂量→质量检查→包装。因成分或数量的不同,个别散剂可将其中的几步工序结合进行。用于深部组织创伤及溃疡表面的外用散剂,应在清洁、避菌的环境中制备。

1. 粉碎和过筛

在固体制剂中,通常将药物与辅料总称为物料。制备散剂的物料均需适当粉碎,其目的是:保证物料混合均匀;增加药物的比表面积,促进药物的溶解吸收,提高生物利用度;减少外用时由于颗粒大带来的刺激性等。

粉碎的方法有干法粉碎和湿法粉碎。干法粉碎是将药物干燥到一定程度(一般水分含量小于5%)后粉碎的方法;湿法粉碎是在药物粉末中加入适量的水或其他液体再研磨粉碎的方法。湿法粉碎可以降低药物之间的相互吸附与聚集,提高粉碎的效率。

粉碎后的物料,还须进行过筛分级,分离出符合规定细度的粉末才能使用。根据药典的规定,一般药物应为细粉,其中能通过6号筛的粉末含量不少于95%;难溶性药物、收敛剂、吸附剂、儿科或外用散剂应为最细粉,其中能通过7号筛的粉末含量不少于95%;眼科用散剂应为极细粉,其中能通过9号筛的粉末含量不少于95%。

2. 称量和混合

称量是指选择合适的计量工具,按照需要量取经过粉碎、过筛的物料的过程。称量是制剂工作中最基础的操作,为后续操作成败的关键。

混合是指两种以上组分的物质均匀混合操作的统称。混合也是散剂制备的一个重要工艺过程,其目的是使散剂,特别是复方散剂中各组分分散均匀,色泽一致,以保证剂量准确,用药安全有效。对含有毒、剧毒或贵重药物的散剂具有更重要的意义。

(1)混合机制　固体物料混合时,一般伴有以下一种或几种机制。

①对流混合:系指粉体在容器中翻滚,或用桨、片、相对旋转螺旋,将大量的粉体从一处转移到另一处的过程。其混合效率取决于所用混合器的种类和粉体数量。

②剪切混合:系指粉体不同组分的界面发生剪切,平行于界面的剪切力可使相似层进一步稀释,垂直于界面的剪切力可加强不相似层稀释程度,从而降低粉体的分离度,达到混合的目的。

③扩散混合:系指混合容器内粉体和紊乱运动改变其彼此的相对位置而发生混合的现象。这是由单个粉粒发生的位移,搅拌可使粉粒间产生运动而使粉体分

离度降低,达到扩散均匀,提高混合度。

(2)混合方法 常用方法有:搅拌混合、研磨混合与过筛混合。

①搅拌混合:系将药物细粉置一定量容器中,用适当的器具搅拌混合的方法。此法简便易行,但器具搅拌混合的效率较低,多做初步混合之用。

②研磨混合:系将药物粉体置研磨器具中,在研磨粉粒的同时进行混合的方法。此法适合小剂量结晶性药物的混合,但不适于引湿性和爆炸性成分的混合,混合效率较高。

③过筛混合:系将散剂各组分混合在一起,通过适宜孔径的筛网使药物达到混合均匀的方法。此法由于细粉的粒径、相对密度不同,过筛后的混合物仍需适当搅拌才能混合均匀,常用于散剂的大生产。

在实际工作中,小量散剂的配制常用搅拌和研磨混合;大量散剂的生产过程中常用搅拌和过筛混合相结合的方法,特殊品种亦采用研磨和过筛相结合的方法。

(3)混合设备 在大批量生产中的混合过程多采用搅拌或容器旋转使物料产生整体和局部的移动而达到混合目的。对于含有剧毒药品、贵重药品或各组分混合比例相差悬殊时用"等量倍增"的原则进行混合。

固体的混合设备大致分为容器旋转型和容器固定型两大类。

①容器旋转型混合机:容器旋转型是靠混合机容器自身的旋转作用带动物料上下运动而使物料混合的设备,其形式多样,如图6-8所示。

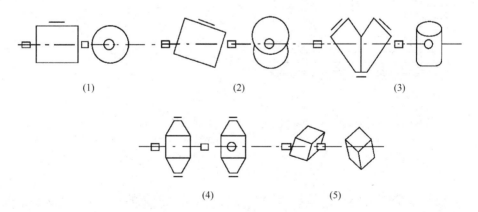

图6-8 旋转型混合机型
(1)水平圆筒型 (2)倾斜圆筒型 (3)V 型 (4)双锥型 (5)立方型

水平圆筒形混合机是筒体在轴向旋转时带动物料向上运动,并在重力作用下往下滑落的反复运动中进行混合。总体混合主要以对流、剪切混合为主,而轴向混合以扩散混合为主。

V 形混合机是由两个圆筒成 V 形交叉结合而成。物料在圆筒内旋转时,被分成两部分,而使这两部分重新汇合在一起,这样反复循环,在较短时间内即能混合均匀。本混合机以对流混合为主,混合速度快,在旋转混合机中效果最好。

双锥型混合机系在短圆筒两端各与一个锥型圆筒结合而成,旋转轴与容器中心线垂直。

②容器固定型混合机:容器固定型混合机是物料在容器中靠叶片、螺带或气流的搅拌作用进行混合的设备。常用混合机有:搅拌槽型混合机、锥型垂直旋转混合机。

搅拌槽型混合机(图6-9)由断面为U型的固定混合槽和内装螺旋状二重带式搅拌浆组成,搅拌浆可使物料在不停地以上下、左右、内外的各个方向运动的过程中达到均匀混合。混合时以剪切混合为主。

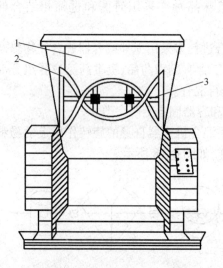

图6-9 搅拌槽型混合机

1—混合槽 2—搅拌浆 3—固定轴

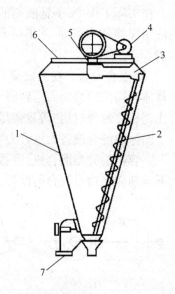

图6-10 锥型垂直螺旋混合机

1—锥型筒体 2—螺旋浆 3—摆动臂 4—电机
5—减速器 6—加料口 7—出料口

锥型垂直旋转混合机(图6-10)是由锥型容器和内装的一个至二个螺旋推进器组成,螺旋推进器在容器内既有自转又有公转,在混合过程中,物料在推进器的作用下自底部上升,又在公转作用下在全容器中产生漩涡和上下的循环运动。

(4)影响混合的因素 散剂混合程度的优劣将直接影响到制剂的质量、疗效及其毒副作用。影响混合的因素主要有以下几种。

①物料粉体性质的影响:物料粉体性质如粒度分布、粒子形态及表面状态、粒子密度及堆密度、含水量、流动性(休止角、内部摩擦系数等)、黏附性、凝集性等均会影响混合过程。特别是粒径、粒子形态、密度等在各个成分间存在显著差异时,

混合过程中或混合后容易发生离析现象而失去均匀混合。

②设备因素的影响：混合机的形状及尺寸、内部插入物（挡板、强制搅拌等）、材质及表面情况等，均会对混合有较大的影响。

③操作条件的影响：物料的充填量、装料方式、混合比、混合机的转动速度及混合时间等，均会影响混合的均匀性。

3.分剂量、包装和贮存

（1）分剂量　系将混合均匀的散剂，按临床需要剂量分成等重份数的过程。常用的办法有目测法（或称估分法）、重量法和容量法。

①目测法：系将一定重量的散剂，根据目测分成所需的若干等份。此法简便，适合于药房小量调配，但误差大（±20%），对含有细料和剧毒药物的散剂不宜使用，亦不适用于大生产。

②重量法：系根据每一剂量要求，用适宜称量器具（如天平），逐一称量后包装。这是目前分剂量机械中常采用的定量方式，它可有效地避免容量法由于每批散剂粒度和流动性差异造成的误差，应用该法时必须严格控制散剂的含水量，否则易造成误差。此法分剂量准确，但操作麻烦，效率低，主要用于含毒剧药物、贵重药物散剂的分剂量。

③容量法：系根据每一剂量要求，采用适宜体积量具逐一分装。该法在某些分剂量机械中仍在采用，采用容量法时，散剂的粒度和流动性是分剂量是否准确的关键因素。此法效率较高，但准确性不如重量法。目前药房大量配制普通药物散剂时所用的散剂分量器，药厂使用的自动分包机、分量机等均是采用容量法原理分剂量的。

（2）散剂的包装和贮存　散剂包装和贮存的重点在于防潮，因为散剂的分散度大，所以吸湿性和风化性较显著。散剂吸湿后会发生潮解、结块、变色、分解、霉变等一系列变化，这将严重影响散剂的质量和用药安全性。所以在包装和贮存中主要应解决好防潮的问题。包装时应根据其吸湿性的强弱选择合适的包装材料和方法，贮存中应注意选择适宜的贮存条件。

①散剂的包装：常用的包装材料有包药纸（包括有光纸、玻璃纸、蜡纸等）、塑料袋、玻璃管或玻璃瓶等。各种材料的性能不同，决定了它们的适用范围也不相同。有光纸适用于性质较稳定的普通药物，不适用于吸湿性的散剂；玻璃纸适用于含挥发性成分及油脂类的散剂，不适用于引湿性、易风化或易被二氧化碳等气体分解的散剂；蜡纸适用于包装易引湿、风化及二氧化碳作用下易变质的散剂，不适用于包装含冰片、樟脑、薄荷脑、麝香草酚等挥发性成分的散剂。塑料袋的透气、透湿问题未完全克服，应用上受到限制。玻璃管或玻璃瓶密闭性好，本身性质稳定，适用于包装各种散剂。

分剂量散剂可用包药纸包成五角包、四角包及长方包等，也可用纸袋或塑料袋包装。不分剂量的散剂可用塑料袋、纸盒、玻璃管或瓶包装。玻璃管或瓶包装可加盖软木塞用蜡封固,或加盖塑料内盖。用塑料袋包装,应热封严密。有时在大包装中装入硅胶等干燥剂。复方散剂用盒或瓶装时,应将药物填满、压紧,否则在运输过程中往往由于组分密度不同而分层,以致破坏了散剂的均匀性。

②散剂的贮存:散剂应密闭贮存,含挥发性或易吸湿性药物的散剂,应密封贮存。除防潮、防挥发外,温度、微生物及光照等对散剂的质量均有一定影响,应予以重视。

4. 质量检查

《中国药典》(2020年版)二部收载了散剂的质量检查项目,主要包括粒度、外观均匀度、干燥失重、水分、装量差异、装量、含量、无菌、微生物限度检查等。

三、散剂制备及贮存中的特殊问题

1. 散剂制备中应注意的特殊问题

(1)制备散剂的物料均至少应粉碎成细粉。除另有规定外,口服散剂应为细粉,难溶性药物、收敛剂、吸附剂、儿科或外用散剂应为最细粉,眼科用散剂应为极细粉。在这一点上,散剂比其他剂型要求严格,颗粒剂、胶囊剂和片剂等的物料一般只要求通过80目筛即可。

(2)颗粒剂、胶囊剂和片剂等剂型在物料混匀后一般均有制粒步骤,这样可以防止混匀的物料发生离析现象,而散剂没有制粒步骤,混匀的物料在后续的运输和贮存过程中容易发生离析现象,致使原辅料混合不匀。对于不分剂量散剂,可能会单次服用过量药物而导致药物中毒。为避免这一情况的发生,在散剂的制备过程中应尽量选用与主药粉体性质相似的赋形剂并采用适宜的方法使其充分混匀。

(3)对于剂量小的毒性药物,应将其与一定比例量的赋形剂混合制成稀释散(或称倍散),以利临时配方。

2. 散剂贮存中应注意的特殊问题

散剂因分散性大,具有较大的比表面积,理化反应速度、吸湿性、对光敏感度等性质均比其他剂型要大得多,为保持其疗效和保证用药安全性,应将其保存于光照强度小、温度和相对湿度适宜的环境中,以防止其发生变质。

四、散剂举例

一般散剂的制备过程前已叙述,但对一些特殊散剂处方,必须采用适宜的制备工艺以便获得较高质量的散剂,下面就一些具有代表性的特殊散剂的制备做简要的说明。

例6-1 复方氯化钠散(口服补液散)

【处方】氯化钠3.5g 氯化钾1.5g 柠檬酸钠2.9g 无水葡萄糖20.0g

【制备】取氯化钠、无水葡萄糖研细,混匀(必要时过筛),装于一大塑料薄膜袋

（A）中；另取氯化钾、柠檬酸钠研细，混匀（必要时过筛），封装于另一较小塑料薄膜袋（B）中；将B袋装入A袋中，封口即得。

【注解】本品易吸潮，葡萄糖吸湿后易变色，故应贮藏在防湿容器中。本品制备过程中采用分别包装成A、B袋，以达到避免散剂中混合CRH（临界相对湿度）过低，减少吸湿性，提高葡萄糖的稳定性。服用时取A、B各一袋，加温开水1 000mL溶解后口服。本品为内服散剂，用于补充体内电解质和水分，用于腹泻、呕吐等引起的轻度和中度脱水。

例6-2　1:100硫酸阿托品散

【处方】硫酸阿托品 1.0g　1%胭脂红乳糖 0.5g　加乳糖至 100.0g

【制备】先研磨乳糖使乳钵内壁饱和后倾出，将硫酸阿托品与1%胭脂红乳糖置乳钵中研合均匀，再按等量递加的混合原则逐渐加入所需量的乳糖，充分研合，待全部色泽均匀即得。

1%胭脂红乳糖的制备：取胭脂红置于乳钵中，加90%乙醇10~20mL，研匀，再加少量的乳糖研匀，至全部加入混合均匀，并用50~60℃温度干燥后，过筛即得。

【注解】如需配发硫酸阿托品0.5mg×10包，可称取硫酸阿托品百倍散0.5g，加适量乳糖，混合均匀，分成10包发出。按硫酸阿托品计，一次0.3~0.6mg，一日0.6~1.8mg。硫酸阿托品为胆碱受体阻断药，可解除平滑肌痉挛，抑制腺体分泌，散大瞳孔。本品主要用于胃肠道、肾、胆绞痛等。

第三节　颗　粒　剂

一、概　　述

颗粒剂系指药物与适宜辅料制成的具有一定粒度的干燥颗粒状制剂。若粒径在105~500μm范围内，又被称为细粒剂。颗粒剂系内服剂型，既可口服，又可分散于水中服用。根据颗粒剂在水中的分散情况，可将其分为可溶颗粒剂、混悬颗粒剂、泡腾颗粒剂、肠溶颗粒剂、缓释颗粒剂和控释颗粒剂等。

二、颗粒剂的制备

颗粒剂的制备工艺与片剂相似，采用片剂湿法制粒的主要步骤，但不需要压片，将制得的颗粒直接包装。其主要制备工艺流程为：

粉碎→过筛→混合→制软材→过筛制粒→干燥→整粒→分级或包衣→分剂量→包装

1. 粉碎、过筛、混合

颗粒剂的制备工艺中，药物的粉碎、过筛、混合操作完全与散剂的制备过程相同。

2. 制软材

将药物与适当的稀释剂(如淀粉、糊精、微晶纤维素、蔗糖、乳糖等)、崩解剂(如淀粉及其衍生物、纤维素类衍生物等)充分混匀,再加入用水或有机溶剂溶解的黏合剂溶液,充分搅匀,即得软材。制软材时黏合剂的加入量可根据经验以"手握成团、压之即散"为标准确定。

3. 制湿颗粒

湿颗粒的制备常采用挤出制粒法,将软材挤压过适宜的筛网即成颗粒。少量生产时,可用手将软材握成团块,用手掌轻轻压过筛网即得。在工厂生产中均使用颗粒机制粒。最常用的制粒机为摇摆式颗粒机和高速搅拌制粒机。除了这种传统的过筛制粒法以外,近年开发了许多新的制粒方法和设备并应用于生产实践,其中最典型的就是沸腾制粒。沸腾制粒可在一台机器内以沸腾形式完成混合、制粒、干燥,故沸腾制粒机又称为一步制粒机。

4. 湿颗粒的干燥

除了沸腾制粒法(或称流化喷雾制粒法)制得的颗粒已被干燥外,其他方法制得的湿颗粒必须再用适宜的方法加以干燥,以免结块和受压变形。干燥温度由原料药性质而定,一般以 50～60℃ 为宜。一些对湿热稳定的药物,为缩短干燥时间,可以将干燥温度升高到 80～100℃。干燥时温度应逐渐升高,否则颗粒表面干燥后结成一层硬膜而影响内部水分的蒸发。颗粒中如有淀粉或糖粉,骤遇高温时能引起糊化或熔化,使颗粒变硬不易崩解。

生产中常用的干燥设备有厢式(如烘房、烘箱等)干燥器、沸腾干燥器、微波干燥器或远红外干燥器等干燥设备。

5. 整粒与分级

一般采用过筛的方法对颗粒进行整粒和分级。湿颗粒在干燥的过程中,可能发生粘连,导致部分颗粒形成条状或块状,因此要对干燥后的颗粒给予适当的整理,以便使粘连、结块的颗粒散开,获得具有一定粒度的均匀颗粒,这就是整粒的目的。分级的具体操作为:按粒度规格的上限,过一号筛,把不能通过的部分进行适当粉碎,然后按照粒度规格的下限,过四号筛,以进行分级除去粉末部分。

6. 包衣

对颗粒剂进行包衣,是为了达到矫味、矫臭、稳定、缓释、控释或肠溶等目的。一般常用薄膜衣。

7. 半成品含量测定、分剂量和包装

将制得的颗粒进行干燥失重检查、粒度检查、溶化性检查、含量测定等,合格后,按剂量装入适宜袋中,密封包装,置干燥处保存,以免受潮变质。

8. 成品质量检查

《中国药典》(2020 年版)二部中收载了颗粒剂成品的质量检查项目,主要包括性状(外观)、粒度、干燥失重、水分、溶化性、装量、装量差异、含量等检验项目。

三、颗粒剂举例

例6-3　复方维生素B颗粒剂

【处方】盐酸硫胺1.20g　核黄素0.24g　盐酸吡多辛0.36g　烟酰胺1.20g 混悬泛酸钙0.24g　苯甲酸钠4.0g　柠檬酸2.0g　橙皮酊20mL　蔗糖粉986g

【制备】将核黄素加蔗糖粉混合粉碎3次，过80目筛；将盐酸吡多辛、混悬泛酸钙、橙皮酊、柠檬酸溶于纯化水中作润湿剂；另将盐酸硫胺、烟酰胺等与上述稀释的核黄素拌和均匀后制粒，于60~65℃干燥，整粒，分级即得。

【注解】处方中的核黄素带有黄色，需与辅料充分混合均匀；加入柠檬酸使颗粒呈弱酸性，以增加主药的稳定性；核黄素对光线敏感，操作时应尽量避光。本品用于营养不良、厌食、脚气病及因缺乏维生素B所导致的各种疾患的辅助治疗。

例6-4　布洛芬泡腾颗粒剂

【处方】布洛芬60g　交联羧甲基纤维素钠3g　聚维酮1g　糖精钠2.5g　微晶纤维素15g　蔗糖细粉350g　苹果酸165g　碳酸氢钠50g　无水碳酸钠15g 橘型香料14g　十二烷基硫酸钠0.3g

【制备】将布洛芬、微晶纤维素、交联羧甲基纤维素钠、苹果酸和蔗糖细粉过16目筛后，置于混合器中与糖精钠混合。混合物用聚维酮异丙醇液制粒，干燥过30目筛整粒后与处方中剩余的成分混匀。混合前，碳酸氢钠过30目筛，无水碳酸钠、十二烷基硫酸钠和橘型香料过60目筛。制成的混合物装于不透水的袋中，每袋含布洛芬600mg。

【注解】处方中微晶纤维素和交联羧甲基纤维素钠为不溶性亲水聚合物，可以改善布洛芬的混悬性，十二烷基硫酸钠可以加快药物的溶出。本品具有消炎、解热、镇痛作用，用于类风湿性关节炎、风湿性关节炎等的治疗。

第四节　胶　囊　剂

一、概　　述

胶囊剂（capsules）系指药物或药物和辅料的混合物充填于空心胶囊或密封于软质胶囊中的固体制剂。填装的药物可为粉末、液体或半固体。胶囊剂一般供口服，也有用于其他部位的，如直肠、阴道等。

胶囊剂分为硬胶囊、软胶囊（胶丸）、缓释胶囊、控释胶囊和肠溶胶囊。胶囊有以下特点。

（1）胶囊剂可以掩盖药物的苦味和不良臭味，病人服药顺应性好。

（2）胶囊剂在胃肠道中分散快、溶出快、吸收好，一般比片剂奏效快、生物利用度高。

（3）可弥补其他剂型的不足，剂型中含油量高不容易制成片剂或丸剂的药物可以制成胶囊剂。

（4）对光敏感、遇湿热不稳定的药物，可填装于不透光的胶囊中，以防止药物受湿气、空气中氧和光线的作用，以提高其稳定性。

（5）可制成缓、控释制剂。

尽管胶囊剂优点很多，但有下列情况的药物不适宜制成胶囊剂。

（1）药物的水溶液或稀醇溶液能使胶囊壁溶解，不能制成胶囊剂。

（2）易风化和吸湿性强的药物，因分别可使胶囊壳变脆和软化，不宜做成胶囊剂。

（3）易溶性的刺激性药物也不宜制成胶囊剂。

二、硬胶囊剂的制备

1. 空心胶囊的生产

（1）空心胶囊的组成　明胶是空心胶囊的主要成囊材料，它是动物的皮、骨、腱与韧带中含有的胶原经部分水解提取而得的一种复杂的蛋白质。不同来源的明胶其物理性质有较大差异，如以骨骼为原料制成的明胶质地坚硬、性脆且透明度较差；以猪皮为原料制成的明胶，可塑性和透明度均好，所以常常将两者混合使用。

空心胶囊的组成中除主要成分明胶外，还可含有其他附加剂以改善胶囊壳的性能。制备空心胶囊的胶液中一般可加入下列一些物质：为增加空心胶囊的坚韧性与可塑性，可适当加入羧甲基纤维素钠(CMC－Na)、羟丙基纤维素、油酸酰胺磺酸钠、山梨醇或甘油等，用量低于5%；为减小蘸模后明胶的流动性，可加入琼脂以增加胶液的胶冻力；为增加美观、便于识别，可加入各种食用色素着色；为使空心胶囊不透光以利于光敏感药物保持稳定，可加入遮光剂（如2% ~ 3%二氧化钛）；为了防止空心胶囊在贮存中发生霉变，可加入适量防腐剂，如对羟基苯甲酸酯类，用量可达0.2%；为了使明胶在胶模上更好地成型，减少胶壳厚薄不均的现象，增加胶壳的光泽，常加入少量表面活性剂，如十二烷基硫酸钠。

根据胶囊壳组成的不同，空心胶囊分为三种：无色透明的（不含色素及二氧化钛）、有色透明（含色素但不含二氧化钛）及不透明的（含二氧化钛）。

（2）空心胶囊的制备工艺　空心胶囊是由囊体和囊帽组成，一般由专门的工厂生产，目前普遍采用的方法是将不锈钢制的栓模浸入明胶溶液形成囊壳的栓模法，其制备工艺过程如下：

溶胶→蘸胶（制坯）→干燥→拔壳→切割→整理

生产空心胶囊的环境条件要求为：温度应为10 ~ 25℃，相对湿度应为35% ~ 45%，空气净化应达到10 000级。

2. 药物的填充

制备硬胶囊剂的过程,主要是选择适当的空心胶囊填充药物的过程,大量生产时可以使用半自动充填机或全自动胶囊填充机。

(1)空心胶囊的选择　目前生产的空心胶囊有普通型和锁口型两类,锁口型又有单锁口和双锁口两类。锁口型空心胶囊的囊帽、囊体有闭合用的槽圈,套合后不易松开,这就使硬胶囊剂在生产、贮存和运输过程中不易漏粉。

空心胶囊的规格由大到小分为000,00,0,1,2,3,4,5号共八种,一般常用0~5号。由于药物的填充多由容积控制,而药物的密度、晶态、颗粒大小等不同,所占容积也不同,故应按一定剂量药物所占容积来选用适当大小的空心胶囊。一般多凭经验或试装后选用适当号数的空心胶囊。0~5号空心胶囊的近似容量分别为:0.75,0.55,0.40,0.30,0.25,0.15mL。

(2)药物的填充　生产应在温度为25℃左右和相对湿度为35%~45%的环境中进行,以保持胶壳含水量不致有大的变化。在实际生产中,若纯药物粉碎至适宜粒度就能满足硬胶囊剂的填充要求,即可直接填充,但大多数药物由于剂量小和流动性差等方面的原因,需与适量的辅料混合均匀后再装入胶囊。常用辅料有稀释剂(如淀粉、微晶纤维素、乳糖、蔗糖等)、崩解剂(如淀粉类衍生物、纤维素类衍生物等)、润滑剂(如硬脂酸镁、滑石粉、微粉硅胶、十二烷基硫酸钠等)。所选用的辅料应不与药物、空心胶囊发生物理、化学变化,并且与药物混合后应有适当的流动性和一定的分散性,以便能顺利装入空心胶囊且遇水后不会黏结成团。辅料的用量以及药物与辅料的比例可以通过装填试验来决定。

一般少量生产时,可以手工填充药物。目前,硬胶囊剂的生产已普遍采用半自动填充机和自动填充机来装填药物。硬胶囊剂药物填充机的类型很多,如图6-11所示。

图6-11中,(1)由螺旋进料器将药物压进囊体;(2)用柱塞上下往复将药物压进囊体;(3)药物粉末或颗粒自由流入囊体;(4)在填充管内先由捣棒将药物压成一定量的小圆柱后再填充于囊体中。

(3)封口　使用非锁口型空心胶囊填充药物后,为防止药物泄漏,常用带封方法封口。封口的材料常用与制备空心胶囊相同浓度的明胶溶液(如明胶20%、水40%、乙醇40%),保持胶液50℃,将封腰轮部分浸在胶液中,旋转时带上定量胶液,于囊帽和囊体套合处封上一条胶液,烘干,即得。也可用聚乙烯吡咯烷酮(PVP,平均相对分子质量40 000)2.5份、聚乙烯聚丙二醇共聚物0.1份、乙醇97.4份的混合液封口,其质量较明胶溶液好。也有用超声波使胶囊封口。

3. 硬胶囊剂举例

例6-5　速效抗感冒胶囊

【处方】对乙酰氨基酚300g　维生素C 100g　胆汁粉100g　咖啡因3g　马来酸氯苯那敏3g

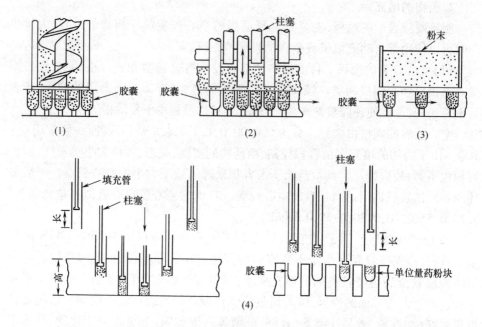

图 6-11　硬胶囊剂药物填充机的类型

【制备】①取上述各药,分别研细,过 80 目筛。②取 10% 淀粉糊分成三份,一份加食用胭脂红少许制成红糊;一份加食用橘黄少量（最大用量为万分之一）制成黄糊;另一份为空白糊。③将对乙酰氨基酚分成三份,一份与马来酸氯苯那敏混匀加红糊;一份与咖啡因混匀加空白糊;一份与胆汁粉、维生素 C 混匀加黄糊,分别制成软材,经 14 目尼龙筛制粒,于 70℃ 干燥至水分在 3% 以下。④将上述三种颗粒混匀,装入双色透明胶囊中,共制 1 000 粒。

【注解】本品用于感冒引起的鼻塞、头痛、咽喉痛、发热等。

三、软胶囊剂的制备

软胶囊剂又称胶丸剂,系将一定量的液体药物直接包封,或将固体药物溶解或分散在适宜的赋形剂中制备成溶液、混悬液、乳状液或半固体,密封于球形或椭圆形的软质囊材中的胶囊剂,可用滴制法或压制法制备。软质囊材一般是由胶囊用明胶、甘油或其他适宜的药用材料单独或混合制成,其主要特点是可塑性强、弹性大、装量差异小。由于软质囊材中含有甘油故具有较大的弹性,软胶囊亦被称为弹性胶囊,其弹性的大小取决于胶囊用明胶、增塑剂和水三者的比例。

1. 软胶囊剂制备前的准备工作

软胶囊剂的胶壳和内容药物在处方设计前,一般要求能进行大量生产,并具有较好的物理化学稳定性和良好的疗效。

（1）胶壳处方的要求和性质　软胶囊剂胶壳与硬胶囊剂的空胶壳相似,除主要材料明胶外,还含有增塑剂(如甘油、阿拉伯胶)、防腐剂、遮光剂、色素、芳香剂等成分。软胶囊剂与硬胶囊剂的不同之处主要是胶壳中增塑剂所占比例较高(大于20%)。软胶囊剂的弹性与明胶、增塑剂间重量比例有关。如干增塑剂与干明胶之重量比为0.3:1.0时,制成的胶囊比较硬;若为1.8:1.0时,所制胶囊则较软。通常较适宜的重量比为干增塑剂:干明胶为(0.4~0.6):1.0,而水与干明胶之比为1:1。由于软胶囊剂在制备干燥过程中,水分会有挥发,最终胶壳中的含水量为7%~9%,致使胶壳中的明胶与增塑剂的百分比相应增大,但明胶与增塑剂的比例应保持不变。在选择软质囊材硬度时应考虑到所填充药物的性质以及药物与软质囊材之间的相互作用,在选择增塑剂时亦应考虑药物的性质,例如对于吸湿性药物应采用冻力高、黏度小的明胶。

软胶囊剂中可以填充各种油类或对明胶无溶解作用的液体药物、药物溶液或混悬液。随着技术的发展和设备的改进,软胶囊中也可填充固体粉末、颗粒。并可根据临床需要制成内服和外用的不同品种,如速效胶丸、骨架胶丸、液囊(一种药囊)、包衣胶丸、缓释胶丸、直肠胶丸和阴道胶丸等。若药物可能吸水或含有可与水混溶的液体如聚乙二醇(PEG)、甘油、丙二醇、聚山梨酯80等时,应注意其吸水性,因为此时软胶囊壁中本身含有的水分往往可能转移到胶囊内的液体中。填充后的软胶囊壁太干时,药物含有的水分也可以转移到囊壁中去。一般如药物是亲水性的,可在药物中保留5%水。通常是用油作为溶解药物的溶剂或混悬液的介质,然后再填充于软胶囊中。

软胶囊中明胶成分的铁含量不能超过1.5×10^{-5}mol/L,以免造成对铁敏感的药物变质。

(2)填充的药物　软胶囊中可填充各种油类或对明胶无溶解作用的液体药物、药物溶液或混悬液,也可填充固体药物。所有这些物质均需设计成组分稳定、疗效和生产效能最高与体积最小的可包物质,软胶囊填充物处方应是与胶壳有良好的相容性,同时具有良好的流变学性质并适应生产上加热至35℃的非挥发性物质。

①液体药物和药物溶液:符合要求的分散介质可分为与水不相混溶(如植物油、挥发油等)和与水相混溶(如PEG、聚山梨酯80、丙二醇和异丙醇等)两类。药液中含有5%以上水或为低分子水溶性和挥发性的有机药物(如醇、酮、酸、胺、酯等),均不能制成软胶囊剂,因为这些液体容易穿过明胶囊壁使胶囊壁软化或溶解,O/W或W/O型乳剂与囊壁接触后可因失水而使乳剂破裂,水渗入明胶壁中,醛类可使明胶变性。在填充液体药物时,应避免使用pH小于2.5或大于7.5的液体,因为酸性液体能与囊壁作用,使明胶水解而泄漏,碱性液体能使明胶变性而影响囊壁的溶解性。可根据药物的性质选择不同的缓冲剂如磷酸二氢钠、磷酸氢二钠(或钾)、甘氨酸、酒石酸、柠檬酸、乳酸及其盐类,或以上缓冲剂的混合物。

药物可用溶液亦可用混悬液配制时,最好采用溶液,因溶液容易包囊,能使产品具有较好的物理稳定性和较高的生物利用度。对于本身是油或油溶性的药物(如鱼肝油、维生素 E、维生素 A、安妥明等),一般以油溶液填充软胶囊,其生物利用度高于片剂(例如氯甲硫唑软胶囊),但油性维生素 E 和维生素 A,也有用水性基质(含多元醇和聚山梨酯 80 等)制成的软胶囊,且能提高生物利用度;对于溶于聚乙二醇(PEG)和聚山梨酯 80 等的药物(如地高辛)制成该类溶液的软胶囊时,这类附加剂(如 PEG)具有吸水性,囊壳本身含有的水往往可能转到填充物中,影响最终胶囊容积,所以在药物填料中加入 5% ~10% 甘油且保留 5% 水或将亲水药物混悬于油类介质,然后再填充于软质囊材中;反之填充物含水量过高时,药物填料含有的水也可转移到胶囊壁中。

②混悬液及乳浊液:用药物的混悬液或 W/O 乳浊液包制软胶囊也是软胶囊包制的一种方法。目前大部分的软胶囊剂均是用混悬液包制,分散介质常用植物油或 PEG 400。混悬液应有良好的流动性和物理稳定性,常控制粒度在 80 目以下并加入助悬剂。对于油状基质,通常使用的助悬剂是 10% ~30% 油蜡混合物,其组成为:氢化植物油 1 份、黄蜡 1 份、短链植物油 4 份;对于非油状基质,则常用 1% ~15% PEG 4 000 或 PEG 6 000。有时可加入抗氧剂、表面活性剂来提高软胶囊的稳定性和生物利用度。含油类药物的胶囊尽可能使其含水量降低,因为少量的水分会使其在制备与贮存期间产生质量变化;在这类药物中加入食用纤维素,往往能克服水分的影响,例如取玉米油 222g,水合氯醛 48g,精制纤维素 30g,加水搅拌制成 W/O 乳剂后,制成软胶囊的成品率可达 97.84%。

③固体药物:多数固体药物粉末或颗粒也可包成胶丸,但需将药物粉末通过五号筛,混合均匀,并需用专用胶丸 Accogel。

(3)软胶囊大小的选择 软胶囊有球形、椭圆形、管形、栓剂形等多种形状,可供选择。软胶囊容积一般要求尽可能小,填充的药物一般为一个剂量。液体药物包囊时按剂量和相对密度计算囊核大小。混悬液制成软胶囊时,所需软胶囊的大小,可由"基质吸附率"决定。基质吸附率是指将 1g 固体药物制成填充胶囊的混悬液时所需液体基质的质量(g)。影响固体药物基质吸附率的因素有:固体药物的粒子大小、形状、物理状态(纤维状、无定形、结晶状)、密度、含湿量以及亲油性或亲水性等。测定时,取适量的待测固体药物,称重,置烧杯中,在搅拌下缓缓加入液体基质,直至混合物达到填充物要求,记录所需液体基质的量,计算出该固体的基质吸附率。

2. 软胶囊剂的制备方法

软胶囊剂的制备有压制法和滴制法两种。

压制法是将胶液制成厚薄均匀的胶片,再将药液置于两个胶片之间,用钢板模或旋转模压制软胶囊的一种方法。在连续生产时,可采用自动旋转轧囊机,其工作原理如图 6 - 12 所示。

滴制法是以明胶为主的软质囊材与药液,分别在双层滴头的外层与内层以不

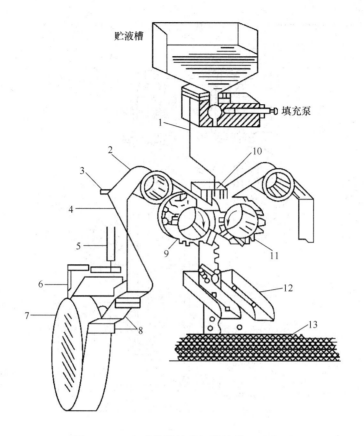

图 6 – 12 自动旋转轧囊机旋转模压示意图

1—导管 2—送料轴 3—胶带导杆 4—胶带 5—管子 6—涂胶机箱 7—股轮
8—油轴 9,11—模子 10—楔形注入器 12—斜槽 13—胶囊输送机

同速度流出,使定量的胶液将定量的药液包裹后,滴入与胶液不相混溶的冷却液中,由于表面张力作用使之形成球形,并逐渐冷却、凝固成软胶囊。其制备示意图如图 6 – 13 所示。

3. 软胶囊剂举例

例 6 – 6 维生素 AD 软胶囊

【处方】维生素 A 3 000U 维生素 D 300U 明胶 100 份 甘油 55～66 份 水 120 份 鱼肝油或精制食用植物油适量

【制备】取维生素 A 与维生素 D_2 或维生素 D_3,加鱼肝油或精制食用植物油(在 0℃左右脱去固体脂肪)溶解,并调整浓度至每丸含维生素 A 为标示量的 90%～120%,含维生素 D 为标示量的 85% 以上,作为药液。另取甘油及水加热至 70～80℃,加入明胶,搅拌溶化,保温 1～2h,等泡沫上浮,除去、滤过,维持温度,用滴制法制备,以液状石蜡为冷却液,收集冷凝胶丸,用纱布拭去黏附的冷却液,室

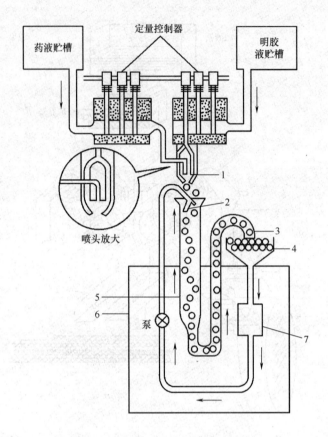

图 6-13　滴制法制备软胶囊剂示意图
1—喷头　2—冷却液状石蜡出口　3—胶丸出口　4—胶丸收集箱
5—冷却管　6—冷却箱　7—液状石蜡贮箱

温下冷风吹 4h 后,于 25～30℃下烘 4h,再经石油醚洗两次(每次 3～5min),除去胶丸外层液状石蜡,用 95% 乙醇洗一次,最后经 30～35℃烘约 2h,筛选,检查质量,包装,即得。

【注解】用药典规定的维生素 A、维生素 D 混合药液,取代了传统的从鲨鱼肝中提取的鱼肝油,从而使维生素 A、维生素 D 含量容易控制。本品主要用于防治夜盲、角膜软化、眼干燥、表皮角化以及佝偻病和软骨病等。

例 6-7　硝苯地平软胶囊

【处方】硝苯地平 5g　PEG 400 200g

【制备】①将硝苯地平与 1/8 量的 PEG 400 混合,用胶体磨粉碎,然后加入余量的 PEG 混溶,得到黄色透明药液(亦可用球磨机研磨 3h);②取明胶 100 份、甘油 55 份、水 120 份配制明胶溶液,放入铺展箱内备用;③在室温 23℃±2℃、相对湿度 40% 的条件下,药液与明胶液用自动旋转轧囊机制成胶丸,且在 28℃±2℃、相对湿度40%条件下将胶囊干燥24h即得,共制成1 000粒,每粒胶丸内含主药5mg。

【注解】硝苯地平遇光不稳定,以制成软胶囊剂为宜。因剂量小故需加稀释剂。硝苯地平在植物油中不溶,故选用PEG 400为溶剂,PEG 400易吸湿可使囊壁硬化,故制得的软胶囊在干燥后,其囊壁中仍保留约5%的水分。本品制备时应避光操作。本品是预防和治疗心绞痛和高血压的有效药,亦可用于左心功能不全的心衰者。

四、肠溶胶囊

肠溶胶囊剂系指硬胶囊或软胶囊是用适宜的肠溶材料制备而成,或用经肠溶材料包衣的颗粒或小丸充填胶囊而制成的胶囊剂。肠溶胶囊不溶于胃液,但能在肠液中崩解而释放出活性成分。

肠溶胶囊剂的制备方法分两种:①使胶囊内部的填充物具有肠溶性,如将药物与辅料制成颗粒或小丸后用肠溶材料包衣,然后填充于胶囊而制成肠溶胶囊剂;②通过甲醛浸渍法或肠溶包衣法,使胶囊壳具有肠溶性。目前市场上可以购买到肠溶明胶空心胶囊。肠溶明胶空心胶囊系用明胶加辅料和适宜的肠溶材料制成的空心硬胶囊,分为肠溶胶囊和结肠肠溶胶囊。下面介绍使胶囊壳具有肠溶性的两种方法。

1.甲醛浸渍法

将胶囊剂置于密闭器中,使甲醛蒸气与明胶起胺缩醛反应,明胶分子互相交联,生成甲醛明胶,甲醛明胶中已无游离氨基,失去与酸结合的能力,故不能溶于胃的酸性介质中。但由于仍有羧基,故能在肠液的碱性介质中溶解,而释出药物。此种肠溶胶囊的肠溶性很不稳定,能依甲醛的浓度、甲醛与胶囊接触的时间、成品贮存时间等因素而改变。实验表明贮存期对肠溶胶囊崩解释药时间有很大影响,胶壳中加入硅酮可封闭明胶分子中的功能团,使甲醛仅能与一定数量功能团反应,防止在贮存期进一步反应,克服或减少释药时间的增加。因产品质量不稳定,现在较少使用。

2.肠溶包衣法

本法系先用明胶制成空心胶囊,再在其外层涂上肠溶材料如纤维醋法酯(CAP)、羟丙甲纤维素酞酸酯(HPMCP)、聚乙烯醇酞酸酯(PVAP)和丙烯酸树脂Ⅰ、Ⅱ、Ⅲ号等,然后填充药物,并用肠溶性胶液封口制得。该法常用沸腾床对囊壳进行包衣,比甲醛处理或乙基纤维素包衣的成品质量好。如用PVP作底衣,再用CAP、蜂蜡等进行外层包衣,可以改善CAP包衣后"脱壳"的缺点。

软肠溶胶囊是先制成软胶囊,然后用甲醛溶液或肠溶材料包衣。此种胶囊的胶壳常由明胶33.5%~58%、甘油或山梨醇17%~29.5%、硅油1%~9%、水23%~27%等组成。包衣后,胶壳不但抗胃酸性能强,而且机械强度高、抗湿性好。

近年,用乙基纤维素包衣研制出结肠靶向给药胶囊,为多肽等药物口服给药提供了新剂型。

五、胶囊剂的质量检查

胶囊剂的质量除主药鉴别、含量测定等常规检查外,还应符合《中国药典》(2020年版)二部附录"制剂通则"项下对胶囊剂的要求。

1. 外观

胶囊外观应整洁,不得有黏结、变形、渗漏或囊壳破裂现象,并应无异臭。硬胶囊剂的内容物应干燥、松紧适度、混合均匀。

2. 装量差异

除另有规定外,取供试品20粒,分别精密称定重量后,倾出内容物(不得损失囊壳),硬胶囊用小刷或其他适宜用具拭净,软胶囊用乙醚等易挥发性溶剂洗净,置通风处使溶剂自然挥尽,再分别精密称定囊壳重量,求出每粒内容物的装量与平均装量。每粒的装量与平均装量相比较,超出装量差异限度(平均装量为0.3g以下,装量差异限度为±10%;平均装量为0.3g或0.3g以上,装量差异限度为±7.5%)的不得多于2粒,并不得有1粒超出限度1倍。

3. 崩解时限和溶出度、释放度

崩解时限按《中国药典》(2020年版)规定的方法检查,如胶囊漂浮于液面,可加挡板一块。除另有规定外,硬胶囊剂应在30min内全部崩解,软胶囊剂应在1h内全部崩解,如有1粒不能完全崩解,应另取6粒按上述方法复试,均应符合规定。软胶囊剂可用人工胃液作为检查介质。肠溶胶囊剂先在盐酸溶液(9→1 000)中检查2h,每粒的囊壳均不得有裂缝或崩解现象,继将吊篮取出,用少量水洗涤后,每管各加入挡板一块,再如法在人工肠液中进行检查,1h内应全部崩解,如有1粒不能完全崩解,应再取6粒复试,均应符合规定。

溶出度是有效成分从胶囊剂等固体制剂中溶出的速度和程度,一般用一定时间内溶出有效成分的百分率表示,它是反映产品内在质量的一项重要指标。《中国药典》(2020年版)二部中收载了3种测定胶囊剂溶出度的方法,分别为转篮法、桨法和小杯法。所用仪器为溶出仪。

肠溶胶囊剂应进行释放度检查。释放度是指缓释制剂、控释制剂、肠溶制剂及透皮贴剂等在规定溶剂中释放的速度和程度。所用仪器与溶出度测定法相同,为溶出仪。测定方法为先测定肠溶胶囊剂的酸中释放量,再测定缓冲液中释放量。酸中释放量和缓冲液中释放量均应符合规定。

凡规定检查溶出度或释放度的胶囊剂不再进行崩解时限检查。

第五节 膜 剂

一、概 述

膜剂是指药物与适宜的成膜材料经加工制成的膜状制剂。供口服、口含、舌下给药或皮肤、黏膜(如阴道黏膜等)用。一般膜剂的厚度为 0.1～0.2mm，面积为 $1cm^2$ 的可供口服，$0.5cm^2$ 的供眼用。

膜剂的优点是：工艺简单，污染小，成本低，体积小，携带方便，稳定，还可采用不同的成膜材料制成不同释药速度的膜剂(如缓释、控释等)；缺点是载药量小，只适合小剂量的药物，重量差异不易控制，收率较低。

二、膜剂的制备、举例及质量检查

1. 膜剂的成膜材料

膜剂的常用成膜材料有聚乙烯醇(PVA)、乙烯－醋酸丙烯共聚物、丙烯酸树脂类、纤维素类、聚维酮类及其他天然高分子材料。PVA 是目前用途最广泛的成膜材料，国内常用 PVA 有 05－88 和 17－88 等规格，两者以适当比例(如 1:3)混合使用则能制得很好的膜剂。PVA 成膜性能好，安全无刺激，口服不吸收。

2. 膜剂的制备

膜剂的制备方法有 3 种：匀浆制膜法、热塑制膜法、复合制膜法。匀浆制膜法是最常用的方法，是将成膜材料溶解于适当溶剂中，再将药物及附加剂溶解或分散在上述成膜材料溶液中制成均匀的药浆，静置除去气泡，经涂膜、干燥、脱膜、主药含量测定、剪切、包装等制得所需膜剂。复合制膜法可用于制备缓释、控释膜剂。

膜剂的一般组成如表 6－1 所示。

表 6－1	膜剂的一般组成
主药	0～70%(质量分数)
成膜材料(PVA 等)	30%～100%
增塑剂(甘油、山梨醇等)	0～20%
表面活性剂(聚山梨酯80、十二烷基硫酸钠、豆磷脂等)	1%～2%
填充剂($CaCO_3$、SiO_2、淀粉)	0～20%
着色剂(色素、TiO_2 等)	0～2%(质量分数)
脱膜剂(液状石蜡)	适量

3. 膜剂举例

例 6 – 8　复方替硝唑口腔膜剂

【处方】替硝唑 0.2g　氧氟沙星 0.5g　PVA 17 – 88 3.0g　糖精钠 0.05g CMC – Na 1.5g　甘油 2.5g　蒸馏水加至 100g

【制法】先将 PVA、CMC – Na 分别浸泡过夜,溶解。将替硝唑溶于 15mL 热蒸馏水中,氧氟沙星加适量稀醋酸溶解后加入,加糖精钠、甘油、蒸馏水补至足量。放置,待气泡除尽后,涂膜,干燥,测定含量,分格,每格含替硝唑 0.5mg,氧氟沙星 1mg。

4. 膜剂的质量检查

膜剂可供口服或黏膜外用。《中国药典》(2020 年版)二部中收载了膜剂的质量检查项目,主要包括性状(外观)、重量差异、含量、微生物限度等检验项目。

思考题

1. 粉体的密度和孔隙率是什么?

2. 简述粉体流动性的表示方法、影响因素。

3. 粉体润湿性的表示方法是什么?

4. 简述散剂的制备过程及制备、贮存过程中应注意的特殊问题。

5. 颗粒剂分为哪几类?

6. 简述硬胶囊剂的制备过程及各种材料的作用。

7. 简述软胶囊剂的制备过程、制备方法及各种材料的作用。

8. 什么是肠溶胶囊剂?

9. 什么是膜剂? 膜剂的常用材料有哪些?

参考文献

1. 凌沛学. 药物制剂技术. 北京:中国轻工业出版社,2011.

2. 国家药典委员会. 中华人民共和国药典 2020 年版二部. 北京:中国医药科技出版社,2020.

3. 崔福德. 药剂学(第 7 版). 北京:人民卫生出版社,2013.

4. 屠锡德,张钧寿,朱家璧. 药剂学(第 4 版). 北京:人民卫生出版社,2013.

5. 崔福德. 药剂学(第 2 版). 北京:中国医药科技出版社,2011.

6. 朱盛山. 药物制剂工程(第 2 版). 北京:化学工业出版社,2009.

7. 庄越,凌沛学. 新编药物制剂技术. 北京:人民卫生出版社,2008.

8. 崔福德. 药剂学实验指导(第 3 版). 北京:人民卫生出版社,2012.

实训3 散剂的制备

一、实训目的

1. 掌握固体药物粉碎、过筛、混合的操作方法。
2. 掌握散剂的制备方法。

二、实训原理

（一）定义与分类

散剂系指药物与适宜的辅料经粉碎、均匀混合而制成的干燥粉末状制剂。按给药途径不同，散剂可以分为内服散剂和外用散剂。

（二）制备方法和工艺路线

散剂的制备方法包括粉碎、过筛、混合、分剂量、包装等。其中混合是制备散剂的重要单元操作之一，它直接关系到剂量准确、用药安全与有效。药物混合的均匀度与各组分量的比例、堆密度、混合时间及混合方法等有关。实验室多用研磨混合法与过筛混合法，而工业生产采用容器旋转混合法和搅拌混合法。一些毒、剧药物因剂量小，常在制备时添加一定比例的辅料（乳糖、淀粉、蔗糖、糊精等）制成稀释散或倍散。倍散的浓度多为 1:10 或 1:100，配制倍散时应采用等量递加法，即配研法。散剂的制备工艺流程图见图1。

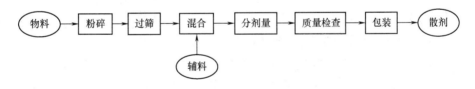

图1 散剂的制备工艺流程图

三、实训材料与设备

实训材料：原料药有氧化镁、碳酸氢钠、硫酸阿托品。辅料有乳糖、胭脂红、乙醇。

设备：乳钵。

四、实训内容

1. 制酸散的制备

要求：①掌握密度差异较大组分的混合原则；②掌握散剂的制备方法。

【处方】　氧化镁　　　　　　6g

　　　　　碳酸氢钠　　　　　6g

　　　　　制成　　　　　　　10包

【制备】

(1)取氧化镁、碳酸氢钠分别研细。

(2)先将氧化镁置干燥乳钵内,再将碳酸氢钠加入,研磨混匀,过筛,分包,即得(每包1.2g)。

【质量检查】

(1)外观均匀度(肉眼或显微镜观察)。

(2)粒度检查。

【注解】制酸散中,因氧化镁质轻,故研磨时应先将氧化镁放入乳钵中,然后加入碳酸氢钠,这样可以避免质轻药物上浮或飞扬,同时容易混合均匀。

【作用与用途】制酸剂。本品应与另一制酸散(碳酸钙6g、碳酸氢钠6g)交替服用,以免引起轻泻。

2. 硫酸阿托品倍散的制备

要求:①掌握小剂量药物倍散的制备方法;②熟悉倍散的混合原则;③了解倍散均匀度的检查方法。

【处方】　硫酸阿托品　　　　　1.0g

　　　　　1%胭脂红乳糖　　　　1.0g

　　　　　乳糖　　　　　　　　98g

　　　　　共制　　　　　　　　100g

【制备】

(1)将乳糖置乳钵中研磨,使乳钵内壁饱和后倾出。

(2)1%胭脂红乳糖的配制　取胭脂红1g置乳钵中,加乙醇10～20mL,研磨使溶解,再按等量递加的原则分次加入乳糖99g,研磨均匀,在50～60℃干燥,过筛即得。

(3)取硫酸阿托品和1%胭脂红乳糖在乳钵中研匀,再按等量递加的原则分次加入所需量的乳糖,充分混匀,至色泽均匀,即得。

【质量检查】

(1)外观均匀度(肉眼或显微镜观察)。

(2)粒度检查。

【注解】

(1)硫酸阿托品为毒性药品,称量要准确,分剂量应采用重量法。

(2)先研磨乳糖以饱和乳钵壁,以防止乳钵对主药的吸附。

(3)加胭脂红的目的是为了容易观察混合均匀度。

【作用与用途】抗胆碱药,解除平滑肌痉挛,抑制腺体分泌,散大瞳孔。用于胃肠道、肾、胆绞痛等。临用前按配研法用乳糖稀释至1∶1 000使用。

五、实训结果与讨论

将散剂的成品质量检查结果填入表1中。

表1　　　　　　　　　　　　散剂质量检查结果

处方	外观均匀度	粒度	干燥失重/%	装量差异
制酸散				
硫酸阿托品倍散				

讨论结果：

六、思　考　题

1.散剂的混合操作时应注意哪些问题？

2.制备硫酸阿托品倍散时加入胭脂红的目的是什么？

七、附　　录

化药散剂质量评价方法

【粒度】除另有规定外,局部用散剂照下述方法检查,粒度应符合规定。

检查法:取供试品约10g,精密称定,置七号筛上,筛上加盖,并在筛下配有密合的接收容器。照粒度和粒度分布测定法[《中国药典》(2020年版)二部附录ⅨE项第二法,单筛分法]检查,精密称定通过筛网的粉末重量,应不低于95%。

【外观均匀度】检查法:取供试品适量,置光滑纸上,平铺约5cm²,将其表面压平,在亮处观察,应呈现均匀的色泽,无花纹与色斑。

【干燥失重】除另有规定外,取供试品,按干燥失重测定法[《中国药典》(2020年版)二部附录ⅧL项]测定。在105℃干燥至恒重,减失重量不得过2.0%。

【装量差异】单剂量包装的散剂照下述方法检查,应符合规定。

检查法:取散剂10包(瓶),除去包装,分别精密称定每包(瓶)内容物的重量,求出内容物的装量与平均装量。每包装量与平均装量(凡无含量测定的散剂,每包装量应与标示装量相比较)相比应符合规定,超出装量差异限度的散剂不得多于2包(瓶),并不得有1包(瓶)超出装量差异限度1倍(表2)。

表2　　　　　　　　　　单剂量包装的化药散剂的装量差异限度

平均装量或标示装量	装量差异限度
1.0g 至 1.0g 以下	±10%
1.0g 以上至 1.5g	±8%
1.5g 以上至 6.0g	±7%
6.0g 以上	±5%

凡规定检查含量均匀度的散剂,一般不再进行装量差异的检查。

实训4　颗粒剂的制备

一、实训目的

1.掌握固体药物粉碎、过筛、混合的操作方法。
2.掌握颗粒剂的制备方法。

二、实训原理

(一)定义与分类

颗粒剂系指药物与适宜的辅料配合而制成的颗粒状制剂,一般可分为可溶颗粒、混悬颗粒、泡腾颗粒、肠溶颗粒、缓释颗粒和控释颗粒等,供口服用。

(二)制备方法和工艺路线

将处方中药物(或中草药提取物)与辅料混合,用黏合剂或润湿剂制成软材,制粒,干燥后整粒、分装即得。一般中草药浸膏黏性大,在用糊精和糖粉作赋形剂时,不宜用水为润湿剂制软材,因为发黏不易制粒,同时因黏性大而使颗粒重新黏结。制粒时,应根据物料性质选用不同浓度的乙醇作为润湿剂制软材。颗粒剂的制备工艺流程图见图1。

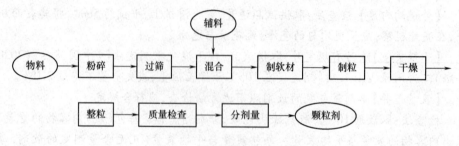

图1　颗粒剂的制备工艺流程图

三、实训材料与设备

实训材料:原料药有维生素C。辅料有糊精、糖粉、酒石酸、乙醇。

设备:100目筛、制粒与整粒用筛网(16目、12目)、搪瓷盘、搪瓷盆、烧杯、电烘箱。

四、实训内容

维生素C颗粒剂的制备　要求:①掌握化药颗粒剂的制备方法;②熟悉颗粒剂的质量评价方法。

【处方】
维生素C	1.5g
糊精	15.0g
糖粉	13.0g
酒石酸	0.5g
50%乙醇	适量
制成	15袋

【制备】

(1)将维生素C、糊精、糖粉分别过100目筛。

(2)按配研法将维生素C与辅料混匀,再将酒石酸溶于50%(体积分数)乙醇溶液中,一次加入上述混合物中,混匀,制软材,过16目尼龙筛制粒,60℃以下干燥。

(3)12目筛整粒,分装成15袋(每袋2g)。

【质量检查】性状、粒度、干燥失重、溶化性、装量差异。

【操作注意】

(1)处方中主药与辅料比例量相差悬殊,因此采用配研法即等量递加法混合,即先称取处方量维生素C细粉,然后加入等体积糊精与糖粉的混合细粉混匀,依此倍量增加混合至混匀,再过筛混合,即得。

(2)在实验过程中避免使用金属容器或器具。

【注解】

(1)本品为黄色可溶性颗粒,味甜酸。

(2)维生素C易氧化变色、含量下降,尤其当金属离子(特别是铜离子)存在时更快。故在处方中加入酒石酸作为稳定剂。

(3)糊精、糖粉为辅料,其中糖粉能增加颗粒硬度,兼有矫味作用。50%乙醇为润湿剂。

【作用与用途】

维生素类药参与体内多种代谢过程,降低毛细血管脆性,增加肌体抵抗力。

用于防治维生素 C 缺乏症,也可用于各种急慢性传染性疾病及紫癜等辅助治疗。

五、实训结果与讨论

将所制备的颗粒的外在质量检查结果填入表 1 中。

表 1 颗粒剂质量检查结果

处方	性状	粒度	干燥失重/%	溶化性	装量差异
维生素 C 颗粒					

讨论结果:

六、思 考 题

1. 中药颗粒剂的制备中为何选用乙醇制粒?
2. 制备维生素 C 颗粒剂时加入酒石酸的目的是什么?

七、附 录

化药颗粒剂质量评价方法

【粒度】除另有规定外,照粒度测定法[《中国药典》(2020 年版)二部附录 IX E 第二法,双筛分法]检查,不能通过一号筛与能通过五号筛的总和不得超过供试量的 15%。

【干燥失重】除另有规定外,照干燥失重测定法[《中国药典》(2020 年版)二部附录 VIII L]测定,含糖颗粒剂宜在 80℃真空干燥,减失重量不得超过 2.0%。

【溶化性】除另有规定外,可溶颗粒和泡腾颗粒照下述方法检查,溶化性应符合规定。

可溶颗粒检查法:取供试品 10g,加热水 200mL,搅拌 5min,可溶颗粒应全部溶化或轻微浑浊,但不得有异物。

泡腾颗粒检查法:取单剂量包装的泡腾颗粒 3 袋,分别置盛有 200mL 水的烧杯中,水温为 15～25℃,应迅速产生气体而成泡腾状,5min 内颗粒均应完全分散或溶解在水中。

混悬颗粒或已规定检查溶出度或释放度的颗粒剂,可不进行溶化性检查。

【装量差异】单剂量包装的颗粒剂按下述方法检查,应符合规定。

检查法:取供试品 10 袋(瓶),除去包装,分别精密称定每袋(瓶)内容物的重量,求出每袋(瓶)内容物的装量与平均装量。每袋(瓶)装量与平均装量相比较[凡无含量测定的颗粒剂,每袋(瓶)装量应与标示装量比较],超出装量差异限度的颗粒剂不得多于 2 袋(瓶),并不得有 1 袋(瓶)超出装量差异限度 1 倍(表 2)。

表2	单剂量包装的化药颗粒剂的装量差异限度
平均装量或标示装量	装量差异限度
1.0g至1.0g以下	±10%
1.0g以上至1.5g	±8%
1.5g以上至6.0g	±7%
6.0g以上	±5%

凡规定检查含量均匀度的颗粒剂,一般不再进行装量差异的检查。

实训 5 胶囊剂的制备

一、实训目的

1. 熟悉胶囊剂的特点。
2. 掌握胶囊剂常用辅料的特点和应用范围。
3. 掌握胶囊剂的质量检查方法。

二、实训原理

胶囊剂系指将药物填装于空心硬质胶囊中或密封于弹性软质胶囊中而制成的固体制剂。硬质胶囊壳或软质胶囊壳的材料(以下简称囊材)均由明胶、甘油、水以及其他的药用材料组成,但各成分的比例不尽相同,制备方法也不同。

通常将胶囊剂分为硬胶囊和软胶囊(亦称胶丸)两大类。

(1)硬胶囊剂 将一定量的药物及适当的辅料(也可不加辅料)制成均匀的粉末或颗粒,填装于空心硬胶囊中而制成。

(2)软胶囊剂 将一定量的药物(或药材提取物)溶于适当液体辅料中,再用压制法(或滴制法)使之密封于球形或橄榄形的软质胶囊中。

其他还有根据特殊用途命名的肠溶胶囊剂(enteric capsules)和结肠靶向胶囊剂(colon – targeted capsules)。这些胶囊剂是将内容物用 pH 依赖性(肠溶或结肠溶)高分子材料处理后装入普通胶囊壳中,使内容物在适宜 pH 的肠液中溶解释放药物;或将胶囊壳用适当高分子材料处理,使胶囊剂整体进入适当肠部位之后溶化并释放药物,以达到一种靶向给药的效果。目前采用前者的方法更为普遍。

三、实训材料与设备

原料药和辅料:对乙酰氨基酚、维生素 C、胆汁粉、咖啡因、马来酸氯苯那敏、10% 淀粉糊、食用色素。

设备:胶囊填充装置、电子天平、崩解仪、80 目筛、制粒与整粒用筛网(14 目、12 目)。

四、实训内容

速效感冒胶囊的制备

【处方】

对乙酰氨基酚	300g
维生素 C	100g
胆汁粉	100g
咖啡因	3g
马来酸氯苯那敏	3g
10% 淀粉糊	适量
食用色素	适量
共制成硬胶囊剂	1 000 粒

【制备】

(1)取上述各药物,分别粉碎,过 80 目筛。

(2)将 10% 淀粉糊分为 A、B、C 三份:A 加入少量食用胭脂红制成红糊;B 加入少量食用橘黄或柠檬黄色素(最大用量为万分之一)制成黄糊;C 不加色素为白糊。

(3)将对乙酰氨基酚分为三份:①一份与马来酸氯苯那敏混匀后加入红糊;②一份与胆汁粉、维生素 C 混匀后加入黄糊;③一份与咖啡因混匀后加入白糊。分别制成软材后,过 14 目尼龙筛制粒,于 70℃ 干燥至水分 3% 以下,过 12 目筛整粒。

(4)将上述三种颜色的颗粒混合均匀后,填入空心胶囊中,即得。

【质量检查】颗粒均匀度、装量差异、崩解时限、溶出度、含量。

【注解】本品为一种复方制剂,所含成分的性质、数量各不相同,为防止混合不均匀和填充不均匀,采用适宜的制粒方法使制得颗粒的流动性良好,经混合均匀后再进行填充,这是一种常用的方法;另外,加入食用色素可使颗粒呈现不同的颜色,一方面可直接观察混合的均匀程度,另一方面若选用透明胶囊壳,将使本品看上去比较美观。

【作用与用途】本品用于感冒引起的鼻塞、头痛、咽喉痛、发热等。

五、实训结果与讨论

速效感冒胶囊的质量评价结果见表1。

表1　　　　　　　　　　速效感冒胶囊的质量评价结果

批号	含量	溶出度	颗粒均匀度	崩解时限	装量差异

实训6 膜剂的制备

一、实训目的

1. 掌握少量制备膜剂的方法和操作要点。
2. 熟悉常用成膜材料的性质与特点。
3. 了解膜剂的质量评价方法。

二、实训原理

膜剂是指药物溶解或均匀分散于成膜材料中加工成的薄膜制剂,可供口服、口含、舌下给药或黏膜给药。一般膜剂的厚度为 $0.1 \sim 0.2mm$,面积依临床应用而有差别,如面积为 $1cm^2$ 的可供口服,$0.5cm^2$ 的供眼用。膜剂按结构分为单层膜、多层膜与夹心膜等。

膜剂的形成主要取决于成膜材料,常用的天然高分子材料有明胶、阿拉伯胶、琼脂、海藻酸及其盐、纤维素衍生物等。常用的合成高分子材料有丙烯酸树脂类、乙烯类高分子聚合物,如 PVA、聚乙烯醇缩乙醛、PVP、乙烯 – 醋酸乙烯共聚物(EVA)及丙烯酸类等。膜剂处方中除主药和成膜材料外,一般还需加入增塑剂、表面活性剂、填充剂、着色剂等附加剂,制备时需根据成膜材料性质加入适宜的脱膜剂,如以水溶性成膜材料 PVA 为膜材时,可采用液状石蜡作为脱膜剂。

膜剂的制备方法有多种,一般采用匀浆制膜法。其工艺过程为:将成膜材料溶解于水,过滤,加入主药,充分搅拌溶解。不溶于水的主药可以预先制成微晶或粉碎成细粉,用搅拌或研磨等方法均匀分散于浆液中,脱去气泡。小量制备时倾倒于平板玻璃上涂成宽厚一致的涂层,大量生产可用涂膜机涂膜。膜剂的制备工艺流程图见图1。

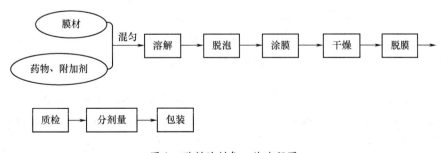

图1 膜剂的制备工艺流程图

膜剂的外观应完整光洁,厚度一致,色泽均匀,无明显气泡。多剂量膜剂,分格压痕应均匀清晰,并能按压痕撕开。膜剂质量检查项目有外观、含量、重量差异等。

三、实训材料与设备

实训材料:原料药有氢溴酸东莨菪碱、替硝唑、盐酸利多卡因。辅料有 PVA 05－88、PVA 17－88、甘油、蒸馏水、CMC－Na、糖精钠、聚山梨酯80。

设备:水浴锅、玻璃板、天平、紫外分光光度计。

四、实 训 内 容

1. 氢溴酸东莨菪碱膜剂

【处方】氢溴酸东莨菪碱　　　　　　1g
　　　　PVA 05－88　　　　　　　　5.6g
　　　　PVA 17－88　　　　　　　　5.6g
　　　　甘油　　　　　　　　　　　0.6g
　　　　蒸馏水　　　　　　　　　　30mL

【制备】制备工艺流程见图2。

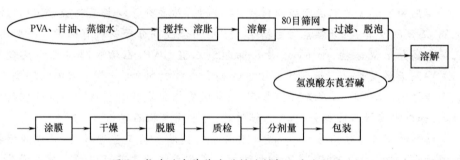

图2　氢溴酸东莨菪碱膜剂的制备工艺流程图

(1)取 PVA、甘油、蒸馏水置于容器中,搅拌、浸泡、溶胀后,于90℃水浴上加热溶解,趁热用80目筛网过滤。

(2)滤液放冷后,加入氢溴酸东莨菪碱,搅拌使溶解,静置一定时间除气泡。

(3)然后倒在玻璃板上,用刮板法制膜,厚度约0.3mm,于80℃干燥。

(4)抽样含量测定后,计算出单剂量分割面积(每格面积约0.5cm×1cm),热烫划痕或剪切。每格内含氢溴酸东莨菪碱0.5mg。

【质量检查】

(1)含量测定　取药膜约50cm²(约含氢溴酸东莨菪碱50mg),精确测定其面积,置于50mL量瓶中,加入0.05mol/L硫酸溶液约30mL,溶解,并用此酸液稀释至刻度,摇匀。

另制备不含主药的空白膜,取相同面积按上述相同方法制备空白溶液。按照紫外分光光度法,在257nm波长处测定吸光度。按氢溴酸东莨菪碱($C_{17}H_{23}NO_4$ · HBr)的吸收系数为14计算含量。本品含氢溴酸东莨菪碱($C_{17}H_{23}NO_4$ · HBr)应为标示量的 90% ~110%。

(2)重量差异检查 取药膜 20 片,精密称定总重量,求得平均重量,再分别精密称定各片的重量,每片重量与平均重量相比较,按表 1 中的规定,超出重量差异限度的不得多于 1 片,并不得超过限度的 1 倍[《中国药典》(2020 年版)二部附录 I M]。

膜剂的重量差异限度见表 1。

表 1 膜剂的重量差异限度

平均重量	重量差异限度
0.02g 至 0.02g 以下	±15%
0.02g 以上至 0.20g	±10%
0.20g 以上	±7.5%

【作用与用途】抗胆碱药。用于麻醉前给药,震颤麻痹,晕动病,躁狂性精神病,胃肠胆肾平滑肌痉挛,胃酸分泌过多,感染性休克,有机磷农药中毒。

2.替硝唑口腔膜剂

【处方】
替硝唑	1.0g
盐酸利多卡因	0.5g
PVA 17 – 88	6g
CMC – Na	4g
甘油	5mL
糖精钠	0.02g
蒸馏水加至	100mL

【制备】工艺流程见图 3。

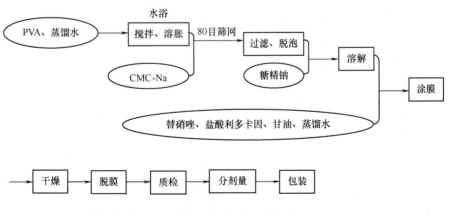

图 3 替硝唑口腔膜剂的制备工艺流程图

(1)胶浆的制备 取 PVA 17 – 88 加蒸馏水适量浸泡,待充分溶胀后,置 80 ~ 90℃水浴上加热,再加入 CMC – Na,搅拌溶解,趁热用 80 目筛网过滤,加入糖精钠使溶解。

(2)另取替硝唑、盐酸利多卡因、甘油加适量蒸馏水研匀后加入上述胶浆中，搅匀，保温放置一定时间除气泡。

(3)倒在涂有适量液状石蜡的玻璃板上，用刮板法制膜，面积约600cm^2。

(4)60℃干燥后切成2cm×1.5cm的小片备用，每片含替硝唑约5mg，药膜烫封在聚乙烯薄膜或铝箔中备用。

【质量检查】外观、重量差异、含量、成膜性质和黏附性质。

【注解】

(1)成膜材料PVA与CMC-Na在水中浸泡时间必须充分，且水温不宜超过40℃，才能保证充分溶胀、溶解。

(2)PVA加热温度以80~90℃为宜，温度过高可影响膜的溶解度和澄明度，并使膜的脆性增加。成膜材料PVA与CMC-Na配合使用，有利于提高膜剂的成膜性质和黏附性质。

(3)膜剂的制备过程中，保温静置时要使材料中的空气逸尽。制膜时不得搅拌，否则易成气泡膜。

(4)玻璃板上制备膜剂技术 将适宜大小、平整的玻璃板清洗干净，擦干，撒少许滑石粉或涂少许液状石蜡等脱膜剂，用清洁纱巾擦去，然后将浆液倾倒于上面，用有一定距离的刮刀(或用固定厚度的推杆)将其涂铺均匀，将其自然干燥或置一定温度的烘箱中干燥，脱膜，即得。

【作用与用途】用于各种厌氧菌感染的治疗。

五、实训结果与讨论

1.将氢溴酸东莨菪碱膜剂质量检查结果填入表2中。

表2　　　　　　　　　氢溴酸东莨菪碱膜剂的质量检查结果

检查项目	检查结果
含量(标示量/%)	
重量差异	

2.记录替硝唑膜剂的成膜性质、重量差异、含量、外观和黏附性质。

六、思考题

1.小量制备膜剂时，常用哪些成膜方法？其操作要点及注意事项如何？

2.处方中的甘油起什么作用？此外，膜剂中还有哪些辅料，它们各起什么作用？

3.制备膜剂时，如何防止气泡的产生？

第七章　片　　剂

[学习目标]
1. 掌握片剂的常用辅料、制备过程与质量评定要求。
2. 了解片剂包衣种类、目的与特点，以及包衣存在的问题及解决方法。
3. 了解片剂的包装、贮存。

[技能目标]
掌握湿法制粒压片的操作要点。

第一节　概　　述

片剂(tablets)系指药物与适宜的辅料混匀压制而成的圆片状或异形片状的固体制剂。可供内服和外用，是目前临床应用最广泛的剂型之一。

片剂创始于19世纪40年代，随着科学技术的不断进步，片剂的成型理论、生产技术、生产设备和质量控制等方面都有很大的发展，对改善片剂的生产条件、提高片剂的质量和生物利用度、实现连续化规模生产等均起到重要作用。

一、片剂的分类

《中国药典》(2020年版)二部收载的片剂有以下几种。

(1)含片　系指含于口腔中，药物缓慢溶化产生持久局部或全身作用的片剂。含片中的药物应是易溶性的，主要起局部消炎、杀菌、收敛、止痛或局部麻醉作用。

(2)舌下片　系指置于舌下能迅速溶化，药物经舌下黏膜吸收发挥全身作用的片剂。舌下片中的药物与辅料应是易溶性的，主要适用于急症的治疗。

(3)口腔贴片　系指粘贴于口腔，经黏膜吸收后起局部或全身作用的片剂。

(4)咀嚼片　系指于口腔中咀嚼后吞服的片剂。

(5)分散片　系指在水中能迅速崩解并均匀分散的片剂。分散片中的药物应是难溶性的，分散片可加水分散后口服，也可将分散片含于口中吮服或吞服。

(6)可溶片　系指临用前能溶解于水的非包衣片或薄膜包衣片剂。可溶片应溶解于水中，溶液可呈轻微乳光。可供口服、外用、含漱等用。

(7)泡腾片　系指含有碳酸氢钠和有机酸，遇水可产生气体而呈泡腾状的片剂。泡腾片中的药物应是易溶性的,加水产生气泡后应能溶解。有机酸一般用柠檬酸、酒石酸、富马酸等。

(8)阴道片与阴道泡腾片 系指置于阴道内应用的片剂。阴道片和阴道泡腾片的形状应易置于阴道内,可借助器具将阴道片送入阴道,阴道片为普通片,在阴道内应易溶化、溶散或融化。崩解并释放药物,主要起局部消炎杀菌作用,也可给予性激素类药物。具有局部刺激性的药物,不得制成阴道片。

(9)缓释片 系指在规定的释放介质中缓慢地非恒速释放药物的片剂。

(10)控释片 系指在规定的释放介质中缓慢地恒速释放药物的片剂。

(11)肠溶片 系指用肠溶性包衣材料进行包衣的片剂。

除此之外,还有口崩片、双层片等多种片剂。

二、片剂的特点

片剂是应用最广泛的剂型之一,其有以下优点:

(1)剂量准确,含量均匀,含量差异较小,每片即可作为一个剂量单位。

(2)质量稳定,因为片剂系干燥固体剂型,体积较小,受外界空气、光线、水分等因素的影响较少,故稳定性较好。

(3)携带、运输、服用方便。

(4)成本低廉,片剂生产的机械化、自动化程度较高,产量大、成本及售价较低。

(5)可通过各种制剂技术制成不同类型的各种片剂,如速效片、缓释片、控释(长效)片、肠溶包衣片、咀嚼片等,以满足不同临床医疗的需要。

(6)片面可以压上主药名称和含量的标记,也可用不同颜色着色便于识别或增加美观。

片剂也存在以下缺点:

(1)婴幼儿及昏迷病人不易吞服。

(2)制备或贮存不当时会逐渐变质,以致在胃肠道内不易崩解或溶出,影响药物的吸收和疗效。

(3)如含有挥发性成分,久贮含量有所下降。

第二节　片剂常用辅料

片剂主要由两大类物质构成,一类是发挥治疗作用的药物,即主药;另一类是没有生理活性的一些物质,它们所起的作用主要有填充作用、黏合作用、崩解作用和润滑作用,有时,还起到着色作用、矫味作用以及美观作用等,在药剂学中,通常将这些物质总称为辅料(excipients 或 adjuvants)。根据它们所起作用的不同,常将辅料分为四大类。

一、稀 释 剂

稀释剂(diluents)的主要用途是增加片剂的重量或体积,亦称为填充剂。一般药物的剂量有时只有几毫克甚至更少,不适于片剂成型及临床给药。因此,凡主药剂量小于50mg时,需加入一定量的稀释剂以增加片剂的重量与体积,以利于成型。理想的稀释剂应具有化学和生理学惰性,且不影响药物有效成分的生物利用度。另外最好是价廉且易压制成型。稀释剂的性质十分重要,因为当药物有效成分含量较小时,稀释剂的性质就决定了片剂的性质。若原料中含有较多的挥发油或其他液体,则需要加入适当的辅料吸附后再压制成片,此种辅料又称为吸收剂(absorbents)。常用的稀释剂有以下几种。

1. 淀粉(starch)

淀粉有玉米淀粉、马铃薯淀粉、小麦淀粉,其中常用的是玉米淀粉。淀粉为白色细微粉末,在冷水或乙醇中均不溶解,但在水中加热至62～72℃可糊化成胶体溶液。淀粉的性质稳定,可与大多数药物配伍,吸湿性小,外观色泽好,价格便宜,是片剂中常用的稀释剂。但淀粉的可压性较差,压制的片剂硬度较差,且有膨胀倾向,因此一般不单独采用,常与可压性较好的糖粉、糊精、乳糖等混合使用。某些酸性较强的药物,不适宜用淀粉作填充剂,以免湿颗粒在干燥过程中使淀粉部分水解,而影响片剂质量。

2. 糖粉(sugar)

糖粉系指结晶性蔗糖经低温干燥、粉碎而成的白色粉末。其优点是黏合力强,可用来增加片剂的硬度,使片剂的表面光滑美观。缺点是吸湿性较强,若用量过多,片剂将随贮存时间的推移而变硬,造成崩解或溶出困难。另外遇碱性物质将变为棕色,能使维生素C片变黄或使对氨基水杨酸变软等。作为矫味剂,可用于口含片和咀嚼片等,掩盖不良气味;由于其具有较强的黏结力,可用于中草药(原粉)和其他疏松或纤维性药物制成的片剂中。

3. 糊精(dextrin)

糊精是淀粉不完全水解的产物,为白色或类白色的无定形粉末,无臭,味微甜。不溶于乙醇,微溶于冷水,易溶于热水成胶状溶液,并成弱酸性。糊精具有较强的黏结性,将其混合于处方中,加水、稀醇或淀粉浆混合后,即产生黏合作用。糊精用量过多会使颗粒过硬,造成压制的片剂出现麻点,影响片剂的外观,并能影响崩解速度,因此糊精一般不单独使用,常与糖粉、淀粉配合使用。糊精黏性较糖粉弱,其作用主要是使药物粉末表面黏合,因此不适宜纤维性和弹性大的药物。糊精有特殊不适味,故对无芳香药物的含片宜少用。

4. 乳糖(lactose)

乳糖是固体剂型制备中使用最广泛的稀释剂之一,由等分子葡萄糖及半乳糖组成,为白色结晶性颗粒或粉末,无臭,味微甜,在水中溶解,在乙醇中不溶。常用的乳糖是含有一分子结晶水的乳糖(即 α - 乳糖),其性能优良,无吸湿性,可压性好,压成的片剂光洁美观,对含量测定的影响较小,有良好的药物溶出速率,在贮存时一般不延长成品的崩解时间。乳糖性质稳定,可与大多数药物配伍,是片剂优良的填充剂,同时,乳糖还为非还原性糖,可用于直接静脉注射。粒度大的乳糖,流动性好,但黏合性差,可通过粉碎加以改善。由喷雾干燥法制得的乳糖为非结晶性、球形乳糖,其流动性、可压性良好,可供粉末直接压片。目前,进口的乳糖有各种细度(140 目、200 目等)及喷雾干燥的乳糖,为片剂的选择提供了更大的空间。

5. 预胶化淀粉(pregelatinized starch)

预胶化淀粉亦称为可压性淀粉,为无臭、无味的白色粉末,不溶于有机溶剂,微溶于冷水。国产的预胶化淀粉是部分预胶化淀粉,其具有良好的流动性、可压性、自身润滑性和干黏合性,弹性复原率小,有一定的冷水可溶性,并有较好的崩解作用。可增加片剂的硬度,减少脆碎度,可用于粉末直接压片。预胶化淀粉还可替代淀粉制备淀粉浆,其黏性略强于一般淀粉浆,而且具有溶于温水、不需煮沸的优点。

6. 微晶纤维素(microcrystalline cellulose,MCC)

微晶纤维素是由纤维素部分水解而制得的结晶性粉末,无臭,无味,在水、乙醇、丙酮或甲苯中不溶。微晶纤维素具有较强的结合力与良好的可压性,且具有良好的崩解作用,是片剂优良的填充剂,可用于粉末直接压片。另外,片剂中含20% 以上微晶纤维素时崩解较好,与低浓度的淀粉合用,崩解有相加作用。国外产品的商品名为 Avicel,并根据粒径不同分为若干规格,如 PH101、PH102、PH201、PH202、PH301、PH302 等,用途也不相同,如 PH101 一般用于湿法制粒,而 PH102由于粒径较大,更适于粉末直接压片。该品不适用于对水敏感的药物如阿斯匹林、青霉素、维生素类等。

7. 硫酸钙(calcium sulfate)

硫酸钙为白色或微黄色,无臭、无味的粉末,微溶于水,有引湿性,性质稳定,可与多种药物配伍,一般二水硫酸钙较常用。用硫酸钙制成的片剂外观光洁,硬度好。但应注意硫酸钙对某些主药(四环素类药物)的胃肠道吸收有干扰,不宜使用。

8. 磷酸氢钙(calcium hydrogen phosphate)

磷酸氢钙为白色粉末,无臭,无味。不溶于水和乙醇,无引湿性,具有良好的流动性和稳定性,但可压性较差。可用于片剂的稀释剂,亦可用作中草药浸出物及油类药物的良好吸收剂,但不能用于弱有机碱的强酸盐类。该品不宜用于维生素 C 和盐酸硫胺,影响硬度、崩解时限和维生素 C 的稳定性;不可与酸性药物配伍。

9. 碳酸钙(calcium carbonate)

碳酸钙为微带碱性的白色粉末,不溶于水,无吸湿性,为油类的良好吸收剂,用于某些片剂可防止黏冲。但碳酸钙本身为制酸药物,作吸收剂时用量要适度。此外,对酸性药物有配伍变化。

10. 甘露醇(mannitol)

甘露醇是由葡萄糖在电解质中还原制得,为白色结晶性粉末,无臭,味甜,在水中易溶,1g 可溶于约 5.5mL 水,在乙醇中略溶,甜度约为蔗糖的 70% 左右。该品稳定性良好,无引湿性。作为片剂填充剂,甘露醇干燥快,化学稳定性好,可用于大部分片剂。因溶解时吸热,有甜味,对口腔有舒适感,因此特别适合咀嚼片和口崩片。

11. 山梨醇(sorbitol)

山梨醇为白色结晶性粉末,无臭、味甜且清凉,甜度为蔗糖的 60% ~ 70%,易溶于水,较适于咀嚼片。但由于该品吸湿性强,在相对湿度较高的环境下(65% 以上),即失去流动性,并有结块、黏冲现象,故常与甘露醇配合使用。

二、润湿剂与黏合剂

润湿剂(moistening agent)系指本身没有黏性,但能诱发待制粒物料的黏性,以利于制粒的液体。黏合剂(adhesives)系指对无黏性或黏性不足的物料给予黏性,从而使物料聚结成粒的辅料。常用的润湿剂和黏合剂有以下几种。

1. 纯化水(purified water)

纯化水是在制粒中较常用的润湿剂,无毒、无味、便宜,适用于在水中不易溶解,但能产生一定黏性的药物。如将淀粉、糊精、糖粉按一定的比例混合,加入纯化水作润湿剂,制得的颗粒硬度适中,便于压片。用水作润湿剂时,应注意缓缓加入,边加边搅拌,以避免水被部分粉末迅速吸收而造成软材结块、润湿不均匀,干燥后颗粒发硬等现象,因此最好选择适当浓度的乙醇 – 水溶液或以低黏度的淀粉浆代替,以克服上述不足。其醇溶液的浓度根据物料性质与试验结果而定。

2. 乙醇(ethanol)

乙醇可用于遇水易分解的药物或遇水黏性太大的药物。凡具有较强黏性的药物,如中药浸膏的制粒或生化制品等遇水易结块的药物的制粒常用乙醇 – 水溶液作润湿剂,黏性越强的药物,所用醇的浓度越高。随着乙醇浓度的增大,润湿后所产生的黏性降低,乙醇的常用浓度为 30% ~ 70%。使用乙醇为润湿剂在干燥时,应注意防火、防爆。

3. 淀粉浆(starch paste)

淀粉浆是淀粉在水中受热后糊化而得,玉米淀粉完全糊化的温度是 77℃。淀粉浆的常用浓度为 5% ~ 15%。淀粉浆的制法主要有煮浆法和冲浆法两种,冲浆法是将淀粉混悬于少量(1 ~ 1.5 倍)水中,然后根据浓度要求冲入一定量的沸水,不断搅拌糊化而成;煮浆法是将淀粉混悬于全部量的水中,在夹层容器中加热并不断搅拌,直至糊化。由于淀粉价廉易得,且黏合性良好,是制粒中比较常用的黏合剂,适用于对湿热较稳定的药物。

4. 甲基纤维素(methylcellulose,MC)

MC 是纤维素的甲基醚化物,具有良好的亲水性,在冷水中膨胀可形成黏稠的胶体溶液,应用于水溶性及水不溶性物料的制粒,颗粒的压缩成形性好且不随时间变硬,可改进片剂的崩解或溶出速率。一般浓度为 1% ~ 20%,该品 5% 溶液的黏合力相当于 10% 的淀粉浆,制得的颗粒硬度基本相同。

5. 羟丙甲纤维素(hydroxypropylmethyl cellulose,HPMC)

HPMC 是纤维素的羟丙甲基醚化物,溶于冷水,不溶于热水。HPMC 因取代基含量不同,黏度不同。作为黏合剂常用低黏度(0.05 ~ 0.5Pa. s)的 HPMC,一般用量为 2% ~ 5%。由于 HPMC 遇冷水易结块,溶解慢,因此制备 HPMC 水溶液时,可先将 HPMC 加入到 80 ~ 90℃ 的热水中,充分分散与水化,然后降温,不断搅拌使溶解。用 HPMC 作黏合剂可大大减少药物的接触角,使药物易于润湿,提高片剂的溶出速率。根据药物的黏性情况,还可将 HPMC 溶于不同浓度的乙醇中或与淀粉一起制浆作黏合剂。

6. 羧甲基纤维素钠(carboxymethylcellulose sodium,CMC – Na)

CMC – Na 是纤维素的羧甲基醚化物的钠盐,溶于水,不溶于乙醇。在水中,首先在粒子表面膨化,然后慢慢地浸透到内部,逐渐溶解而成为透明的胶体溶液。作为黏合剂,常用浓度为 1% ~ 2%,根据需要可以加大用量。但制备的片剂崩解时间长,且随时间变硬,常用于可压性较差的药物。

7. 乙基纤维素(ethylcellulose,EC)

EC 是纤维素的乙基醚化物,不溶于水,溶于乙醇等有机溶剂中,化学性质稳定。该品的黏性较强,可作对水敏感性药物的黏合剂,应用时可将其细粉掺入物料中,然后用乙醇制粒,也可制成 5% 乙醇溶液喷于搅拌的物料中。该品常用浓度为 2% ~ 10%。但对片剂的崩解及药物的释放有阻滞作用,目前常用作缓、控释制剂的黏合剂。

8. 聚维酮(polyvinylpyrrolidine,PVP)

PVP 为白色或乳白色粉末,化学性质稳定,能溶于水和乙醇成为黏稠胶状液体,具有良好的黏结性。根据相对分子质量不同分为多种规格,其中作为黏合剂的型号是 K30(相对分子质量 60 000)。对于湿热较敏感的药物,可用聚维酮的乙醇溶液作黏合剂,既可避免水分的影响,又可在较低温度下干燥。对于疏水性药物,可用聚维酮水溶液,不但使物料均匀润湿,并且能使物料的表面变为亲水性,有利于药物的崩解和溶出。聚维酮的无水乙醇溶液还可用于泡腾片中酸碱混合粉末的制粒,聚维酮还可用作直接压片的干黏合剂。其最大缺点是吸湿性强。

9. 明胶(gelatin)

明胶溶于水形成胶浆,其黏性较大。配制明胶溶液时,应先浸于冷水中数小时,或放置过夜,然后加热至沸。但其冷后仍凝固成胶状,制粒时应保持一定温度,防止胶凝。使用明胶溶液为黏合剂制备的片剂硬度较大,缺点是颗粒及片剂随放置时间变硬。适用于可压性差、松散且不易制粒的药物以及在水中不需崩解或延长作用时间的口含片等。一般使用浓度为 10% ~20%。

10. 阿拉伯胶(Acacia gum)

阿拉伯胶黏结力较强,制得的颗粒较硬,压成的片剂比较坚硬,但制成的片剂不随贮存时间而增加硬度。与明胶溶液相似,适用于容易松散的药物及不需要在水中崩解和需要延长作用的片剂如口含片等。常用浓度为 10% ~25%。

11. 糖浆(syrup)

糖浆是将蔗糖溶于水,制成 10% ~70% 的黏稠溶液,适用于纤维性药物、质地疏松及弹性较强的药物制成片剂,糖浆的浓度越高,制成的片剂硬度越大。糖浆还可与淀粉浆混合使用,制成混合浆。酸碱性较强的药物能导致蔗糖转化而增加其引湿性,故不适用于此类药物。

三、崩 解 剂

崩解剂(disintegrants)是促使片剂在胃肠液中迅速崩解成细小颗粒,增加药物溶出的辅料。由于片剂是在高压下压制而成,因此空隙率小,结合力强,很难迅速溶解。加入崩解剂,可使片剂能迅速崩解,除了缓释片、控释片、口含片、咀嚼片、舌下片、植入片等有特殊要求的片剂外,一般均需加入崩解剂。特别是难溶性药物的崩解和溶出是药物在体内吸收的限速阶段,其片剂能否快速崩解成细粉意义重大。

1. 崩解剂的作用机制

崩解剂大多为亲水性物质,有较好的吸水性和膨胀性。崩解剂的作用机制一般认为有以下几种。

(1)毛细管作用 崩解剂在片剂中形成易于润湿的毛细管通道,当片剂置于水中时,水能迅速地随毛细管进入片剂内部,使整个片剂润湿而崩解。淀粉及其衍生物、纤维素衍生物属于此类崩解剂。

(2)膨胀作用 崩解剂多为高分子亲水物质,自身具有很强的吸水膨胀性。压制成片遇水易于被润湿并膨胀,从而瓦解片剂的结合力。膨胀作用还包括润湿热所致的片剂中残存空气的膨胀。

(3)产气作用 由于化学反应产生气体,如在泡腾片中加入的泡腾崩解剂,遇水产生二氧化碳气体,借助气体的膨胀而使片剂崩解。

2. 崩解剂的加入方法

崩解剂的加入方法不同,作用也不同。常见的加入方法有外加法、内加法和内外加法。

(1)外加法 是将崩解剂加到经整粒后的干颗粒中。崩解剂存在于颗粒之外,因而水分易于透过,但崩解迅速,片剂的崩解在颗粒之间发生,不易崩解成粉粒,不利于药物的溶出。

(2)内加法　是在制粒前加入,将崩解剂与其他辅料混匀后,制粒。片剂的崩解稍慢,但一经崩解,便成粉粒,有利于药物的溶出。

(3)内外加法　是将崩解剂分成两部分,内加一部分,外加一部分,可使片剂既能迅速崩解又能崩解成粉粒,从而达到良好的崩解和溶出效果。内外加法集中了前两种方法的优点。通常内加崩解剂的量占崩解剂总量的50%～75%,外加崩解剂的量占崩解剂总量的25%～50%。

3. 常用崩解剂

(1)淀粉　是一种经典的崩解剂,淀粉的吸水性较强,由于其在片剂中有形成毛细管吸水作用和本身的吸水膨胀作用,而发挥崩解剂的效果。淀粉适用于水不溶性或微溶性药物的片剂,而对易溶性药物的崩解作用较差。用前最好于100℃干燥1h。

(2)低取代羟丙纤维素(L－HPC)　为白色或类白色结晶性粉末,在水和有机溶剂中不溶,但由于其具有很大的表面积和孔隙率,在水中可溶胀,是较常用的一种崩解剂。一般用量为2%～5%,可内加,也可外加或内外加。L－HPC具有黏结作用,还可增大用量作为填充剂用于湿法制粒,不仅可促进片剂的崩解,提高药片的硬度,并可改善其溶出速率,提高药物的生物利用度。

(3)泡腾崩解剂(effervescent disintegrants)　是专用于泡腾片的特殊崩解剂,最常用的是由碳酸氢钠与柠檬酸组成的混合物。遇水时产生二氧化碳气体,使片剂在几分钟之内迅速崩解。含有这种崩解剂的片剂,应妥善包装,避免受潮造成崩解剂失效。

4. 新型崩解剂

近年,开发了几类新型的崩解剂,商业上俗称"超级崩解剂",它们的用量比淀粉低,所以在流动性和压缩成型性方面的不良效应均相应降低。这些崩解剂根据化学结构分为三类,片剂中用量一般为1%～10%。

(1)羧甲基淀粉钠(carboxymethyl starch sodium,CMS－Na)　又称淀粉乙醇酸钠,一般呈球状,具有很好的流动性。该品为白色粉末,无臭无味,置空气中能吸潮。其特点是吸水膨胀作用非常显著,其吸水后体积可膨胀200～300倍,是一种性能优良和应用广泛的崩解剂。CMS－Na具有良好的可压性,用它作为崩解剂不仅可加快片剂的崩解,而且可增加片剂的硬度。一般用量为1%～8%,对于疏水性药物加入1%～3%,即显示出优良的崩解性能。对于水溶性药物特别是溶于水后溶液较黏稠的药物往往须增加其用量,有时效果可能还不明显,此时应选择崩解性能更好的崩解剂,如交联羧甲基纤维素钠等。该品可用于粉末直接压片。

(2)交联羧甲基纤维素钠(croscarmellose sodium,CCNa)　白色细颗粒状粉末,无臭。由于交联键的存在不溶于水,能吸收数倍于本身重量的水而膨胀。其特点是可压性好,崩解力强。既适于湿法制粒压片工艺,也适于粉末直接压片。该品性质稳定,但遇强氧化剂、强酸和强碱,会被氧化和水解。当与 CMS – Na 合用时,崩解效果更好,但与干淀粉合用时崩解作用会降低。

(3)交联聚维酮(cross – linked polyvinyl pyrrolidone,PVPP) 是流动性良好的白色或类白色粉末;在水、有机溶剂及强酸强碱溶液中均不溶解,但在水中迅速溶胀,吸水膨胀体积可增加 150% ~200%,比表面积大,无黏性,因而其崩解性能十分优越。用该品作崩解剂压得的片剂硬度大、外观光洁美观,崩解时限短,溶出速率高。其用量一般为 1% ~4%。交联聚维酮粒子的形状不同于以上两种崩解剂,是由多个小粒子稠合聚集而成的,这种聚集态使得交联聚维酮呈多孔海绵状。

四、润 滑 剂

1. 润滑剂的分类

广义的润滑剂按作用不同,可分为润滑剂、助流剂和抗黏剂。

(1)润滑剂(lubricants) 降低物料与模壁之间摩擦力的辅料,以保证在压片和推片时,压力分布均匀,从模孔推片顺利。

(2)助流剂(glidants) 指用以降低颗粒之间摩擦力,改善颗粒流动性的辅料。它能满足高速转动的压片机所需的迅速、均匀填充的要求,可减少片剂重量差异。

(3)抗黏剂(anti – adherent) 防止压片时物料黏着于冲头与冲模表面,以保证压片操作顺利进行以及片剂表面光洁的辅料。当冲面不够光洁、颗粒水分含量太高以及颗粒中含有较多的油性成分时,常发生黏冲问题,适当的抗黏剂可有效改善。

2. 润滑剂的作用机制

润滑剂的作用机制概括起来有以下几种。

(1)改善粒子表面的静电分布,一些颗粒在压制过程中可能产生静电荷,润滑剂可阻止静电荷的积累,起助流和抗黏作用。

(2)改善粒子表面的粗糙度,润滑剂附着于粗糙颗粒表面,减少摩擦力。

(3)减弱粒子间的范德华力。

3. 常用的润滑剂

(1)硬脂酸镁(magnesium stearate) 为白色轻松无砂性的细粉,微有特殊臭味,与皮肤接触有滑腻感,不溶于水、乙醇。该品润滑性好、附着性强,易与颗粒混匀,可有效减少颗粒与冲模之间的摩擦力,压制的片剂片面光洁美观,为应用最广泛、优良的润滑剂。用量一般为 0.25% ~1%,用量过大时,由于其疏水性,会使片剂不易崩解或产生裂片。另外,由于其具碱性,易造成少数药物如阿司匹林等不稳定性。

(2)微粉硅胶(aerosil) 为白色、轻质的粉末,无臭无味,不溶于水及酸,化学性质稳定,与绝大多数药物不发生反应。该品比表面积大,有很好的流动性,对药物有较大的吸附力,其亲水性强,用量在 1% 以上时可加速片剂的崩解,有利于药物的吸收,为优良的助流剂。该品可用作粉末直接压片的助流剂。常用量为 0.15% ~3% 。

(3)滑石粉(talc) 为白色至类白色的粉末,不溶于水,但有亲水性,对片剂的崩解作用影响不大。其有较好的滑动性,用后可减少压片物料黏附于冲头表面的倾向,但附着力差,且相对密度大,在压片过程中能因震动而与颗粒分离。因此一般不单独使用,多与硬脂酸镁合用,起助流、抗黏作用。常用量一般为 0.5% ~3% 。

(4)氢化植物油 为一种经过精制漂白去臭,并经喷雾干燥法制得的粉状物,是一种良好的润滑剂。特别适合不适宜用碱性润滑剂的药物,应用时可将其溶于轻质液体石蜡或己烷中,然后喷于干颗粒表面上,混合均匀。

(5)聚乙二醇(PEG)4 000 或 6 000 两者均为乳白色的结晶性粉片,具有良好的润滑效果,可用作片剂水溶性润滑剂,片剂的崩解与溶出不受影响。该品适用于能完全溶解的片剂,一般用 50μm 以下的粉末压片时可以达到良好的润滑效果。

(6)十二烷基硫酸钠(镁) 为水溶性表面活性剂,具有良好的润滑效果,不仅能增强片剂的机械强度,而且有促进片剂崩解和药物溶出作用。试验证明,在相同条件下压片,十二烷基硫酸镁的润滑作用较滑石粉、PEG 及十二烷基硫酸钠都好。

五、新型预混辅料

常见的药用辅料多为单一化合物,性能和特点固定,所起到的作用也是相对固定的。但随着众多新药物的诞生,其多变的理化性质以及对稳定性的要求,新的设备和生产工艺的出现,新的法规对稳定性、安全性的要求等,都对辅料的功能提出了更多和更高标准,将多种辅料结合在一起形成预混辅料,成为满足各种要求的一个最佳的选择。因为每一个制剂配方本身就含有多种辅料,现有辅料灵活的结合使用,使辅料获得新的性能和适用于特定药物及工艺成为可能。

一些预混辅料见表 7-1。

表 7-1　　　　　　　　　　　　　　　　　预混辅料

商品名	生产商	成分	优势
Ludipress	BASF	乳糖 + 3.2% PVP30 + PVP CL	吸湿性低,流动性好,片剂硬度不依赖压片速度
Cellactose	Meggle	75% 乳糖 + 25% 纤维素	可压缩性高,口感好,价格低,所得片剂性能好

续表

商品名	生产商	成分	优势
Prosolv	Penwest	MCC + 二氧化硅	流动性好,对湿法制粒敏感性低,片剂硬度低
Avicel CE-15	FMC	MCC + 瓜尔胶	无砂砾感,不粘牙,粉尘多,有奶油味,整体口感好
ForMaxx	Merck	碳酸钙 + 山梨醇	颗粒粒径分布可控
Microcelac	Meggle	MCC + 乳糖	可用于流动性差的有效成分制备成大剂量的小片剂
Pharmatose DCL40	DMV	95%β - 乳糖 + 5%拉克替醇	可压缩性高,对润滑剂敏感性低
StarLac	Roquette	85% α - 乳糖一水合物 + 15%天然玉米淀粉	崩解性极好,可减少超级崩解剂的使用,适于直接压片,压缩性和流动性好,片重差异低
DiPac	Domino Sugar	蔗糖 + 3% 糊精	可直接压片

第三节 片剂的制备

片剂的制备是将药物与辅料混合(制粒)后,将其填充于一定形状的模孔内,经加压而制成片剂的过程。压片过程的三大要素是流动性、可压性和润滑性。良好的流动性使物料(颗粒或粉末)顺利足量地注入模孔,以减少片重差异过大或含量不均匀;良好的可压性使物料受压易于成型,不出现裂片、松片等不良现象,得到硬度符合要求的片剂;良好的润滑性是保证片剂不黏冲,得到完整无缺、表面光洁的片剂。片剂最常用的制备方法有制粒压片法和直接压片法,前者又可分为湿法制粒压片法和干法制粒压片法;后者分为粉末直接压片法和结晶药物直接压片法。本节重点介绍湿法制粒压片和粉末直接压片。

一、湿法制粒压片

湿法制粒(wet granulation)是将药物和辅料粉末混合均匀后加入液体黏合剂或润湿剂制备颗粒,经干燥后压制成片剂的工艺方法。该法适用于受湿、热不起变化的药物。

湿法制粒压片法是一种传统的压片方法,也是目前普遍采用的方法,有以下优点:①粉末中因加入黏合剂而改善其可压性,压片时仅需较低的压力,从而可延长压片机的寿命;②流动性差、可压性差的药物通过湿法制粒后得到适宜的流动性和可压性;③剂量小的药物通过湿法制粒达到含量均匀、分散良好;④可选择适宜的辅料制粒,以增加药物的溶出速率;⑤制粒后可防止多组分在压片时分层。

但湿法制粒也存在劳动力损耗大、生产周期长、设备和能源浪费大等缺点,而且不适用于对湿、热敏感的药物。

一般操作过程如图7-1所示:

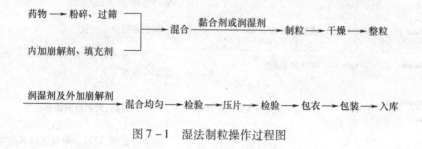

图7-1 湿法制粒操作过程图

1. 原辅料的处理与准备

湿法制粒要求所用的物料粒度大小相近,以利于混合均匀。物料混合前一般需经过粉碎、过筛或干燥等加工处理,其细度以通过80~100目筛比较适宜。剧毒药、贵重药及有色的原辅料宜更细一些,可先制成100目以上的细粉,以便能够更好地混合均匀,使含量准确,并可避免压片时产生裂片、花斑等现象。有些原辅料贮藏时易受潮发生结块,必须经过干燥处理后再粉碎过筛,对热不稳定的药物宜低温或真空干燥。

2. 称量与混合

根据处方分别称取原辅料,进行粉末的混合。剧毒药和微量药物可与辅料等量递加进行混合,并过筛1~3次,确保充分混匀。工业化生产目前一般采用高速混合制粒机,先干混2~5min,药物和辅料基本可以混合均匀。但剧毒药或微量药物应先与少量辅料混合,进一步稀释后再与其他辅料混合,以确保混合的均匀性。具体的混合方法和时间可通过工艺验证来确定。

3. 制颗粒

(1)软材过筛制颗粒 包括制软材、制湿颗粒、湿颗粒干燥及整粒等几个过程。除某些结晶性药物或可供直接压片的药物外,大多数药物均需制颗粒,使其有良好的流动性和可压性,以便压片。这是因为:一是粉末流动性差,不易均匀地填充于模孔中,容易出现松片或重量差异不合格;二是细粉内含有很多空气,在压片时部分空气不能及时从冲模间隙逸出,解压后又膨胀,产生松片、裂片现象;三是由于各成分的密度不同,易因机器振动而分层,致使药物含量不匀,如为有色原料,还可能造成花斑;四是粉末压片易造成粉尘飞扬等。因此,必须按照药物的性质、设备条件等合理选择辅料制成一定粗细松紧的颗粒来加以克服。

①制软材:将原辅料细粉混合均匀后,置混合机中,加适量黏合剂或润湿剂,

混合均匀制成软材。小量试验可用手工拌匀或用小型混合机混合,大量生产则用混合机。

软材的干湿程度直接影响颗粒的软硬程度以及是否完整,因此软材的干湿程度十分关键。生产中一般凭经验掌握,多以手握能成团、用手指轻压能散开为准。

软材的干湿程度与黏合剂或湿润剂的选择及用量有关,在大批量生产之前应进行充分试验,选择最适宜的黏合剂或润湿剂,并确定初步用量。由于黏合剂用量小试和大批量生产有一定差异,一般小试用量较大生产用量大。因此大生产时,根据生产情况再确定其准确用量。另外需注意的是,同样用量的黏合剂,其温度不同或搅拌的时间不同,软材的干湿程度也不同。因此在大生产时,在确定黏合剂的用量时,应同时确定温度和搅拌时间。

②制湿颗粒:软材制好后,将其通过适宜的筛网即成颗粒。小量试验时可将软材用手掌轻轻压过筛网或用小型颗粒机制粒。大生产则使用颗粒机制粒,最常用的颗粒机是摇摆式颗粒机。其外形和工作原理见图7-2。工作原理:将软材置加料斗中,其下部装有6条绕轴往复转动的六角形棱柱,在棱柱之下安装有紧靠棱柱的筛网,当棱柱做往复运动时,将软材挤压过筛网而成颗粒。

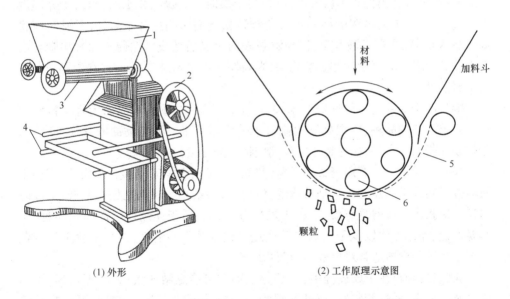

(1) 外形 (2) 工作原理示意图

图7-2 摇摆式颗粒机
1—加料斗 2—皮带轮 3—滚轴 4—置盘架 5—筛网 6—往复滚动轴

根据制颗粒时的情况可判断软材是否适宜,如由筛孔落下的颗粒呈长条状时,表明软材过湿,黏合剂或润湿剂过多;若落下的颗粒呈粉状或颗粒极少,则说明黏合剂过少,可补加黏合剂解决,如颗粒稍松散,也可进行二次制粒。加料斗中软材的多少,也会影响颗粒的松紧。软材越多,滚筒往复转动时可增加软材的黏性,制得的颗粒粗而紧,反之制得的颗粒松而散。如黏合剂加量稍多,可通过缓慢向加料斗中加软材的方法,使制颗粒顺利进行;反之,如颗粒稍松散,可采用多向加料斗加料的方法解决,当然,这种调节也是有限度的。超过限度就要通过增加或减少黏合剂的用量来解决。

通常软材只通过筛网一次,即可制成颗粒,但对有色的物料以及黏合剂或润湿剂用量不当而造成色泽不均匀或颗粒较松散时,可多次制粒,即软材通过筛网2~3次,以达到色泽均匀、颗粒较完整的目的。

筛网有尼龙筛网、镀锌铁筛网或不锈钢筛网等,黏性较强和对铁稳定的药物可选用镀锌铁筛网或不锈钢筛网;遇铁变质、变色的药物如维生素 C、氨茶碱等可用尼龙网。尼龙筛网因化学性质稳定,装卸容易,是生产中较常用的筛网。通常筛网的孔径大小根据片重大小选择,片重在 0.3g 以下时,一般选择 16~20 目筛,片重越小,选择的筛目相对越大(相应的筛网孔径越小),以保证压片时较小的重量差异。

③干燥:湿颗粒制成后,应立即干燥,以免受压变形结块。干燥温度由原料性质而定,一般以 50~60℃为宜。熔点低的药物可适当降低温度,而一些对湿热稳定的药物,也可适当提高干燥温度,以缩短干燥时间。含结晶水的药物,干燥温度不宜过高,否则失去过多的结晶水可使颗粒松脆而影响压片。另外,干燥时应将颗粒放入烘箱后,再逐渐升温,以免颗粒表面干燥后结成一层硬膜而影响颗粒内部水分的蒸发。为了使颗粒受热均匀,颗粒厚度不宜超过 2.5cm,并在湿颗粒基本干燥时翻动。

颗粒的干燥程度一般凭经验掌握,以手握干颗粒,颗粒不成团为宜。特殊对水分要求严格的品种,应根据试验制订水分含量标准。如易黏冲的片剂,应将水分控制在较低的水平,如易裂片的片剂应将水分含量相应提高。

颗粒干燥设备一般用箱式干燥器(烘箱、烘房)、沸腾床(流床)干燥器、减压干燥器等。箱式干燥器的优点是易清洗,粉尘少,污染小。缺点是热效率低,干燥时间长。沸腾床干燥器具有效率高、干燥快、产量大,适于连续性生产同一品种、干燥温度低、操作方便以及干燥均匀等优点。缺点是不易清洗,尤其不适用于有色片剂。减压干燥器适合对热敏感的药物的干燥。

④整粒:颗粒在干燥过程中,一部分湿颗粒可能黏结成块,大小不均匀,影响压片时的填充,需过筛整粒,以便获得均匀一致的颗粒。小量试验时可将颗粒倒在筛网上,用手轻轻按压过筛或用小型颗粒机整粒。大生产时较常用的是摇摆式颗粒机,整粒时一般选择较制湿粒稍大孔径的筛网,如湿颗粒用 18 目,整粒时可用 16 目。特殊情况下,应根据颗粒情况而定,如颗粒较疏松,可选用孔径稍大些的筛网,以免破坏颗粒和增加细粉;反之如颗粒较粗硬,可选用孔径较小的筛网,以免过筛后的颗粒过于粗硬、影响片重差异。

干颗粒应有一定的松紧度和粗细度。颗粒过硬压片时片面不光洁,颗粒太松,压片时易发生裂片。颗粒太粗,易造成压制的片剂重量大、表面粗糙、色泽不均,而细粉过多,则易产生裂片、松片、缺边角等情况,片剂硬度也达不到要求。一般情况下,干粒中以含细粉20% ~ 40%为宜,如可压性特别好的片剂细粉含量可稍高。

⑤加入润滑剂及外加崩解剂或挥发性药物:如有外加崩解剂应先加至已整好的颗粒中混匀,然后加入润滑剂,混合均匀。为防止挥发性成分损失,一般将其外加。若为挥发油,可将加入润滑剂并混匀后的颗粒筛出部分40目的细粉,加入挥发油,混匀后,再与全部干颗粒混匀,这样可避免润滑剂混合不匀和产生花斑。如为挥发性固体药物或可溶于乙醇的挥发油,可以先溶于乙醇中,然后喷在颗粒上,混合均匀,密闭保存数小时,使挥发油在颗粒中完全渗透均匀。否则由于挥发油吸附于颗粒表面,在压片时产生裂片。

⑥如果片剂成分中含有对湿热不稳定而剂量又较小的药物时,可将辅料与其他对湿热稳定的药物先用湿法制粒,干燥并整粒后,再将不耐湿热的药物与颗粒混合均匀后再压片。对湿热不稳定的小剂量药物在压片时,一般应先将其溶于适宜的溶剂中,再与干颗粒混合,以利于混合均匀。也可仅用辅料制成颗粒,干燥后整粒,再加入药物混匀后压片,这种压片方法称为空白颗粒法压片。

(2)高速搅拌制粒机制粒 高速搅拌制粒机改传统混合制软材、制颗粒两步为一步,系将药物、辅料一起加入混合搅拌制粒容器内,先将物料混合均匀,然后加入黏合剂,靠高速旋转的搅拌器和切割刀的作用迅速完成混合并制成颗粒。高速搅拌制粒机有卧式和立式两种,图7 - 3是一种立式制粒机。其构造是由容器、搅拌桨、切割刀组成。其工作原理是在搅拌桨的作用下使物料混合、翻动、分散、甩向器壁后向上运动,并在切割刀的作用下将大块颗粒绞碎、切割,并和搅拌桨相呼应,使颗粒得到强大的挤压、滚动,形成致密且均匀的颗粒。一般情况下干粉混合5 ~ 10min,即达到基本均匀,加入黏合剂后,

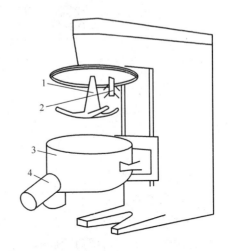

图7 - 3 高速搅拌制粒机
1—搅拌桨 2—切割刀 3—容器 4—出料口

根据物料的干湿程度,再混合制粒2 ~ 5min,即可完成制粒,然后将制得的颗粒干燥、整粒。

高速搅拌制粒时主要影响因素有:黏合剂的种类、加入量与加入方法,原料粉末的粒度(粒度越小,越利于制粒),搅拌速度,搅拌器的形状与角度、切割刀的位置等。

（3）流化喷雾制粒法　流化喷雾制粒法是用气流将固体粉末流化,再喷入黏合剂溶液,使粉末凝结成颗粒的方法。这种方法可将混合、制粒、干燥等工序合并在一台设备中完成,因此,又称一步制粒法。图7-4是一种流化喷雾制粒机,操作时,首先将粉料流化混合,后喷入黏合剂,此时粉末被湿润,发生凝聚,形成颗粒,然后提高空气进口温度进行颗粒干燥,干燥后,加入润滑剂,继续流化混合,即得。

与前两种制粒方法相比,该方法具有简化工艺,减少原料损耗,避免环境和药物污染,并可实现自动化等优点,而且制备的颗粒粒度均匀,压出的片剂含量均匀,片重差异小。但能量消耗较大,不适用于密度相差悬殊的物料。

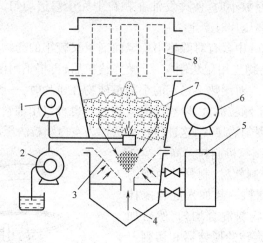

图7-4　流化喷雾制粒机

1—空压机　2—供液泵　3—气体分布板　4—二次喷射气流入口
5—空气预热器　6—鼓风机　7—流化床　8—袋滤器

4. 压片

（1）片重的计算

①按颗粒中药物含量计算片重:颗粒制好混合均匀后,应先测定颗粒中主药含量,根据主药含量计算片剂的理论片重,计算公式如下:

$$每片片重 = \frac{每片中主药含量（规格）}{颗粒中主药的百分含量（实测值）}$$

②按干颗粒总重计算片重:适用于无法测定含量的片剂。

$$片重 = \frac{颗粒总量}{理论片数}$$

（2）压片机　目前常用的压片机有撞击式单冲压片机和旋转式多冲压片机,其压片过程基本相同。在此基础上,根据不同的特殊要求还有二步(三步)压制压片机、多层片压片机和压制包衣机等。这里重点介绍单冲压片机和旋转式多冲压片机。

①单冲压片机:其示意图见图7-5。单冲压片机的片重调节器可调节下冲在模孔中下降的深度,借以改变模孔的容积而调节片重。出片调节器以调节下冲上升的高度,使下冲顶端恰与冲模的上缘相平,以使饲粉器推片。连接在上冲杆上的压力调节器可以调节上冲下降的深度,如上冲下降深度大,则上、下冲头在冲模中的距离小,颗粒受压大,压出的片剂薄而硬;反之,则受压小,片剂厚而松。单冲压片机的压片过程:上冲升起,饲粉器移动到模孔之上,下冲下降到适宜的深度,振动将饲粉器内的颗粒填充于模孔中,上冲下降并将颗粒压成片剂,上冲升起,下冲亦随之上升到与模孔缘相平时,加料斗又移到模孔之上,将药片推出落于接收器中,同时下冲又下降,使模孔内又填满颗粒,如此反复进行。由于压片时是由单侧加压(上冲加压),所以压力分布不够均匀,易出现裂片,且噪声较大,振动也大,如颗粒的密度不匀,易造成分层。单冲压片机的产量较低,一般80~100片/min,仅适用于新产品试制或少量生产。

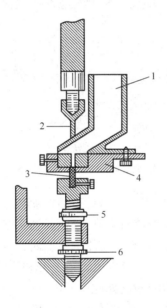

图7-5 单冲压片机主要构造示意图

1—加料斗 2—上冲 3—下冲 4—模圈 5—出片调节器 6—片重调节器

②旋转式压片机:示意图见图7-6。旋转式压片机是目前生产中应用较广的多冲压片机,虽其机型各异但压制机构和原理基本相同,如国产 ZP-33 型压片机,主要由动力部分、传动部分和工作部分组成。机台装于机座的中轴上,机台的上层装着上冲,中间装冲模,下层装着下冲。另有上下压力轮、片重调节器、压力调节器、饲粉器、刮粉器、推片调节器等。机台装于机器的中轴上并绕轴转动,机台上层的上冲随机台转动并沿固定的上冲轨道有规律地上下运动;下冲随机台转动并沿下冲轨道做上下运动;在上冲之下和下冲下面装着上压轮和下压轮,上冲

和下冲转动并经过各自的压轮时,被压轮推动使上冲向下、下冲向上运动并加压;机台中层之上有一固定不动的刮粉器,由饲粉器将颗粒加入刮粉器中,再流入模孔;压力调节器是调节下压轮的位置,当下压轮升高时,上下压轮间的距离缩短,上下冲头的距离亦缩短,压力加大,反之压力降低。片重调节器装在下冲轨道上,能使下冲上升或下降,借以调节模孔内颗粒的充填量,以达到调节片重的目的。

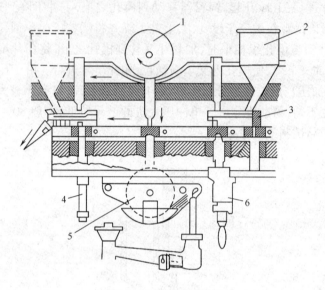

图 7-6　旋转式压片机

1—上压轮　2—加料斗　3—刮粉器　4—出片调节器　5—下压轮　6—片重调节器

　　旋转式压片机的压片过程:a. 充填:下冲在加料斗下面时,颗粒填入模孔中,当下冲行至片重调节器上面时略有上升,经刮粉器将多余的颗粒刮去;b. 压片:当下冲行至下压轮的上面,上冲行至上压轮的下面时,二冲间的距离最小,将颗粒压制成片;c. 推片:压片后,上、下冲分别沿轨道上升和下降,当下冲行至出片调节器的上方时,刮粉器将片剂推出模孔,如此反复进行。

　　旋转式压片机有多种型号,按冲数分为 16,19,27,33,55,75 冲等多种。按流程分有单流程及双流程等。单流程压片机如国产 ZP-19 压片机仅有一套压轮,旋转一周每个模孔仅压制出一个药片。双流程压片机如国产 ZP-33 型压片机中盘每旋转一圈,可进行二次压制工序,即每一副冲模在中盘旋转一周时,可压制出 2 个药片。旋转式压片机的加料方式合理,片重差异较小,压片时是上下双侧加压,压力分布均匀,能量利用合理,生产效率较高。

　　为适应 GMP 车间对粉尘的特殊要求和提高产量,目前高速旋转式压片机已广泛应用于新的厂房和车间。高速旋转式压片机见图 7-7,其优点是全封闭、无粉尘飞扬、速度快、产量高,而且压力调节和片重调节更方便。

　　③二次(三次)压制压片机:本机适用于粉末直接压片法。粉末直接压片时,

图 7 - 7　高速旋转压片机

一次压制存在成型性差、转速慢等缺点,因而将一次压制压片机进行了改进,研制成二次、三次压制压片机以及把压缩轮安装成倾斜型的压片机。片剂物料经过一次压轮或预压轮(初压轮)适当的压力压制后,移到二次压轮再进行压制,由于经过二步压制,整个受压时间延长,成型性增加,形成片剂的密度均匀,很少有顶裂现象。

④多层片压片机:把组分不同的片剂物料按二层或三层堆积起来压缩成形的片剂称为多层片(二层片、三层片),这种压片机则称为多层片压片机。常见的有二层片和三层片,其制片过程:向模孔中充填第一层物料;上冲下降,轻轻预压;上冲上升,在第一层上充填第二层物料;上冲下降,轻轻顶压;上冲上升,在第二层上充填第三层物料;压缩成型;三层片由模孔中推出。

最常见的压片机的冲头是圆形的,有各种凹形弧度。此外还有方形、椭圆形、三角形、环形和条形等异型冲,可压制各种类型的异形片。冲头的直径有多种规格,供不同片重压片时选用。冲头凹面上也可刻有片剂名称、重量以及等分、四分线条等,便于识别和分剂量。

冲子和冲模是压片机的重要部件,直接关系着片剂的外在质量,需用优质钢材制成。应耐磨而有较大的强度,冲与冲模的间隙不得大于 0.06mm,冲长差不超过0.1mm。而且应注意保养,防止生锈。

(3)压片操作 在确认设备系统完好后,取少量混合后的物料,进行试压,此时着重调节压力和片重,考察片剂的硬度和崩解时限,待符合规定要求后,再正式压片。在压片过程中,加料斗中颗粒的量及其流动情况的变化,常可使填入模孔中物料的量发生改变,影响片重差异,所以必须定时检查片重,并及时做好调整。随时向加料斗中填加颗粒,使加料斗中应保持足够的颗粒量(一般为加料斗容积的1/3以上)。

(4)片剂制备中可能发生的问题及原因分析

①裂片:片剂发生裂开的现象称为裂片。产生裂片的因素有:药物的特性,如有弹性的纤维性药物在压片时易裂片,可加入糖粉等黏性大的辅料;黏合剂的选择不恰当或用量不足,造成颗粒中黏合力不够,可更换黏结力更强的黏合剂或增加黏合剂用量;颗粒过细、细粉太多,压缩时空气不能排出,解除压力后,空气体积膨胀而导致裂片,选择适当的黏合剂、减少细粉量可解决;颗粒过分干燥或含结晶水的药物失去结晶水过多,干燥时注意烘干温度和时间,如颗粒已经烘得太干,可筛出部分细粉,喷洒适量稀乙醇,再与全部颗粒混合均匀后,密闭贮存;压片时压力过大或车速太快,可适当减小压力和减慢车速。

②松片:片剂硬度不够,稍加触动即散碎的现象称为松片。主要原因是黏合剂黏性差或黏合剂用量不足、辅料选择不当、颗粒过分干燥、压片机压力不足等。针对不同原因,采用不同方法解决。

③黏冲:片剂的表面被冲头黏去一薄层或一小部分,造成片面粗糙不平或有凹痕的现象称为黏冲。造成黏冲的原因有:颗粒不够干燥、物料较易吸湿、润滑剂选用不当或用量不足、冲头表面锈蚀、粗糙或刻字等。应根据实际情况,分别将颗粒重新干燥,更换润滑剂或增加润滑剂的用量,将冲头打磨光滑或擦洗干净。

④片重差异超限:造成片重差异超限的原因是:颗粒流动性不好、颗粒太大或颗粒的大小不均匀、下冲升降不灵活、加料斗装量时多时少等。应根据不同情况加以解决。

⑤崩解迟缓:片剂不能在药典规定的时限内崩解。原因可能是崩解剂选择不当或用量不足、压片时压力过大、黏合剂的黏性太强、硬脂酸镁等疏水性润滑剂用量过大、片剂硬度过大。应分析原因,有针对性地解决。

⑥溶出度不合格:片剂应在规定的时间内溶出规定量的药物,但有时达不到要求,尤其是难溶性药物。影响药物溶出度的主要原因是:药物的溶解度差、辅料选择不合理、造成片剂崩解迟缓或未崩解成细粉、颗粒过硬等。解决方法:对于难溶性的药物,可将药物微粉化、用亲水性辅料(如HPMC)、制成固体分散体等,增加药物的比表面积、改善药物的亲水性,达到提高溶出度的目的。二是选择适当的崩解剂,最好采用内外加法,使片剂崩解成细粉;三是制备的软材不应太湿,以免颗粒过硬,造成崩解困难或难以崩解成细粉。

⑦叠片:即两片压在一起。压片时由于黏冲致使片剂黏在上冲,再继续压入已装满颗粒的模孔而成双片;或者由于下冲上升位置太低,没有将压好的片剂送出,又将颗粒加于模孔重复加压成厚片。一旦发现,应及时调整,以免压力过大,机器受到损害。

二、粉末直接压片

粉末直接压片系指药物粉末与适宜的辅料混合后,不经制粒而直接压片的方法。

由于一些新型辅料的相继出现,进一步促进了粉末直接压片工艺的发展。粉末直接压片的工艺过程比较简单,有利于片剂生产的连续化和自动化。其优点是省去了制粒、干燥等工序,节能、省时;适于对湿热不稳定的药物,产品崩解或溶出较快,在国外约有40%的品种已采用这种工艺。但粉末直接压片法也存在一些问题,如药物含量较高时,药物粉末需有适当的粒度、结晶形态和可压性,并应选用有适当黏结性、流动性和可压性的辅料。但因为绝大多数药物粉末或辅料并不具有良好的流动性和可压性,这在一定程度上限制了粉末直接压片法的应用。如果药物含量较小,药物在整个片剂中占的比例不大,其中可加入较多的填充剂时,不论药物本身的流动性及可压性好或不好,当与大量的流动性和可压性好的辅料混合后,均可直接压片。

直接压片的辅料,应符合下列基本条件:有良好的流动性和可压性;对空气、湿、热稳定;能与多种药物配伍,有较大的"容纳量"(即能与较高百分比的药物配合而不影响压片性能),亦不影响主药的生物利用度;粒度与大多数药物相近;密度与药物密度接近等。目前应用的辅料主要有:微晶纤维素、喷雾干燥乳糖、甘露醇、磷酸氢钙二水物、交联聚乙烯吡咯烷酮、交联羧甲基纤维素钠和 CMS – Na 等。

粉末直接压片还需要有优良的助流剂,如微粉硅胶等。

另外粉末直接压片时,压片机最好能做如下改进:第一,因粉末的流动性较颗粒差,为防止粉末在饲粉器内出现空洞或流动时快时慢,以致片重差异较大,生产时可在饲粉器上加振荡器或其他适宜的强制饲粉装置,使粉末能均匀流入模孔。第二,增加预压机构,因粉末中存在的空气比较多,压片时易产生顶裂现象,可改进设备增加预压过程(即改为二次压制),第一次为初步压制(预压),第二次最终压成药片。由于受压时间延长,可以克服可压性不足的困难,并有利于排出粉末中的空气,减少裂片、增加片剂的硬度。第三,改进除尘机构,粉末直接压片时,产生的粉尘较多,有时有漏粉现象,可安装吸粉器加以回收。另外,也可安装自动密闭加料设备,以克服药粉加入料斗时的飞扬。

第四节　片剂的包衣

一般药物经过加工制成片剂后,不需要包衣。但有时为达到某种目的,需对压制好的片剂进行包衣,包衣的种类有薄膜衣、糖衣、肠溶衣。包衣的优点有:①避光、防潮,以提高药物的稳定性;②遮盖药物的不良气味,增加患者的顺应性;③将有配伍禁忌的成分隔离;④采用不同颜色包衣,增加药物的识别能力,增加用药的安全性;⑤包衣后表面光洁,提高美观度;⑥改变药物释放的位置及速度,如胃溶、肠溶、缓控释等。

一、包衣的方法

1. 包衣锅包衣法

本法应用比较广泛,其设备一般由包衣锅、动力部分、加热器和鼓风设备等组成。常用包衣锅是荸荠形包衣锅,见图7-8。由不锈钢或紫铜等性质稳定并有良好导热性的材料制成,使用前应先装入适当形状的挡板,以利于片芯的转动与翻动。药片在包衣锅转动时,借助于离心力和摩擦力的作用使药片随锅壁向上移动到一定高度,直到药片的重力克服离心力和摩擦力的作用后,又呈弧线运动,分步滚转而下,在锅口附近形成旋涡。合理安装的包衣锅,应保证药片在翻转运动的过程中不形成死角滞流,一旦某处积聚过多的包衣材料时,能很快地传递分布均匀,一般包衣锅的角度以45°为宜,包衣锅转速一般为

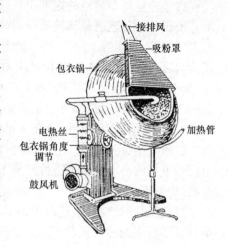

图7-8 荸荠形包衣锅

10~20r/min。包衣锅附有加热装置,用以加速包衣液中溶剂的挥散。加热常用电热丝或通入干热空气,因粉尘落在电热丝上易引起燃烧,影响电热丝寿命,故最好将干热空气通入到旋转包衣锅的片剂中加热,除去水分的效率较高。为了防止粉尘飞扬和加速溶剂的挥散,包衣锅内还装入送风和排风装置。包衣时,将片芯置于转动的包衣锅中,加入包衣材料溶液,使均匀分布到各个片剂的表面上,包糖衣时需加入固体粉末(滑石粉)以加快包衣过程,或加入高浓度的包衣材料混悬液,加热、通风使干燥。按上述方法包若干次,达到要求为止。

荸荠形包衣机包薄膜衣时粉尘污染大,不利于GMP车间管理,包糖衣则不仅有粉尘,而且存在能耗大、操作时间长、工艺繁琐、劳动强度大等缺点,已逐渐由高效包衣机所替代。

高效包衣机见图7-9。其主要由主机、热风柜、排风柜、喷雾系统、电脑控制系统、糖衣装置、薄膜包衣装置、控温装置、自动清洗装置、蠕动泵等组成,可满足包糖衣、薄膜衣的需要。其工作原理为被包衣的片芯在包衣主机的密闭包衣滚筒内做连续复杂的轨迹运动,在运动过程中,按设定的工艺参数,将泵压的包衣介

质,经喷枪自动地喷洒在片芯表面,同时热风柜送入洁净的恒温热风,对片芯进行加热,通风干燥,使喷洒在片芯表面的包衣介质得到快速、均匀的干燥,片芯表面形成坚固、细密、光洁的衣膜。其优点是密闭性能好,包衣锅在全封闭的锅体内,可防止粉尘污染;工作效率高;可由程序控制包衣的全过程,自动化程度高。由于高效包衣机的上述优点,其已成为 GMP 车间广泛采用的包衣机之一。

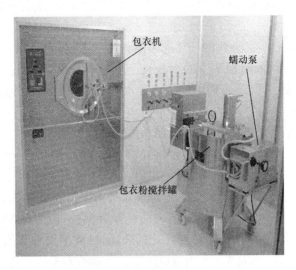

图 7-9　高效包衣机外观

2. 流化包衣法

其原理与流化喷雾制粒相似,即将片芯置于流化床中,通入气流,借急速上升的空气流使片剂悬浮于包衣室的空间上下翻动处于流化(沸腾)状态时,另将包衣材料的溶液或混悬液输入流化床并雾化,使片芯的表面黏附一层包衣材料,继续通入热空气使干燥,这样包若干层,至达到规定要求。

本机不仅可用于片剂的包衣,而且可用于颗粒、小丸的包衣。

二、包衣的种类和材料

1. 糖衣

糖衣是指以蔗糖为主要包衣材料的包衣。糖衣有一定防潮、隔绝空气的作用;可掩盖不良气味,改善外观并易于吞服。由于上述优点,糖衣成为 20 世纪 70~80 年代广泛应用的一种片剂包衣方法。由于其生产周期长、劳动强度大、粉尘污染严重等,有逐步被薄膜衣取代的趋势。在此仅做简述。

(1)包糖衣材料

①隔离层材料:常用的有 10%~15%、30%~35% 明胶浆或阿拉伯胶浆、15%~20% 虫胶乙醇溶液、10% 玉米朊乙醇溶液等。主要用于包隔离层,它们具有黏性和塑性,能提高衣层的牢固性和防潮性。

②糖浆:浓度为70%(g/g)或84%(g/mL),主要用作粉衣层的黏结与包糖衣层。它是一种高浓度溶液,包衣后易于干燥,可致密地黏附在片剂表面。如需要包有色糖衣时,可加入食用色素,其用量一般约为0.3%。

③粉衣料:最常用者为滑石粉。

④打光剂:糖衣片一般用川蜡,可增加片面光亮度,防止吸潮。其他如蜂蜡、巴西棕榈蜡等也可应用。

(2)包糖衣过程

①隔离层:指在片芯外包的一层起隔离作用的衣层。其目的是使片芯与糖衣层隔开,以防止在包衣时糖浆中的水分吸至片芯不易吹干,引起片剂膨胀而使糖衣裂开或变色。隔离层还起到增加片芯硬度、牢固性、黏结性等作用。隔离层主要以胶浆为包衣料。

操作时,将片剂置包衣锅中滚动,加入适宜浓度的胶浆使均匀黏附于片面上,然后加入适量的滑石粉到不黏连为止,热风40~50℃干燥后,再重复操作若干次,一般包2~5层。要求达到对水的隔绝作用,但又不能影响片剂的崩解度。

②粉衣层:包粉衣层的目的是为了迅速增加衣层的厚度以遮盖片剂原有的棱角。操作时,片剂在包衣锅中滚动,加入润湿黏合剂(一般为糖浆)使片剂表面均匀润湿后,加入滑石粉适量,使黏着在片剂表面,继续滚动并吹风干燥,完全干燥后,再重复上述操作,直到片剂棱角消失、片剂表面基本平滑为止,一般需包15~18层。

③糖衣层:只在片剂中加入适量糖浆,而不再加入滑石粉。由于糖浆在片剂表面缓缓干燥,形成了细腻的蔗糖晶体衣层,增加了衣层的牢固性,一般要包10~15层。由于片剂表面逐渐平滑,糖浆用量逐渐减少,热风的温度也逐渐降低。

④有色糖衣:包衣物料为带颜色的糖浆。其目的是使片衣有一定的颜色,增加美观、便于识别。一般在包最后数次糖衣时使用色浆,色浆应由浅到深,并注意层层干燥。

⑤打光:是包衣的最后工序,其目的是使糖衣片表面光亮美观,兼有防潮作用。操作时,将川蜡细粉加入包完色衣的片剂中,由于片剂间和片剂与锅壁间的摩擦作用,使糖衣表面产生光泽。如在川蜡中加入2%硅油(称保光剂)则可使片面更加光亮。取出包衣片干燥24h后即可包装。

2. 薄膜衣

薄膜衣是指在片芯之外包上一层比较稳定的高分子衣料。对药片可起到防止水分、空气、潮气的浸入,掩盖片芯药物特有气味的作用。与糖衣相比具有生产周期短、效率高、片重增加不大(一般增加2%~5%)、包衣过程可实行自动化、对崩解的影响小等特点。根据高分子衣料的性质,可制成胃溶、肠溶及缓释、控释制剂,近年来已广泛应用于片剂包衣。

(1)薄膜衣材料 一般为高分子材料,由于其分子结构、相对分子质量大小等不同,对其成膜性能、溶解性和稳定性都有一定影响。如单一材料不能满足包衣要求时,可使用两种以上薄膜衣材料以弥补其不足。常用的薄膜衣材料有以下几类:

①纤维素衍生物:这类材料中许多已用于生产,工艺也比较成熟,常用的有以下几种。

羟丙甲纤维素(HPMC):HPMC 是目前应用较广、效果较好的一种包衣材料,其特点是成膜性能好,膜透明坚韧,包衣时没有黏结现象。本品既可溶于有机溶剂或混合溶剂,也能溶于水,衣膜在热、光、空气及一定的湿度下稳定,不与其他添加剂发生反应。

羟丙纤维素(HPC):其溶解性与 HPMC 相似,可溶于胃肠液中,其最大的缺点是在干燥过程中产生较强的黏性,故常与其他薄膜衣材料混合使用。

乙基纤维素(EC):具有良好的成膜性,本品不溶于水和胃肠液,故不适于单独作片剂的包衣,但常与水溶性聚合物如 MC、HPMC 等共用,如改变 EC 和水溶性聚合物的比例,则可调节衣膜的通透性,改善药物的扩散速度。本品可溶于多种有机溶剂(如丙酮、乙醇)且无毒、无臭、无味,在绝大多数环境下十分稳定。

目前国内有多家薄膜包衣材料生产厂,也有进口薄膜包衣材料。一般属于含有 HPMC 的包衣制品,有胃溶、肠溶、中药防潮及最后抛光等多种类型。包衣操作简便,可用水或乙醇为溶剂,溶解后即可使用。

②聚乙二醇(PEG):本品可溶于水及胃肠液中,其性质与相对分子质量有关,一般相对分子质量在 4 000 ~ 6 000 者可成膜,包衣时用其 25% ~ 50% 的乙醇溶液,形成的衣层可掩盖药物的不良臭味,但对热敏感,温度高时易熔融,常与其他薄膜衣材料如邻苯二甲酸醋酸纤维素等混合使用。本品具有吸湿性,但随相对分子质量的增大吸湿性减弱。

③聚维酮(PVP):性质稳定,无毒、能溶于水、醇及其他有机溶剂,形成的膜比较坚固,但本品有较强的引湿性。

④丙烯酸树脂类:这是一类由两种或两种以上单体形成的聚合物,药剂中常用作薄膜衣材料的丙烯酸树脂是由甲基丙烯酸酯、丙烯酸酯和甲基丙烯酸等单体按不同比例共聚而成的一大类聚合物。丙烯酸树脂为一类安全、无毒的高分子材料,主要用作片剂、微丸剂、硬胶囊剂等的薄膜包衣材料。德国产品 Eudragit,具有良好的成膜性,有 E、L、S、RL 和 RS 等多种型号,其中 E 型是胃溶性;L、S 为肠溶型;RL 和 RS 不溶于水,但在水、人工消化液和适宜的缓冲液中能膨胀并具渗透性,其渗透性可加入其他辅料来调节,如 RL 和 RS 及 E 等合用,可以控制渗透程度及胃中或肠中药物的释放率。国产肠溶型Ⅰ、Ⅱ、Ⅲ号丙烯酸树脂,分别相当于 Eudragit L30D、L100 和 S100;胃溶型 E30 和Ⅳ号丙烯酸树脂则分别相当于 Eudragit E30D 和 E100,是目前较理想的薄膜衣材料。

(2)增塑剂 系指能增加包衣材料可塑性的物料。一些成膜材料在温度降低后,其物理性质发生变化,可使衣膜变得硬而脆,容易破裂。高分子化合物的这种变化温度称为玻璃转变温度(T_g),该温度越高,包成的衣层在室温下越趋于变硬、变脆,容易破裂。加入增塑剂可降低高分子化合物的T_g,提高薄膜衣在室温时的柔韧性,增加其抗撞击强度。增塑剂与薄膜衣材料应有相容性、不易挥发并且不向片芯渗透。常用的水溶性增塑剂有丙二醇、甘油、PEG 等;非水溶性有甘油三醋酸酯、蓖麻油、乙酰化甘油酸酯、邻苯二甲酸酯、硅油和司盘(Span)等。

(3)溶剂　溶剂的作用是溶解成膜材料和增塑剂并将其均匀地分散到片剂的表面。溶剂的蒸发和干燥速度对包衣膜的质量有很大影响,速度太快,成膜材料在片面上不能均匀分布,致使片面粗糙。干燥太慢可能使已包在片面的衣层再被溶解或脱落。

常用的溶剂有:乙醇、甲醇、异丙醇、丙酮、氯仿等。必要时可用混合溶剂,对有毒性的溶剂产品应做残留量检查。有机溶剂多有生理作用和易燃性,且回收麻烦,故最好用水作成膜材料的溶剂。为了减少水对片芯的不良影响,并加快干燥速度,故宜用高浓度的水溶液。此外,还可利用高分子材料(如 Eudragit E30D)在水中的分散体进行包衣。

(4)着色剂与蔽光剂　包薄膜衣时,还需加入着色剂和掩蔽剂,其目的是便于识别,改善产品外观,遮盖某些有色斑的片芯或不同批号片芯间色调的差异。目前常用色素有水溶性、水不溶性和色淀等三类。色淀染料是用氢氧化铝、滑石粉或硫酸钙等惰性物质使水溶性色素吸着沉淀而成,其中含纯色素量10% ~30%,粒子大小小于$10\mu m$,着色均匀,是一种具有覆盖力或掩盖力的不溶性染料,且在光线与溶剂中往往不容易褪色,还可防止有色糖衣中可溶性色素在干燥过程中迁移。在糖衣片和薄膜衣片中都可应用。蔽光剂是为了提高片芯内药物对光的稳定性,一般选用散射率、折射率较大的无机染料,应用最多的是二氧化钛(钛白粉),蔽光的效果与其粒径有关,粒径小于可见光波长效果较好,包薄膜衣时,一般将蔽光剂混悬于包衣液中应用。

3. 肠溶衣

肠溶衣片是指在胃中保持完整而在肠道内崩解或溶解的包衣片剂。为防止药物在胃内分解失效、对胃刺激或控制药物在肠道内定位释放,可对片剂包肠溶衣。包肠溶衣的原因是由药物性质和使用目的所决定的,下述药物最好能制成肠溶衣片,使之能够安全通过胃部而到肠道崩解或溶解:①遇胃液能起化学反应、变质失效的药物;②对胃黏膜具有较强刺激性的药物;③有些药物如驱虫药、肠道消毒药等希望在肠内起作用,在进入肠道前不被胃液破坏或稀释;④有些在肠道吸收或需要在肠道保持较长时间以延长其作用的药物。

(1)肠溶衣材料　常用的肠溶衣材料有以下几种。

①纤维醋法酯(cellacephate,CAP,邻苯二甲酸醋酸纤维素):为白色或灰白色的无定形纤维状或细条状或粉末,不溶于水和乙醇,但能溶于丙酮或乙醇与丙酮

的混合液中。包衣时一般用 8% ~12% 的乙醇丙酮混合液,成膜性能好,操作方便,包衣后的片剂不溶于酸性溶液中,而能溶解于 pH 5.8 ~6.0 的缓冲液中,胰酶能促进其消化,这些是 CAP 作为肠溶衣材料的优点。因为在小肠上端十二指肠附近的肠液往往不是碱性而是接近中性或偏酸性,加之在胰酶的作用下,可以保证片剂在肠内崩解,很少有排片现象。但纤维醋法酯具有吸湿性,其包衣片贮藏在高温和潮湿的空气中易于水解而影响片剂质量,因此本品常与其他增塑剂或疏水性辅料如苯二甲酸二乙酯、虫胶或十八醇等配合应用,除能增加包衣的韧性外,并能增强包衣层的抗透湿性。

②虫胶(shellac):为淡黄色或透明棕黄色薄片或白色不透明颗粒,主要成分是带羧基的直链有机酸,其不溶于酸、水、苯、二甲苯,能溶于乙醇、丙二醇、乙醚及醇与丙酮的混合物。在胃液中不溶,因而用虫胶包制的肠溶衣有可靠的防酸性能。虫胶可制成 15% ~30% 的乙醇溶液包衣。虫胶的 pK_a 值为 6.9 ~7.5,形成的薄膜在略带酸性的十二指肠部分较难溶解,因而将延缓肠道内对药物的吸收,从而影响疗效,现已较少应用。

③丙烯酸树脂:如前所述,丙烯酸树脂为丙烯酸和甲基丙烯酸酯等的共聚物,这类材料中甲基丙烯酸和甲基丙烯酸甲酯或乙酯的共聚物为肠溶衣材料,常用的 Eudragit L100 和 S100 则是甲基丙烯酸与甲基丙烯酸甲酯共聚物,作为肠溶衣层的渗透性较小,在肠中的溶解性能也较好,在 pH 6 ~7 以上缓冲液中可以溶解,将两者按不同比例混合使用可调节药物的溶出速率。Eudragit L30D 为甲基丙烯酸与丙烯酸乙酯的共聚物,在 pH 5.5 ~8 的介质中溶解,在酸性条件下不溶,其特点是以水为分散介质(水分散体),具有包衣不用有机溶剂且成本低廉等优点。

④其他肠溶衣材料:羟丙甲纤维素酞酸酯(HPMCP),本品不溶于水,也不溶于酸性缓冲液中,其薄膜衣在 pH 5 ~6 就能溶解,是一种在十二指肠上端就能开始溶解的肠溶衣材料,其效果比 CAP 好。

(2)肠溶包衣法　肠溶包衣可先将片剂在包衣锅中包数层粉衣至片面棱角消失后,再加肠溶衣材料包至适当层数后,再包糖衣数层(以免在包装运输过程中肠衣受到损坏),然后打光。

目前,应用丙烯酸树脂类或购买的成品包衣粉包肠溶衣时,包衣过程同包薄膜衣,直接向片面上喷洒肠溶包衣液,包成肠溶薄膜衣,省时、省力,而且效果良好。

第五节　片剂的质量检查

一、外　观

片剂外观应完整光洁,色泽均匀,有适宜的硬度和耐磨性,一般情况下,非包衣片应符合片剂脆碎度检查法的要求,防止包装、运输过程中发生磨损或破碎。

二、重 量 差 异

在片剂生产过程中,颗粒的均匀性、流动性及压片机性能、冲模长度是否符合要求等因素的影响,可能会引起片剂重量差异过大。片剂重量差异大,表明每片中的药物含量一致性差,可能因此降低了药物的安全性,因此必须将片剂的重量差异控制在一定的范围内。《中国药典》(2020 年版)明确规定了片剂的重量差异限度(表 7 - 2)和检验方法。

表 7 - 2   片剂的重量差异限度

平均片重或标示片重	重量差异限度
0.30g 以下	±7.5 %
0.30g 及 0.30g 以上	±5 %

糖衣片的片芯应检查重量差异并符合规定,包糖衣后不再检查重量差异;薄膜衣片应在包薄膜衣后检查重量差异并符合规定;凡规定检查含量均匀度的片剂,一般不再进行重量差异检查。

三、硬度和脆碎度

非包衣片由于包装和运输过程中的震动,包衣片需经包衣过程的磨损,均需要有一定的硬度,才能保证其完整无损。因此在片剂生产过程中,其硬度也是一项重要的质量控制指标。生产中,片剂的硬度以前一般凭经验检查,即将片剂置于中指与食指之间,以拇指轻压,根据片剂的抗压能力,判断它的硬度或由高处下落等;目前一般用硬度仪(如孟山都硬度测定仪)测定,达到 4 kg 以上即可,直观、可比性强,便于产品质量的控制。

《中国药典》(2020 年版)对非包衣片的脆碎情况及其他物理强度,如压碎强度等的检查进行了规定。规定用脆碎度仪测定。其检查法为片重为 0.65g 或以下者取若干片,使其总重约 6.5g;片重大于 0.65g 者取 10 片。用吹风机吹去脱落的粉末,精密称定,置圆筒中,转动 100 次。取出,同法除去粉末,精密称重,减失重量不得过 1 %,且不得检出断裂、龟裂及粉碎的片。本试验一般仅做一次。如减失重量超过 1 %,应复检 2 次,3 次的平均减失重量不得过 1 %,并不得检出断裂、龟裂及粉碎的片剂。

四、崩 解 时 限

《中国药典》(2020 年版)规定,崩解系指口服固体制剂在规定条件下全部崩解溶散或成碎粒,除不溶性包衣材料或破碎的胶囊壳外,应全部通过筛网。如有少量不能通过筛网,但已软化或轻质上漂且无硬心者,可作符合规定论。

凡规定检查溶出度、释放度、融变时限或分散均匀性的制剂,不再进行崩解时限检查。《中国药典》(2020 年版)规定了各种片剂的崩解时限,常见的几种片剂和崩解时限见表 7 - 3。

表 7 - 3　　　　　　　　　　　　几种片剂的崩解时限

片剂	崩解时限
普通非包衣片	<15min
薄膜衣片	<30min
糖衣片	<60min
肠溶衣片	先在盐酸溶液(9→1000)中检查 2h,不得有裂缝、崩解或软化现象,再在磷酸盐缓冲液(pH 6.8)中进行检查,1h 内应全部崩解
含片	>10min
舌下片	<5min
可溶片	<3min(水温 15 ~ 25℃)
结肠定位肠溶片	在盐酸溶液(9→1000)中和 pH 6.8 以下的磷酸盐缓冲液中均应不释放或不崩解,而在 pH 7.5 ~ 8.0 的磷酸盐缓冲液中 1h 内应全部释放或崩解,片芯亦应崩解
泡腾片	取 1 片,置 250mL 烧杯中,烧杯内盛有 200mL 水,水温为 15 ~ 25℃,有许多气泡放出,当片剂或碎片周围的气体停止逸出时,片剂应溶解或分散在水中,无聚集的颗粒剩留。同法检查 6 片,均应在 5min 之内崩解

五、含量均匀度

含量均匀度系指小剂量片剂的每片含量符合标示量的程度。

《中国药典》(2020 年版)规定,每片标示量不大于 25mg 或主药含量不大于每片重量 25% 者,应检查含量均匀度;复方制剂仅检查符合上述条件的组分。

凡检查含量均匀度的片剂,一般不再检查重量差异。

六、溶 出 度

溶出度系指药物在规定介质中从片剂等固体制剂中溶出的速率和程度。凡检查溶出度的制剂,不再进行崩解时限的检查。

难溶性药物的溶出是其吸收的限制过程,影响药物溶出的因素,也影响药物吸收,因此也影响药物的疗效。一种药物用不同的配方和工艺制成片剂,其溶出度和吸收可能有很大的差异,生物利用度也有很大差别。因此控制药物的溶出度,并将其作为反映或模拟体内吸收情况的指标,用以评定片剂的质量很有必要。中国药典溶出度检查的片剂数量每版均有大幅度增长,表明溶出度的检查在片剂中越来越重要。

《中国药典》(2020 年版)收载的溶出度测定法有三种:第一法(转篮法)、第二法(桨法)和第三法(小杯法)。

结果判定：符合下述条件之一者，可判为符合规定。

(1)6片中，每片测得的溶出度按标示量计算，均不低于规定限度。

(2)6片中，每片测得的溶出度，如有1~2片低于规定限度，但未低于规定限度10%，且测得的平均溶出度不低于规定限度。

(3)6片中，每个时间点测得的溶出度，如有1~2片低于规定限度，其中仅有1片超出低于限度，但未低于规定限度20%，且其平均溶出度未超出不低于规定限度，应另取6片复试；初、复试的12片中，每个时间点测得的平均溶出度，如有1~3片低于规定限度，其中仅有1片低于规定限度10%，但不低于规定限度20%，且平均溶出度不低于规定限度。

七、微生物限度

《中国药典》(2020年版)规定，口服给药制剂细菌数每1g不得过1000cfu，霉菌和酵母菌每1g不得过100cfu，大肠埃希菌不得检出。

第六节　片剂的包装、贮存及举例

适宜的包装材料和贮存条件是保证片剂质量的重要环节，包装应做到密封和防震，使片剂能免受环境条件(光、热、湿等)的影响以及因运输、搬动等操作引起的摩擦和振动。根据片剂的不同要求分别贮存于不同的条件下，以确保片剂的质量稳定和安全有效。

一、片剂的包装

片剂的包装一般有瓶装、袋装和泡罩包装几种。包装材料有塑料、软性薄膜、纸塑复合膜、金属箔复合膜以及铝塑包装材料等。

塑料瓶由于不易破碎、质地轻巧，而被广泛应用。聚乙烯制成的塑料瓶对水汽的渗透有较强的抵御作用，对空气、氧气等气体的渗透不能完全阻挡；聚苯乙烯制成的塑料瓶对水汽和氧气的抵御能力较差，但能抗酸、抗碱；聚氯乙烯制成的塑料瓶，对水汽、氧气等气体以及挥发性物质、油类、醇等均有良好的阻隔作用，并不受酸、碱影响。质地坚硬、透明度高。塑料瓶的最大缺点是不耐热。

除了瓶装，最常用的片剂包装是单剂量包装，包括泡罩(亦称水泡眼)和窄条式两种形式。泡罩式包装的水泡眼材料是硬质PVC膜片，背衬材料是铝箔与聚氯乙烯的复合膜；窄条式包装是由两层复合膜经热压而成的带状包装，成本较低，工序简单。

二、片剂的贮存

《中国药典》(2020年版)二部附录规定，片剂宜密封贮存。根据不同片剂的要求,选择适当的条件。如对光敏感的片剂,应避光保存;对热敏感的片剂,应放在阴凉处保存;对湿敏感的片剂,吸潮后易分解变质,应贮存在干燥处并在包装瓶(袋)中加入干燥剂。

总之,药物性质不同,制成片剂后,选择的包装材料和贮存条件也不同。贮存条件的选择应能确保片剂不受潮、不发霉、不变质,保障患者用药安全。

三、片 剂 举 例

例7-1 复方磺胺甲噁唑片

【处方】磺胺甲噁唑(SMZ)400g 甲氧苄啶(TMP)80g 淀粉80g 硬脂酸镁5g 3%羟丙甲纤维素(HPMC)水溶液约180g 制成1000片

【制法】将SMZ、TMP和淀粉混合均匀,加入3% HPMC溶液搅拌制成软材,16目筛制粒,65℃通风干燥,14目筛整粒,加入硬脂酸镁,混合均匀,测定颗粒含量,压片。

例7-2 硝酸甘油片(舌下片)

【处方】硝酸甘油6g 乳糖89g 糖粉38g 17%淀粉浆适量 乙醇适量 硬脂酸镁1g 制成1000片

【制备】先将乳糖、糖粉混合均匀,加17%淀粉浆适量,制成空白颗粒;干燥后,过30目筛;将硝酸甘油制成10%的乙醇溶液,拌于筛出的细粉中过16目筛后,于40℃以下干燥约1h,加入空白颗粒及硬脂酸镁混匀,压片。

【注解】硝酸甘油为无色或微黄色的油状液体,易溶于乙醇,撞击或过热易爆炸。因此将其溶于乙醇中再加入,但加入过程中不慎吸入或与皮肤接触,能引起剧烈头痛,在生产中应注意防护。

例7-3 复方乙酰水杨酸片

【处方】乙酰水杨酸220g 非那西丁150g 咖啡因35g 淀粉252g 17%淀粉浆 约90g 滑石粉25g 轻质液体石蜡2.5g 酒石酸2.7g 制成1000片

【制备】将非那西丁、咖啡因与1/3量的淀粉混匀,加淀粉浆制软材,16目尼龙筛制湿颗粒,70℃干燥,14目筛整粒,将此颗粒与乙酰水杨酸混匀,加入剩余的淀粉,及吸附有液体石蜡的滑石粉,总混后过14目筛,测定颗粒含量后,压片。

【注解】①处方中液体石蜡与滑石粉的重量比为1:10,可使滑石粉更容易黏附在颗粒的表面,不易脱落。②乙酰水杨酸易水解,生产车间的湿度不宜过高。③酒石酸可以防止在湿法制粒过程中乙酰水杨酸的水解。④处方中三种主药存在低共熔现象,因此分别制粒。⑤金属离子可催化乙酰水杨酸的水解,因此用尼龙筛制粒,用滑石粉作润滑剂而不用硬脂酸镁。⑥乙酰水杨酸的可压性差,因此选用了较高浓度的淀粉浆作为黏合剂。

思考题

1. 片剂的概念和特点是什么?

2. 片剂辅料的概念,片剂常用辅料有哪几类?

3. 片剂中加入稀释剂(填充剂)的目的有哪些?

4. 常用的崩解剂和黏合剂有哪些?

5. 简述湿法制粒压片的一般工艺过程。

6. 包衣的目的有哪些? 包衣的种类有哪些?

7. 片剂的质量检查项目有哪些?

8. 压片过程的三大要素是什么?

9. 请说明包糖衣的一般过程。

参考文献

1. 凌沛学. 药物制剂技术. 北京:中国轻工业出版社,2010.

2. 庄越,凌沛学. 新编药物制剂技术. 北京:人民卫生出版社,2008.

3. 国家药典委员会.《中国药典》(2020年版)(二部). 北京:中国医药科技出版社,2020.

4. 平其能,屠锡德,张钧寿,等. 药剂学. 北京:人民卫生出版社,2013.

5. 胡巧红. 药剂学. 北京:中国医药科技出版社,2012.

6. 崔福德. 药剂学(第7版). 北京:人民卫生出版社,2013.

实训7　阿司匹林片的制备与质量评价

一、实训目的

1. 掌握湿法制颗粒制备片剂的方法,并熟悉压片机的操作。

2. 熟悉片剂的一般质量要求。

二、实训材料

药品试剂:阿司匹林(如为结晶,应先研细后过80目筛,备用)、淀粉、酒石酸、滑石粉、稀盐酸、稀硫酸、0.4%氢氧化钠溶液。

仪器用品:研钵(中号)、烧杯(200mL)、天平、电炉、搪瓷盘、16目尼龙筛、烘箱、单冲压片机、冲模(12mm)、溶出仪、盂山都硬度测定仪、紫外分光光度计、脆碎度仪。

三、实训内容

1. 处方 (100片用量,规格:0.5g)

阿司匹林 50g　淀粉 5g　酒石酸 0.25g　15% 淀粉浆适量　滑石粉适量

2. 制备工艺

（1）称取酒石酸 0.25g 溶于蒸馏水中制备 15% 淀粉浆，备用。

（2）将阿司匹林、淀粉混合均匀，加入含酒石酸的淀粉浆适量，制成适宜软材，过 16 目筛制湿颗粒。

（3）将湿颗粒置于托盘，置烘箱内，50~60℃ 通风干燥（约 1h）。

（4）16 目筛整粒，加入滑石粉，混合均匀。

（5）测定颗粒含量（测定方法同片剂含量测定），计算片重，压片（片径：12mm）。

3. 单冲压片机的安装与调试

单冲压片机安装过程如下。首先装好下冲头，旋紧下冲固定螺丝；旋动片重调节器，使下冲在较低的位置；将冲模装入模板，旋紧冲模固定螺丝；调节出片调节器，使下冲头上升，至冲头上边缘恰好与冲模齐平；再装上冲并旋紧上冲固定螺丝，缓慢用手转动压片机的转轮使上冲逐渐下降，观察其是否正好在冲模的中心位置。如不在中心位置，应上升上冲头（不得将上冲头强制地冲入模孔，以免损坏冲头），稍微松动一下模板固定螺丝，移动模板位置直至冲头恰好在模孔的中心位置。旋紧固定螺丝，轻轻转动压片机的转轮，调整压力，以手摇动转轮较轻松为宜。装好饲料靴和加料斗，并加入颗粒。用手转动转轮，如感到不易转动时，不得用力硬转，应小心倒转少许，然后旋动压力调节器，适当减少压力。称其平均片重，调节片重调节器，使压出的片重与应压片重相等，片重调好后，调节压力调节器，使压出的片剂硬度达到要求。

在调整好片重和压力后，开动电源进行试压，检查片重和崩解时间，达到要求后正式压片。

4. 片剂的质量检查

（1）外观　应为白色片，片面完整光洁，有适宜的硬度。

（2）重量差异　《中国药典》（2020 年版）二部规定，片剂重量差异的限度规定如下：平均片重或标示片重为 0.30g 以下，重量差异限度为 ±7.5%；平均片重或标示片重为 0.30g 及 0.30g 以上，重量差异限度为 ±5%。

检查法：取本品 20 片，精密称定总重量，求得平均片重后，再分别精密称定每片的重量，每片重量与平均片重相比较，超出重量差异限度的不得多于 2 片，并不得有 1 片超出限度 1 倍。

（3）脆碎度　取总重为 6.5g 的阿司匹林片，用吹风机吹去脱落的粉末，精密称重，置脆碎仪中，转动 100 次。取出，同法除去粉末，精密称重，减失重量不得过 1%，且不得检出断裂、龟裂及粉碎的片。如减失重量超过 1% 时，应复检 2 次，3 次的平均减失重量不得过 1%，并不得检出断裂、龟裂及粉碎的片。

（4）硬度　将片剂置于孟山都硬度测定仪中测定其硬度。

(5)崩解时限 将吊篮通过上端的不锈钢轴悬挂于金属支架上,浸入1 000mL烧杯中,并调节吊篮位置使其下降时筛网距烧杯底部25mm,烧杯内盛有温度为37℃±1℃的水,调节水位高度使吊篮上升时筛网在水面下15mm处。

取供试品6片,分别置上述吊篮的玻璃管中,启动崩解仪进行检查,各片均应在15min内全部崩解。如有1片不能完全崩解,应另取6片复试,均应符合规定。

(6)溶出度 取本品,照溶出度测定法[《中国药典》(2020年版)二部附录X C第一法],以盐酸溶液(稀盐酸24mL加水至1 000mL,即得)1 000mL为溶出介质,转速为100r/min,依法操作,经5,10,20,30,45,60min时,取溶液10mL滤过,同时补充10mL同温溶出介质,取续滤液作为供试品溶液;另取阿司匹林对照品,精密称定,加1%冰醋酸的甲醇溶液溶解并稀释制成每1mL中含0.4mg的溶液,作为阿司匹林对照品溶液;取水杨酸对照品,精密称定,加1%冰醋酸的甲醇溶液溶解并稀释制成每1mL中含0.05mg的溶液,作为水杨酸对照品溶液。照含量测定项下的色谱条件,精密量取供试品溶液、阿司匹林对照品溶液与水杨酸对照品溶液各10μL,分别注入液相色谱仪,记录色谱图。按外标法以峰面积分别计算每片中阿司匹林与水杨酸的含量,将水杨酸含量乘以1.304后,与阿司匹林含量相加即得每片溶出量。计算不同时间的溶出百分率,绘制溶出曲线。

(7)含量测定 照高效液相色谱法[《中国药典》(2020年版)二部附录Ⅴ D]测定。

色谱条件与系统适用性试验 用十八烷基硅烷键合硅胶为填充剂;以乙腈-四氢呋喃-冰醋酸-水(20:5:5:70)为流动相;检测波长为276nm;理论板数按阿司匹林峰计算不低于3 000,阿司匹林峰与水杨酸峰的分离度应符合要求。

测定法 取本品20片,精密称定,充分研细,精密称取细粉适量(约相当于阿司匹林10mg),置100mL量瓶中,用1%冰醋酸的甲醇溶液强烈振摇使阿司匹林溶解,并用1%冰醋酸的甲醇溶液稀释至刻度,摇匀,滤膜滤过,精密量取续滤液10μL,注入液相色谱仪,记录色谱图;另取阿司匹林对照品,精密称定,加1%冰醋酸的甲醇溶液振摇使溶解并定量稀释制成每1mL中约含0.1mg的溶液,同法测定。按外标法以峰面积计算,即得。

四、实 训 结 果

实训结果记录于表1和表2中。

表1 溶出度测定结果

时间/min	吸光度值	溶出量/%
5		
10		
20		

续表

时间/min	吸光度值	溶出量/%
30		
45		
60		

表2　　　　　　　　　　　　　　其他项目测定结果

检查项目	检验结果
外观	
重量差异	
脆碎度	
硬度	
崩解时限	
含量/%	

第八章 软膏剂、乳膏剂、眼膏剂、凝胶剂与栓剂

[学习目标]

1. 掌握软膏剂、乳膏剂的制备方法及质量检查项目。
2. 熟悉眼膏剂、凝胶剂、栓剂的制备方法及质量检查项目。
3. 熟悉本章所讲五种剂型在生产和贮存期间应符合的规定。
4. 熟悉本章所讲五种剂型的常用基质。

第一节 软 膏 剂

一、概 述

软膏剂(ointments)是指药物与油脂性或水溶性基质混合制成的均匀的半固体外用制剂。因药物在基质中分散状态不同,又有溶液型软膏剂和混悬型软膏剂之分。溶液型软膏剂为药物溶解(或共熔)于基质或基质组分中制成的软膏剂;混悬型软膏剂为药物细粉均匀分散于基质中制成的软膏剂。软膏剂通常具有利于药物稳定、刺激性小的优点,但不易清洗,常见有红霉素软膏、金霉素软膏等。在研究开发皮肤用软膏剂时,应进行透皮吸收试验或者与原研药进行透皮吸收对比试验,以评价处方工艺的合理性。

软膏剂在生产和储存期间应符合下列规定。

(1)所选择基质应具有适当的黏稠度,应均匀、细腻,涂于皮肤或黏膜上无刺激性,与主药不发生配伍变化,不影响主药的稳定性。

(2)根据需要可加入保湿剂、防腐剂、增稠剂、抗氧剂及透皮吸收剂。

(3)应无酸败、异臭、变色、变硬现象。

(4)除另有规定,应遮光密闭贮存。

二、软膏剂的基质

软膏剂基质分为油脂性基质和水溶性基质,以油脂性基质最常用。

1. 油脂性基质

油脂性基质是指以动植物油脂、类脂、烃类及硅酮类等疏水性物质为基质。

此类基质涂于皮肤无刺激性,且能形成封闭性油膜,促进皮肤水合作用,对表皮增厚、角化、皲裂有软化保护作用,但释药性差,不宜洗除。

油脂性基质中以烃类基质凡士林为常用,固体石蜡与液状石蜡用以调节稠度,类脂中以羊毛脂与蜂蜡应用较多,羊毛脂可增加基质吸水性及稳定性。植物油常与熔点较高的蜡类熔合成适当稠度的基质。

(1)凡士林 又称软石蜡,是由多种相对分子质量烃类组成的半固体状物,熔程为 38~60℃,有黄、白两种,后者为漂白而成,化学性质稳定,无刺激性。凡士林仅能吸收约5%的水,故不适用于有大量渗出液的患处。凡士林中加入适量羊毛脂、胆固醇或某些高级醇类可提高其吸水性能,如加入15%的羊毛脂可吸收水分达50%。水溶性药物与凡士林配合时,还可加适量表面活性剂于基质中以增加其吸水性。

(2)石蜡与液状石蜡 石蜡为固体饱和烃混合物,熔程为 50~65℃,液状石蜡为液体饱和烃混合物,二者主要用于调节基质的稠度。

(3)二甲基硅油 或称硅油或硅酮,由不同相对分子质量的聚二甲硅氧烷组成。为一种无色或淡黄色的透明油状液体,无臭,无味。本品化学性质稳定,对皮肤无刺激性,能与羊毛脂、硬脂醇、鲸蜡醇、硬脂酸甘油酯、聚山梨酯类、山梨坦类等混合,常用于乳膏中作润滑剂、保湿剂(防止皮肤皱裂的硅霜的效果已得到了许多医患者的认可),最大用量可达10%~30%,也常与其他油脂性原料合用制成防护性软膏,但不能眼用。

(4)羊毛脂 一般是指无水羊毛脂。为淡黄色黏稠、微臭的半固体,是羊毛上的脂肪性物质的混合物,熔程 36~42℃,具有良好的吸水性,为取用方便常吸收30%的水分以改善黏稠度,称为含水羊毛脂。由于本品黏性太大而很少单独用作基质,常与凡士林合用,以改善凡士林的吸水性与渗透性。

(5)蜂蜡与鲸蜡 蜂蜡的主要成分为棕榈酸蜂蜡醇酯,鲸蜡主要成分为棕榈酸鲸蜡醇酯,两者均含有少量游离高级脂肪醇而具有一定的表面活性作用,属较弱的油包水型(W/O 型)乳化剂,在水包油型(O/W 型)乳剂型基质中起稳定作用。蜂蜡的熔程为 62~67℃,鲸蜡的熔程为 42~50℃。两者均不易酸败,常用于取代乳剂型基质中部分脂肪性物质以调节稠度或增加稳定性。

2. 水溶性基质

水溶性基质主要有聚乙二醇(PEG)。随着相对分子质量的增加,逐渐由无色或几乎无色的澄明液体转变为白色蜡状固体。药剂中常用相对分子质量在300~6 000 者,常将高相对分子质量的 PEG 和低相对分子质量 PEG 合用配制适当稠度的软膏。聚乙二醇能溶解于水形成澄明的溶液,也溶于许多有机溶剂中,但不溶于乙醚。聚乙二醇对皮肤无刺激且具有润滑性,化学性质稳定,贮存期较长,但久用可引起皮肤干燥感。

三、软膏剂的制备

1. 制备方法

软膏剂常用的制备方法是将油脂性基质加热熔融、混合、灭菌后，加入药物，搅拌均匀，冷却，灌装，包装。

2. 生产中应注意的问题

（1）实际生产中通常还需要把熔融后的基质过滤除杂。

（2）药物如不溶于基质，为避免粗糙感，应预先微粉化，若软膏仍不够细腻，可通过胶体磨等设备将加药后的软膏进一步研匀。

（3）对于热不稳定的药物和挥发性药物，则需要在基质冷却后再加入药物研匀。

3. 举例

例 8 - 1　红霉素软膏

【处方】红霉素 1g　液体石蜡 19g　凡士林 80g

【制法】取处方量液状石蜡、凡士林加热混匀，在 150℃ 下干热灭菌 30min，温度降至约 70℃，加入处方量红霉素，搅拌均匀，灌装。

四、软膏剂的质量检查

（1）性状　应均匀、细腻，涂展舒适。

（2）主药含量、有关物质等　应符合各药物标准项下规定。

（3）如产品中加入了防腐剂、抗氧剂，其含量应符合各药物标准项下规定。

（4）粒度　如药物混悬于基质中，一般不得检出大于 180μm 的粒子。

（5）装量　应符合现行中国药典最低装量检查法项下的规定。

（6）无菌和微生物限度　用于烧伤或者严重创伤的软膏剂应符合现行中国药典无菌检查法项下的规定，其他符合微生物限度检查法项下的规定。

第二节　乳　膏　剂

一、概　　述

乳膏剂（creams）是指药物溶解或分散于乳状液型基质中形成的均匀的半固体外用制剂。乳膏剂由于基质不同，可分为 O/W 型乳膏剂与 W/O 型乳膏剂。乳膏剂比软膏剂应用更广泛，具有美观、易涂展、易清洗、载药方便、不污染衣物的优点，常见有咪康唑乳膏、酮康唑乳膏、克霉唑乳膏等多种，乳膏剂因为含有表面活性剂，一般较少用于破损皮肤和眼部，另外乳膏剂不适用于对水不稳定的药物。在研究开发皮肤用乳膏剂时，应进行透皮吸收试验或者与原研药进行透皮吸收对比试验,以评价处方工艺的合理性。

乳膏剂在生产和贮存期间应符合下列规定。

(1)所选择基质应具有适当的黏稠度,应均匀、细腻,涂于皮肤或黏膜上无刺激性,与主药不发生配伍变化,不影响主药的稳定性。

(2)根据需要可加入保湿剂、防腐剂、增稠剂、抗氧剂及透皮吸收剂。

(3)应无酸败、异臭、变色、变硬现象,无油水分离现象。

(4)除另有规定,应遮光密封保存,宜置于25℃以下保存,不得冷冻。

二、乳膏剂的基质

乳膏剂的基质是将油相和水相分别加热到一定温度,在乳化剂的作用下混合乳化,最后在室温下成为半固体基质。形成基质的原理与乳剂类似,但常用的油相多数为固体和半固体,主要有硬脂酸、高级醇(如十八醇)、石蜡、蜂蜡等,有时为调节稠度加入液状石蜡、凡士林等。

乳膏剂的基质有 O/W 型与 W/O 型两类。基质形成的关键在于乳化剂的选择及油水相比例。W/O 型基质由于涂于皮肤有油腻感,比较少用。最常用的是 O/W 型基质,其优点在于涂展舒适,不阻止皮肤表面分泌物的分泌和水分蒸发,对皮肤的正常功能影响较小,易洗除,药物释放和透皮吸收较快。我们日常使用的护肤霜多为 O/W 型基质。O/W 型基质常需加入防腐剂和保湿剂。

乳膏剂的基质常用的乳化剂有皂类(以三乙醇胺-硬脂酸为代表)、脂肪醇硫酸钠类(以十二烷基硫酸钠为代表)、高级脂肪酸及多元醇酯类(以十八醇和单硬脂酸甘油酯为代表)、聚山梨酯类(以聚山梨酯 80 为代表)、脂肪酸山梨坦类(以司盘 80 为代表)、脂肪醇聚氧乙烯醚、聚乙二醇硬脂酸酯等,其中脂肪酸山梨坦类主要用于 W/O 乳膏剂的制备。

三、乳膏剂的制备

1. 制备方法

将处方中的油脂性和油溶性成分一起加热至一定温度(通常为 70~90℃),搅匀,作为油相,另将水溶性成分溶于水后一起加热至相同温度作为水相,混合油水相进行乳化至乳化完全(乳化 5~30min 不等),冷却至合适的温度灌装即得。

2. 生产中应注意的问题

(1)一般采用专门的均质乳化设备,实验室如果没有均质设备,可用搅拌代替。

(2)通常乳膏都是趁热在较稀状态下灌装。

(3)药物可溶解于水相或油相,对于在水相、油相都不溶的药物可以粉末形式加入到基质中,或者将药物溶解于丙二醇、甘油等溶剂后,再加入乳膏基质中,最后混匀。

（4）对热敏感的药物和挥发性药物应在乳膏基质冷却到适宜温度后加入。

3. 举例

例8-2　以十二烷基硫酸钠为乳化剂制备乳膏基质

【处方】十八醇10g　丙二醇10g　白凡士林4g　羟苯甲酯0.1g　羟苯丙酯0.05g　十二烷基硫酸钠3g　蒸馏水加至100g

【制法】将油相（十八醇、白凡士林）与水相（十二烷基硫酸钠、羟苯甲酯、羟苯丙酯、丙二醇、水）分别加热至85℃，搅拌下将水相加入油相中，继续搅拌使乳化完全，冷至室温即得。

【注解】十二烷基硫酸钠为本品主要乳化剂，十八醇与白凡士林为油相成分，前者还起辅助乳化的作用，丙二醇为保湿剂，羟苯甲酯、羟苯丙酯为防腐剂。

例8-3　以聚山梨酯80为乳化剂制备乳膏基质

【处方】硬脂酸6g　单硬脂酸甘油酯12g　白凡士林12g　聚山梨酯80 4g　丙二醇5g　山梨酸0.2g　蒸馏水加至100g

【制法】将油相（硬脂酸、单硬脂酸甘油酯、白凡士林）与水相（聚山梨酯80、丙二醇、山梨酸、水）分别加热至80℃，搅拌下将水相加入油相中，乳化至完全，冷却，灌装。

【注解】聚山梨酯80为本品主要乳化剂，单硬脂酸甘油酯起辅助乳化作用，山梨酸为防腐剂。

例8-4　盐酸布替萘芬乳膏的制备

【处方】盐酸布替萘芬1g　聚乙二醇-7硬脂酸酯（TEFOSE63）15g　液体石蜡6g　甘油5g　三氯叔丁醇0.5g　水加至100g

【制法】取处方量三氯叔丁醇、甘油及蒸馏水，加热至80~90℃；取处方量自乳化剂TEFOSE63、液状石蜡，加热至80~90℃；将水相加入油相混合，均质乳化15min；取处方量粉碎后的盐酸布替萘芬，加入到乳化基质中，充分混匀，冷却至室温，既得。

【注解】盐酸布替萘芬为抗真菌药，聚乙二醇-7硬脂酸酯为自乳化基质，在本产品中即作为油相基质同时也作为乳化剂，工艺简单。该乳化剂耐酸碱性较好，性能温和，可用于皮肤和阴道等部位的用药。

四、乳膏剂的质量检查

（1）性状　应均匀、细腻、油水不分离，可通过目测、涂抹试验、显微镜、离心、冷冻和高温试验来观察。

（2）主药含量、有关物质、pH　应符合各药物标准项下规定。

（3）如产品中加入了防腐剂、抗氧剂，其含量应符合各药物标准项下规定。

（4）粒度　如药物混悬于基质中，一般不得检出大于180μm的粒子。

（5）装量　应符合现行中国药典最低装量检查法项下的规定。

(6)无菌和微生物限度　用于烧伤或者严重创伤的乳膏剂应符合现行中国药典无菌检查法项下的规定,其他符合微生物限度检查法项下的规定。

第三节　眼　膏　剂

一、概　　述

眼膏剂是指药物与适宜基质均匀混合,制成无菌溶液型或混悬型膏状的半固体制剂。眼膏剂相对于其他眼用制剂,具有刺激性小、眼内滞留时间长、药效持久、适合遇水不稳定药物的优点,缺点是用后有油腻感,易产生"糊视",一般须晚上给药。

眼膏剂在生产和贮存期间应符合以下规定。

(1)基质应过滤并灭菌,不溶性药物应预先制成极细粉。

(2)应均匀、细腻、无刺激性,并易涂布于眼部,便于药物分散和吸收。

(3)除另有规定外,每个包装的装量应不超过5g。

(4)开启后最多用4周。

二、眼膏剂的制备

眼膏剂的制备与软膏剂的制备工艺基本相同,眼膏剂应特别注意产品无菌,混悬型眼膏的粒度一般应不大于50μm。

例8-5　头孢哌酮钠眼膏的制备

【处方】头孢哌酮钠10g　无水羊毛脂100g　液体石蜡100g　黄凡士林790g

【制法】取无水羊毛脂100g、黄凡士林790g、液体石蜡100g置容器中加热融化后,趁热用灭菌双层纱布置漏斗中过滤,150℃干热灭菌1h,放冷。将头孢哌酮加入眼膏基质中研磨均匀,分装,即得。

【注解】大生产中应可采用胶体磨等设备进行混匀。

三、眼膏剂的质量检查

眼膏剂应同时符合软膏剂和眼用制剂的质量要求,性状、含量、有关物质、装量、粒度、金属异物、无菌等指标均应符合药物质量标准和现行中国药典的规定。

第四节　凝　胶　剂

一、概　　述

凝胶剂是指药物与能形成凝胶的辅料制成均一、混悬或乳状液型的稠厚液体或半固体制剂。凝胶剂有油性和水性之分,水性凝胶的基质一般由水、甘油或丙二醇与纤维素衍生物、卡波姆等构成。油性凝胶的基质常由液体石蜡与聚氧乙烯或脂肪油与胶体硅或铝皂、锌皂构成。在临床上应用较多的是水性凝胶剂。

凝胶剂按使用部位的不同可分为皮肤外用凝胶、鼻用凝胶、眼用凝胶、阴道凝胶、直肠凝胶等。在研究开发皮肤用凝胶剂时,应进行透皮吸收试验或者与原研药进行透皮吸收对比试验,以评价处方工艺的合理性。

凝胶剂在生产和贮存期间应符合下列有关规定。

(1)凝胶剂应均匀细腻,在常温下保持胶状,不干涸或液化。

(2)混悬型凝胶剂中胶粒应分散均匀,不应下沉结块。

(3)可根据需要添加保湿剂、防腐剂、抗氧剂、乳化剂、增稠剂和透皮吸收剂等。

(4)凝胶剂一般应检查 pH。

(5)凝胶基质不与药物发生理化作用。

(6)除另有规定外,凝胶剂应遮光、密闭保存,并应防冻。

二、凝胶剂的基质

1. 卡波姆(Carbomer)基质

卡波姆为丙烯酸类聚合物,是一种引湿性很强的白色松散粉末,含有很多羧基,在水中溶胀不溶解,水中呈酸性,当用碱中和时,随大分子逐渐溶解,黏度也逐渐上升,在低浓度时形成澄明溶液,在浓度较大时形成透明或半透明状的凝胶。在 pH6 ~ 11 有最大的黏度和稠度,中和使用的碱以及卡波姆的浓度不同,其溶液的黏度变化也有所区别。一般情况下,中和 1g 卡波姆约消耗 1.35g 三乙醇胺或 400mg 氢氧化钠。卡波姆的常用型号有 941、934、940,常用浓度 0.2% ~ 1.5%,使用方法为将卡波姆加入到适量水中充分搅拌溶胀,采用边搅拌边加入的方法可达到快速溶胀的目的,应避免形成被水包围的卡波姆小块。该基质对酸、碱及醇都有一定的耐受性,能耐受低温贮存和高压湿热灭菌,但不能耐受盐类。

2. 纤维素衍生物

常用的纤维素衍生物有羟丙甲纤维素(HPMC)、甲基纤维素(MC)、羧甲基纤维素钠等,均可在水中溶胀成透明或半透明凝胶。前两者溶于冷水,在热水中溶解度较小,但溶解时需先在热水中分散,冷却后溶解。后者在任何温度下均可溶解。纤维素衍生物一般有很多种型号,随相对分子质量不同黏度也有所不同,水溶液一般呈中性。

3. 其他

其他的水性凝胶剂基质还有壳聚糖、聚乙烯吡咯烷酮、聚乙烯醇、玻璃酸钠等。壳聚糖是甲壳素进行部分或完全脱乙酰化产物,属大分子阳离子聚合物,在水中可形成凝胶。聚乙烯吡咯烷酮、聚乙烯醇、玻璃酸钠主要用作溶液增稠、人工泪液、关节腔润滑等。

三、凝胶剂的制备

凝胶剂的制备以下面两例进行说明。

例8-6　硝酸咪康唑凝胶剂

【处方】卡波姆940 1.0g　三乙醇胺1.2g　甘油8g　乙醇50mL　平平加O-15 6g　硝酸咪康唑2g　亚硫酸氢钠0.05g　依地酸二钠0.05g　月桂氮草酮1mL　蒸馏水加至100g

【制法】将亚硫酸氢钠、依地酸二钠溶解于适量水中,搅拌下加入卡波姆,继续搅拌至溶胀均匀;将硝酸咪康唑搅拌溶解于50mL乙醇中,加入甘油、平平加O-15、月桂氮草酮搅拌均匀,加入剩余量的水,搅拌均匀得硝酸咪康唑溶液,将此溶液加入到卡波姆溶胀物中,搅匀,加入三乙醇胺,搅拌均匀,得无色透明硝酸咪康唑凝胶。

【注解】平平加O-15为增溶剂,亚硫酸氢钠为抗氧剂,依地酸二钠为金属离子络合剂,甘油为保湿剂,月桂氮草酮为促透皮吸收剂。

例8-7　1%盐酸麻黄碱鼻用凝胶剂

【处方】盐酸麻黄碱1g　HPMC(黏度4Pa·s)1.5g　硼酸1.8g　硼砂0.005g　苯扎溴铵溶液(5%)2g　甘油5g　蒸馏水加至100g

【制法】取盐酸麻黄碱、硼酸、硼砂、甘油、苯扎溴铵溶液,加水至约90g,搅拌溶解,加热至85℃,加入处方量HPMC,搅拌,使其充分分散、水合,边搅拌边冷却至40℃,加水至100g,搅匀,即得无色透明凝胶。

四、凝胶剂的质量检查

(1)性状　应均匀、细腻、涂展舒适。

(2)主药含量、有关物质、pH　应符合各药物标准项下规定。

(3)如产品中加入了防腐剂、抗氧剂,其含量应符合各药物标准项下规定。

(4)粒度　如药物混悬于基质中,一般不得检出大于$180\mu m$的粒子。

(5)装量　应符合现行中国药典最低装量检查法项下的规定。

(6)无菌和微生物限度　用于烧伤或者严重创伤的凝胶剂应符合现行中国药典无菌检查法项下的规定,其他符合微生物限度检查法项下的规定。

第五节　栓　　剂

一、概　　述

栓剂(suppositories)系指将药物和适宜基质制成供腔道给药的固体制剂。栓剂在常温下为固体,塞入人体腔道后,在体温下迅速软化,熔融或溶解于分泌液,逐渐释放药物而产生局部或全身作用。

栓剂因施用腔道的不同,分为直肠栓、阴道栓、尿道栓。直肠栓为鱼雷形、圆锥形或圆柱形等;阴道栓为鸭嘴型、球形或卵形等;尿道栓一般为棒状。如图 8-1、图 8-2 所示。

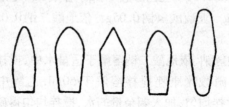

图 8-1　直肠栓的外形

图 8-2　阴道栓外形

栓剂分为普通栓和持续释药的缓释栓。目前,以局部作用为目的的栓剂有消炎药、局部麻醉药等,以全身作用为目的栓剂有解热镇痛药、抗生素类药、抗恶性肿瘤治疗剂等。栓剂可避免胃肠道的影响和破坏,避免口服药物的刺激作用,对于口服给药不方便的患者可用直肠给药,直肠给药可避免肝脏的首过效应直接进入血液循环,但栓剂亦有使用不便、成本较高、产率低等缺点。

栓剂在生产和储存期间应符合以下规定。

(1)除另有规定外,应预先用适宜方法把药物制成细粉,并全部通过六号筛,根据施用腔道和使用目的的不同,制成各种适宜的性状。

(2)根据需要可加入表面活性剂、稀释剂、吸收剂、润滑剂和防腐剂等。

(3)栓剂中的药物与基质应混合均匀,栓剂外形要完整光滑;塞入腔道后应无刺激性,应能融化、软化或溶化,并能与分泌物混合,逐渐释放出药物,产生局部或全身作用;应有适宜的硬度,以免在包装或贮存时变形。

(4)缓释栓剂应进行释放度检查,不再进行融变时限检查。

(5)除另有规定外,应在 30℃ 以下密闭保存,防止因受热、受潮而变形、发霉或变质。

二、栓剂的基质

常用基质有半合成脂肪酸甘油酯、可可豆脂、聚氧乙烯硬脂酸酯、聚氧乙烯山梨聚糖脂肪酸酯、氢化植物油、甘油明胶、泊洛沙姆、聚乙二醇类或其他适宜物质。

一般用水溶性或水能混溶的基质制备阴道栓。

三、栓剂的制备

栓剂的制备基本方法有热熔法与冷压法,其中热熔法为最常用。

1. 热熔法

(1)制备方法　将计算量的基质加热熔化,温度要适当,然后按药物性质以不同方法加入基质中,混合均匀,倾入冷却并涂有润滑剂的模型中至稍微溢出模口为度。放冷,待完全凝固后,削去溢出部分,开模取出。

栓剂的生产多采用自动化生产线生产,从基质融化、药物混合、浇模、冷却、切口脱模到包装均是机械连续自动操作。

(2)生产过程中应注意的问题　①栓剂中含有的不溶性药物,要求在混合前制备成细粉,并全部通过六号筛。②加热基质时勿使温度过高,以免基质变质。③注意药物与基质混合均匀。④灌注时混合物的温度在40℃左右为宜,或待混合物由澄明变为浑浊时立即灌注,以免不溶性主药等在模孔中沉降。⑤浇模要一次完成,以免产品出现断面。⑥栓剂孔模内涂润滑剂,脂肪性基质的栓剂常用软肥皂、甘油各一份与95%乙醇五份混合所得;水溶性或亲水性基质的栓剂,则用油性液体为润滑剂,如液状石蜡或植物油等;有的基质不粘模,如可可豆脂或聚乙二醇类,可不用润滑剂。

(3)举例

例8-8　阿司匹林肛门栓

【处方】阿司匹林600g　混合脂肪酸酯450g

【制法】取混合脂肪酸酯,置夹层锅中,在水浴上加热熔化后,加入阿司匹林细粉,搅匀,在近凝时倾入涂有润滑剂的栓模中,迅速冷却,冷后削平,取出后包装即得。

【注解】为防止阿司匹林水解,可加入1.0%～1.5%的柠檬酸作为稳定剂;制备阿司匹林栓剂时,避免接触铁、铜等金属,以免栓剂变色。

2. 冷压法

先将基质磨碎或挫末,再与药物混合均匀,装入压栓机中压制。冷压法可以避免药物和基质受热,有利于产品的稳定性,冷压法还可以克服不溶性药物沉淀的现象产生。但该法效率较低,产品中容易产生气泡,现在生产中很少采用此种方法。

四、栓剂的质量检查

（1）性状　要求光滑、无裂缝、不起霜、不变色、混合均匀。

（2）主药含量、有关物质　应符合各药物标准项下规定。

（3）如产品中加入了防腐剂、抗氧剂，其含量应符合各药物标准项下规定。

（4）融变时限　应符合现行中国药典融变时限项下的要求。

（5）装量差异　应符合现行中国药典栓剂项下的规定。

（6）微生物限度　应符合现行中国药典项下微生物限度检查项下的规定。

思考题

1. 软膏剂和乳膏剂的区别在哪里？

2. 乳膏剂的常用乳化剂有哪些？

3. 乳膏剂的质量检查项目有哪些？

4. 凝胶剂的常用基质有哪些？

5. 简述软膏剂、乳膏剂、眼膏剂、凝胶剂、栓剂的制备方法和注意事项。

参考文献

1. 国家药典委员会.《中国药典》(2020 年版)(二部).北京:中国医药科技出版社,2020.

2. 张琦岩.药剂学(第 2 版).北京:人民卫生出版社,2013.

3. 崔福德.药剂学实验指导(第 3 版).北京:人民卫生出版社,2012.

4. 王淑华,林永强.水性凝胶剂的制备及常用辅料.食品与药品,2005.

5. 张建鸿.药物制剂技术(第 2 版).北京:人民卫生出版社,2013.

6. 胡巧红.药剂学(第二版).北京:中国医药科技出版社,2012.

7. 徐芳,张国庆,信艳红,等.头孢哌酮眼膏剂的制备.药学实践杂志,2003,21(4):203－205.

实训 8　软膏剂和乳膏剂的制备

一、实　训　目　的

掌握软膏剂和乳膏剂的制备工艺。

二、实　训　原　理

软膏剂是指药物与油脂性或水溶性基质混合制成的均匀的半固体外用制剂，软膏剂常用的制备方法是将油脂性基质加热熔融、混合、灭菌后，加入药物，搅拌均匀,冷却,灌装,包装。

乳膏剂是指药物溶解或分散于乳状液型基质中形成的均匀的半固体外用制剂。乳膏剂的制备方法是将处方中的油脂性和油溶性成分一起加热至一定温度(通常为70~90℃),搅匀,作为油相,另将水溶性成分溶于水后一起加热至相同温度作为水相,混合油水相进行乳化至乳化完全(乳化5~30min不等),冷却至合适的温度灌装即得。药物可加在水相或油相,两相都不溶的药物在粉碎过筛后以粉末形式加入到基质中,然后混匀。

三、实 验 材 料

原料药和辅料:红霉素,液体石蜡,白凡士林、硬脂酸、单硬脂酸甘油酯、聚山梨酯-80,丙二醇。

器材:天平、烧杯、电热套、搅拌器。

四、实 训 内 容

1.制备红霉素软膏

【处方】红霉素1g　液体石蜡19g　白凡士林80g

【制法】取处方量液状石蜡、白凡士林加热混匀,温度降至约70℃,加入处方量红霉素,搅拌均匀,冷却即得。

2.制备乳膏剂基质

【处方】硬脂酸6g　单硬脂酸甘油酯12g　白凡士林12g　聚山梨酯80 4g
丙二醇5g　蒸馏水加至100g

【制法】将油相(硬脂酸、单硬脂酸甘油酯、白凡士林)与水相(聚山梨酯80、丙二醇、水)分别加热至80℃,搅拌下将水相加入油相中,搅拌使其乳化至完全,冷却即得。

【注解】大生产中乳化过程通过专用乳化设备均质机等完成,乳化效果更好。

如果有条件可进行手工模拟灌装,观察灌装所需要的温度,还可指导学生在显微镜下观察乳化后的乳滴情况。

五、思 考 题

1.制备软膏剂应注意什么?

2.制备乳膏剂应注意什么?

实训 9　栓剂的制备

一、实训目的

掌握热熔法制备栓剂的工艺。

二、实训原理

栓剂系指药物与适宜基质制成的供腔道给药的制剂,其形状和重量根据腔道不同而异,目前常用的有直肠栓、阴道栓等。

栓剂的制备方法有热熔法、冷压法,可按基质的不同性质选择制备方法。一般脂肪性基质可采用上述方法中的任何一种,而水溶性基质则多采用热熔法,热熔法制备栓剂的工艺流程为:

基质—熔化—加入药物(混匀)—注入栓模(已涂润滑剂)—完全凝固—削去溢出部分—脱模、质检—包装

制备脂肪性基质栓剂时,油溶性药物可直接溶于基质中;不溶于油脂而溶于水的药物可先加入少量水溶解,再以适量羊毛脂吸收后与基质混合;难溶性固体药物,一般应先研成细粉(过六号筛)混悬于基质中。灌注模具时应注意使温度接近凝结温度并随加随搅拌,使药物分布均匀,防止沉积。

制备时模具使用的润滑剂为:脂肪性基质选用软皂:甘油:95%乙醇(体积分数) 1:1:5 混合液,水溶性及亲水性基质选用液状石蜡或硅油等。

三、实验材料

原料药和辅料:甘油、硬脂酸钠。

器材:栓模、蒸发皿、研钵、水浴、电炉、架盘天平、融变时限检查仪等。

四、实训内容

【处方】　甘油　　　　　1 820g

硬脂酸钠　　　180g

制成　　　　　1 000 粒

【制法】取甘油,加热至120 ℃,加入研细干燥的硬脂酸钠,不断搅拌,使之溶解,继续保温在85～95℃,直至溶液澄清,滤过,浇模,冷却成型,脱模,即得。

【用途】润滑性泻药。

五、思　考　题

1.甘油栓的制备原理是什么? 操作时有哪些注意点?

2.临床上使用甘油栓的作用机制是什么?

第九章 气雾剂、喷雾剂、粉雾剂

[学习目标]

1. 掌握气雾剂、喷雾剂、粉雾剂的应用特点。

2. 了解气雾剂的质量检查。

[技能目标]

熟悉气雾剂的组成和制备方法。

第一节 概 述

气雾剂、喷雾剂和粉雾剂将药物以雾化方式通过皮肤、口腔、鼻腔、呼吸道等多种途径给药,可以起到局部或全身的治疗作用。其中,肺部给药、鼻黏膜给药以其使用简便、起效快、生物利用度高等优点,越来越得到广泛的关注和应用。

气雾剂、喷雾剂和粉雾剂是需要特殊的装置以装药容器和给药系统为一体的特殊剂型。不同剂型的雾化机制不同,气雾剂是借助抛射剂产生的压力将药物从容器中喷出;而喷雾剂是借助手动机械泵将药物喷出;粉雾剂则主要由患者主动吸入。近几年,根据这些剂型的独特作用上市的品种也越来越多,如局部治疗药、抗生素、抗病毒药、抗肿瘤药、蛋白质多肽等药。

一、肺部吸入药物的吸收特点

气雾剂、喷雾剂和粉雾剂均可通过肺部给药,其吸收速度很快,几乎与静脉注射相当。肺部由气管、支气管、肺泡管和肺泡囊所组成,肺泡囊是人体进行气－血交换的场所,药物的吸收也是在肺泡囊部位进行。肺泡囊的数目达 $3\sim4$ 亿个,总表面积可达 $70\sim100m^2$,为体表面积的 25 倍。肺泡囊壁由单层上皮细胞所构成,这些细胞紧靠着丰富的毛细血管网(毛细血管总表面积约为 $90m^2$,且血流量大),细胞壁和毛细血管壁的厚度只有 $0.5\sim1\mu m$。因此药物到达肺泡囊即可迅速被吸收。

二、药物在呼吸系统分布的影响因素

1. 呼吸的气流

正常人每分钟呼吸 $15\sim16$ 次,每次吸气量为 $500\sim600cm^3$,其中约有 $200cm^3$

存在于咽、气管及支气管之间,气流常呈湍流状态,呼气时可被呼出。当空气进入支气管以下部位时,气流速度逐渐减慢,多呈层流状态,易使气体中所含药物细粒沉积。药物进入呼吸系统的分布与呼吸量及呼吸频率有关,通常药物粒子的沉积率与呼吸量成正比,与呼吸频率成反比。

2. 微粒的大小

粒子大小是影响药物能否深入肺泡囊的主要因素。较粗的微粒($>10\mu m$)大部分落在上呼吸道黏膜上,因而吸收慢;如果微粒太细($<0.5\mu m$),则进入肺泡囊后大部分由呼气排出,而在肺部的沉积率也很低。通常吸入气雾剂的微粒大小以在 $0.5\sim5\mu m$ 范围内最适宜。

3. 药物的性质

吸入的药物最好能溶解于呼吸道的分泌液中,否则成为异物,对呼吸道产生刺激。药物从肺部吸收是被动扩散,吸收速率与药物的相对分子质量、脂溶性及吸湿性有关。①小分子化合物易通过肺泡囊表面细胞壁的小孔,因而吸收快,而相对分子质量大的糖、酶、高分子化合物等,难以由肺泡囊吸收;②脂溶性药物经肺泡上皮细胞的脂质双分子膜扩散吸收,少部分由小孔吸收,故油/水分配系数大的药物,吸收速度也快;③若药物吸湿性大,微粒通过湿度很高的呼吸道时会聚集、变大和沉积,影响药物粒子进入肺泡,从而妨碍药物吸收。

4. 其他因素

制剂的处方组成、给药装置的结构直接影响着药物雾滴或粒子的大小和性质、粒子的喷出速度等,进而影响药物的吸收。气雾粒子喷出的初速度对药物粒子的停留部位影响很大,初速度愈大,在咽喉部的截留愈多,从而影响药物在肺部的吸收。因此,应选择适宜的抛射剂种类和用量、加入适宜的附加剂以及设计合理的给药装置,以满足气雾剂的给药需要,达到良好的吸收效果。

第二节 气 雾 剂

一、概 述

气雾剂(aerosols)系指药物溶液、乳状液或混悬液与适宜的抛射剂共同装封于具有特制阀门系统的耐压容器中,使用时借助抛射剂的压力将内容物呈雾状喷出,用于肺部吸入或直接喷至腔道黏膜、皮肤及空间消毒的制剂。药物喷出状态多为雾状气溶胶,其雾滴一般小于 $50\mu m$。气雾剂可在呼吸道、皮肤或其他腔道起局部或全身作用。

1. 气雾剂的主要优点

(1)具有速效和定位作用,气雾剂可以直接达到作用(或吸收)部位,如治疗哮喘的气雾剂可使药物粒子直接进入肺部,吸入 2min 后即能显效。这种速效定位的作用明显优于其他剂型。

（2）药物密闭于容器内能保持药物清洁无菌，且由于容器不透明，避光且不与空气中的氧或水分直接接触，从而提高了药物的稳定性和安全性。

（3）使用方便，可避免胃肠道的副作用。防止药物在胃肠道内被破坏，避免药物的首过作用。

（4）可以用定量阀门准确控制剂量。

（5）使用时对创面的机械刺激小。

2. 气雾剂的缺点

（1）因气雾剂需要耐压容器、阀门系统和特殊的生产设备，所以生产成本高。

（2）抛射剂有高度挥发性，因而具有致冷效应，多次使用于受伤皮肤上可引起不适与刺激。

（3）气雾剂具有一定的压力，遇热和受撞击后可能发生爆炸。

二、气雾剂的分类

1. 按分散系统分类

（1）溶液型气雾剂　系指固体或液体药物溶解在抛射剂中，形成均匀溶液，喷出后抛射剂挥发，药物以固体或液体微粒状态到达作用部位。

（2）混悬型气雾剂　药物的固体微粒分散在抛射剂中形成混悬液，喷出后抛射剂挥发，药物以固体微粒状态达到作用部位，此类气雾剂又称为粉末气雾剂。

（3）乳剂型气雾剂　液体药物或药物溶液和抛射剂按一定比例混合可形成O/W型或W/O型乳剂。O/W型乳剂以泡沫状态喷出，W/O型乳剂喷出时形成液流。

2. 按气雾剂组成分类

（1）二相气雾剂　一般指溶液型气雾剂，由气液两相组成。由抛射剂的气相和药物与抛射剂形成的均匀液相组成，即溶液型气雾剂。

（2）三相气雾剂　一般指混悬型气雾剂与乳剂型气雾剂，其中抛射剂的溶液和部分挥发形成气体就占有二相。药物的水性溶液构成乳剂型气雾剂的内相（W/O型）或外相（O/W型）形成气-液-液气雾剂；在气-液-固三相中，气相是抛射剂所产生的蒸气，液相是抛射剂，固相是不溶性药粉。

3. 按医疗用途的分类

（1）呼吸道吸入用气雾剂　吸入气雾剂系指药物与抛射剂呈雾状喷出时随呼吸吸入肺部的制剂，可发挥局部或全身治疗作用。

（2）皮肤及黏膜用气雾剂　皮肤用气雾剂主要起保护创面、清洁消毒、局部麻醉及止血等作用；阴道黏膜用的气雾剂，常用O/W型泡沫气雾剂。主要用于治疗微生物、寄生虫等引起的阴道炎，也可用于节制生育。鼻黏膜用气雾剂主要是一些肽类的蛋白类药物，用于发挥全身作用。

（3）空间消毒用气雾剂　主要用于杀虫、驱蚊及室内空气消毒。喷出的粒子极细(直径不超过$50\mu m$)，一般在$10\mu m$以下，能在空气中悬浮较长时间。

三、气雾剂的组成

气雾剂是由抛射剂、药物与附加剂、耐压容器和阀门系统所组成。抛射剂与药物(必要时加附加剂)一同装封在耐压容器内，器内产生压力(抛射剂气体)，若打开阀门，则药物、抛射剂一起喷出而形成气雾。雾滴中的抛射剂进一步汽化，雾滴变得更细。雾滴的大小决定于抛射剂的类型、用量、阀门和揿钮的类型，以及药液的黏度等。

1. 抛射剂

抛射剂(propellants)是气雾剂喷射动力的来源，可兼作药物的溶剂或稀释剂。抛射剂多为液化气体，在常压下沸点低于室温，当阀门开启时，压力突然降低，抛射剂急剧气化，借抛射剂的压力将容器内药液以雾状喷出达到用药部位。抛射剂喷射能力的大小直接受其种类和用量的影响，同时也要根据气雾剂用药目的和要求加以合理的选择。理想的抛射剂在常温下的蒸气压大于大气压；无毒、无致敏反应和刺激性；惰性，不与药物、容器发生反应；不易燃烧、不易爆炸；无色、无臭、无味；价廉易得。

过去，气雾剂的抛射剂以氟氯烷烃类(chlorofluorocarbons，CFCs)抛射剂最为常用。氟氯烷烃又称氟利昂(Freon)，作为抛射剂具有以下优点：沸点低，常温下蒸气压略高于大气压，易控制；性质稳定，不易燃烧；液化后密度大；无味，基本无臭；毒性较小，不溶于水，可作脂溶性药物的溶剂等。常用氟利昂有 $F_{11}(CCl_3F)$，$F_{12}(CCl_2F_2)$ 和 $F_{114}(CClF_2 - CClF_2)$。将这些不同性质的氟氯烷烃按不同比例混合可得到不同性质的抛射剂，以满足制备气雾剂的需要。

氟氯烷烃可谓优良的气雾抛射剂，但由于该类抛射剂可破坏大气臭氧层，并可产生温室效应，国际有关组织已经要求停用。近20年来，国内外药物工作者正在积极寻找氟氯烷烃的代用品。1994年FDA注册了2个氢氟烷烃(四氟乙烷、七氟丙烷)及二甲醚作为新型抛射剂，下面对新型抛射剂以及其他类型的常用抛射剂做介绍。

（1）氢氟烷烃类(hydrofluoroalkane，HFA)　目前氢氟烷烃被认为是最合适的氟利昂替代品。它不含氯，不破坏大气臭氧层，并且在人体内残留少，毒性小，化学性质稳定，几乎不与任何物质产生化学反应，也不具可燃性。目前，FDA注册的氢氟烷烃类抛射剂有四氟乙烷(HFA 134a)和七氟丙烷(HFA 227)。

（2）二甲醚(dimethyl ether，DME)　常温常压下二甲醚为无色气体或压缩液体，具有轻微香味。因其易燃性问题FDA目前尚未批准其用于定量吸入气雾剂。

（3）碳氢化合物　作抛射剂的碳氢化合物主要有丙烷、正丁烷和异丁烷。此类抛射剂虽然稳定，毒性不大，密度低，沸点较低，但易燃、易爆，不易单独应用，常与本类或其他类型抛射剂合用。

(4)压缩气体　主要有二氧化碳、氮气和一氧化氮等。其化学性质稳定,不与药物发生反应,不燃烧,而且价廉。但液化后的沸点均较低,常温时蒸气压过高,对容器耐压性能的要求高。若在常温下充入该类非液化压缩气体,则压力容易迅速降低,达不到持久的喷射效果,压缩气体作为抛射剂目前常用于喷雾剂。

2. 耐压容器

(1)玻璃容器　化学性质稳定,但耐压和耐撞击性差。因此,在玻璃容器外面裹一层塑料防护层,以弥补这种缺点。一般只用于盛装压力和容积均不大的气雾剂,故目前已较少使用。

(2)塑料容器　特点是质轻、牢固,能耐受较高的压力,具有良好的抗撞击性和耐腐蚀性。但塑料容器有较高的渗透性和特殊气味,易引起药液的变化。一般选用化学稳定性好,耐压和耐撞击的塑料,如聚丁烯对苯二甲酸酯树脂和缩乙醛共聚树脂等。

(3)金属容器　包括铝、马口铁和不锈钢等容器,耐压性强,但对药液的稳定性不利,故容器内常用聚乙烯、聚氯乙烯或环氧树脂等进行表面处理。

3. 阀门系统

气雾剂阀门系统的基本功能是在密封条件下控制药物和抛射剂喷射的剂量。气雾剂的阀门系统除一般阀门外,还有供吸入用的定量阀门,供腔道或皮肤等外用的泡沫阀门系统。阀门系统坚固、耐用和结构稳定与否,直接影响到制剂的质量。阀门材料必须对内容物为惰性,且其加工应精密。

(1)一般阀门　由下列主要部件组成:封帽、阀杆(含有内孔和膨胀室)、橡胶封圈、弹簧、浸入管、推动钮等。

(2)定量阀门　定量阀门除以上部件外,还有一个定量室亦称定量小杯,起定量喷雾的作用。由塑料或金属制成,其容量一般为 $0.05 \sim 0.2$ mL。它决定了气雾剂一次给出剂量的大小。由上下封圈控制药液不外逸,使其喷出准确的剂量。

图 9-1 为目前使用最多的定量型吸入气雾剂阀门系统的组成部件;图 9-2 为有浸入管的定量阀门;国产药用吸入气雾剂不用浸入管,故欲使用时需将容器倒置,如图 9-3 所示,使药液通过阀杆上的引流槽浸入阀门系统的定量室。

4. 药物与附加剂

(1)药物　根据临床需要将液体、半固体以及固态粉末药物开发成气雾剂,目前应用较多的药物有呼吸道系统用药、心血管系统用药、解痉药及烧伤用药等,近年来多肽类药物的气雾剂给药系统的研究越来越多。

(2)附加剂　为制备质量稳定的溶液型、混悬型或乳剂型气雾剂应加入附加剂,如助溶剂、潜溶剂、润湿剂、乳化剂、稳定剂,必要时还添加矫味剂、抗氧剂和防腐剂。

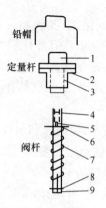

图9-1 定量阀门部件

1—定量室　2—橡胶垫圈　3—小孔　4—膨胀室　5—内孔

6—出液弹体封圈　7—弹簧　8—进液弹体封圈　9—引液槽(轴芯槽)

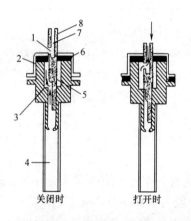

图9-2　有浸入管的定量阀门

1—内孔　2—定量室　3—进液弹体封圈

4—浸入管　5—弹簧　6—出液弹体封圈

7—膨胀室　8—阀杆

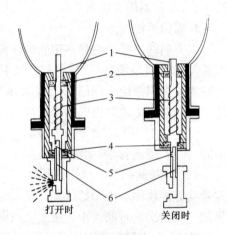

图9-3　气雾剂阀门启闭示意图

1—引液槽　2—进液橡胶封圈　3—弹簧

4—出液橡胶封圈　5—内孔　6—膨胀室

四、气雾剂的制备

1.气雾剂制备工艺

气雾剂的处方组成,除选择适宜的抛射剂外,主要根据药物的理化性质,选择适宜附加剂,配制成一定类型的气雾剂,以满足临床用药的要求,气雾剂应在避菌环境下配制,各种用具、容器等须用适宜的方法清洁、灭菌,在整个操作过程中应注意防止微生物的污染。

制备工艺流程如下：

容器与阀门系统的处理和装配→药物的配制与分装→填充抛射剂→质量检查→成品。

（1）容器与阀门系统的处理与装配　先将玻璃瓶洗净烘干，预热至 120 ~ 130℃，趁热浸入预先配好的塑料黏浆中，使瓶颈以下黏附一层塑料液，倒置，在 150 ~ 170℃烘干 15min，备用。将阀门的各种零件分别处理：塑料和尼龙零件洗净后浸在 95% 乙醇中备用；不锈钢弹簧在 1% ~ 3% 碱液中煮沸 10 ~ 30min，用水洗涤数次，然后用蒸馏水洗涤数次，直至无油腻为止，浸泡在 95% 乙醇中备用；橡胶制品可在 75% 乙醇中浸泡 24h，以除去色泽并消毒，干燥备用。将上述已处理好的零件，按照阀门系统的构造进行装配。

（2）药物的配制与分装　按处方组成及所要求的气雾剂类型进行配制。将上述配制好的药液，定量分装在已经准备好的容器内，安装阀门，扎紧封帽。

（3）抛射剂的填充　抛射剂的填充有压灌法和冷灌法两种，其中压灌法更常用。

①压灌法：先将配好的药液（一般为药物的乙醇溶液或水溶液）在室温下灌入容器内，再将阀门装上并轧紧，然后通过压装机压入定量的抛射剂。液化抛射剂经砂棒滤过后进入压装机。操作压力以 68.65 ~ 105.97kPa 为宜。压力低于 41.19kPa 时，充填无法进行。

压灌法的设备简单，不需要低温操作，抛射剂损耗较少，目前我国多用此法生产。但生产速度较慢，且在使用过程中压力的变化幅度较大。目前国外气雾剂的生产主要采用高速旋转压装抛射剂的工艺，产品质量稳定，生产效率大为提高。

②冷灌法：冷灌法需要先通过冷灌设备将药液冷却至低温（-20℃左右），并进行药液的分装，然后将冷却至低温的液化抛射剂灌装到气雾剂的耐压容器中；也可将冷却的药液和液化抛射剂同时进行灌装。再立即将阀门装上并轧紧，操作必须迅速完成，以减少抛射剂损失。

冷灌法是在开口的容器上进行灌装，对阀门系统没有影响；但需致冷设备和低温操作，抛射剂损失较多，因此操作必须迅速；由于低温下结冰的原因，含水的气雾剂不适于用此法进行灌装。

2.气雾剂的处方举例

例 9 - 1　沙丁胺醇气雾剂

【处方】沙丁胺醇 1.313g　磷脂 0.368g　Myrj - 52 0.263g　四氟乙烷 998.060g　共制 1 000g

【制法】将药物、磷脂、Myrj - 52 与溶剂混合在一起后进行超声，直到平均粒子大小达到 0.1 ~ 5μm。然后通过冷冻干燥或喷雾干燥得到粉末，再将该粉末悬浮在四氟乙烷中即得。

【注解】该气雾剂为混悬型气雾剂，药物用磷脂和表面活性剂包裹制成 0.1 ~

$5\mu m$ 的微粒。

五、气雾剂的质量评价

按照《中国药典》(2020年版)二部附录的要求,除另有规定外,气雾剂应进行以下相应检查。

1. 安全、漏气检查

安全检查主要是进行爆破试验。漏气检查,可用加温后目测确定,必要时用称重方法测定。

2. 每瓶总揿次与每揿主药含量

对于定量气雾剂,每瓶总揿次均不得少于其标示总揿次;平均每揿主药含量应为每揿主药含量标示量的80%~120%。

3. 雾滴(粒)分布

对于吸入气雾剂,除另有规定外,雾滴(粒)中药物量应不少于每揿主药含量标示量的15%。

4. 喷射速率和喷出总量

对于非定量气雾剂,每瓶的平均喷射速率(g/s)均应符合各品种项下的规定;每瓶喷出总量均不得少于其标示装量的85%。

5. 无菌

用于烧伤、创伤或溃疡的气雾剂的无菌检查应符合规定。

6. 微生物限度

应符合规定。

第三节 喷 雾 剂

一、概 述

喷雾剂(sprays)系指含药溶液、乳状液或混悬液填充于特制的装置中,使用时借助手动泵的压力、高压气体、超声振动或其他方法将内容物呈雾状物释出,用于肺部吸入或直接喷至腔道黏膜、皮肤及空间消毒的制剂。按用药途径可分为吸入喷雾剂、非吸入喷雾剂和外用喷雾剂。

喷雾剂一般以局部应用为主,喷射的雾滴比较大,但可以满足临床的需要;由于不是加压包装,喷雾剂制备方便,成本低。

喷雾剂要求性质稳定。溶液型喷雾剂药液应澄明;乳剂型喷雾剂分散相在分散介质中应分散均匀;混悬型喷雾剂应将药物细粉和附加剂充分混匀,制成稳定的混悬剂。喷雾剂的附加剂和装置中的各组成部件均应无毒、无刺激性,不与药物发生作用。

二、喷雾剂的装置

常用的喷雾剂是利用机械或电子装置制成的手动(喷雾)泵进行喷雾给药的。手动泵主要有泵杆、支持体、密封垫、固定环、弹簧、活塞、泵体、弹簧帽、活动垫或舌状垫及浸入管等基本元件组成。

该装置中各组成部件均应采用无毒、无刺激性、性质稳定、与药物不发生作用的材料制造。目前采用的材料多为聚丙烯、聚乙烯、不锈钢弹簧及钢珠。喷雾剂无需抛射剂作动力,无大气污染,生产处方与工艺简单,产品成本较低,可作为非吸入用气雾剂的替代形式,具有很好的应用前景。

三、喷雾剂的处方举例

例9-2　鲑降钙素鼻喷雾剂

【处方】鲑降钙素 0.275g　氯化钠 1.5g　柠檬酸钠 20.0g　苯扎氯铵 0.2g PVP-K30 20.0g　柠檬酸 20g　聚山梨酯-80 60g　注射用水 2 000mL　共制 1 000瓶

【制法】精确称取鲑降钙素与所有的辅料,分别溶于适量的注射用水,溶解后,将两溶液合并,充分混匀,加注射用水至所需配制量,测 pH(3.7～4.1)。用 0.22μm微膜过滤器过滤。灌装,充氮气,加泵阀。

【注解】由于多肽药物易吸附在容器表面,在制备时需按标示量的10%对鲑降钙素进行追加投料。温度和光照对鲑降钙素鼻喷雾剂的稳定性有较大影响。因此,鲑降钙素鼻喷雾剂需避光,2～8℃储存。

四、喷雾剂的质量评价

检查内容与气雾剂类似,应检查每瓶总喷次、每喷喷量、每喷主药含量、雾滴(粒)分布、装量和装量差异、无菌、微生物限度。

第四节　粉　雾　剂

一、概　　述

粉雾剂(powder aerosols)是指一种或者一种以上的药物粉末,装填于特殊的给药装置,以干粉形式将药物喷雾于给药部位,发挥全身或者局部作用的一种给药系统。粉雾剂按用途可分为吸入粉雾剂、非吸入粉雾剂和外用粉雾剂,其中吸入粉雾剂是粉雾剂最受关注的一类,有望替代气雾剂,为呼吸道给药系统开辟新的途径。本节将重点介绍吸入粉雾剂。

吸入粉雾剂指微粉化药物或与载体以胶囊、泡囊或多剂量贮库形式,采用特制的干粉吸入装置,由患者主动吸入雾化药物至肺部的制剂。吸入粉雾剂中的药物粒度大小应控制在 $10\mu m$ 以下,其中大多数应在 $5\mu m$ 左右。为改善吸入粉雾剂的流动性,可加入适宜的载体和润滑剂,所有附加剂均应为生理可接受物质,且对呼吸道黏膜或纤毛无刺激性。粉雾剂应置于凉暗处保存,以保持粉末细度和良好流动性。

二、粉雾剂的装置

胶囊型给药装置其结构主要由雾化器的主体、扇叶推进器和口吸器三部分组成(图9-4)。在主体外套有能上下移动的套筒,套筒内上端装有不锈钢针;口吸器的中心也装有不锈钢针,作为扇叶推进器的轴心及胶囊一端的致孔针。使用时,将组成的三部分卸开,先将扇叶套于口吸器的不锈钢针上,再将装有极细粉的胶囊的深色盖端插入扇叶的中孔中,然后将三部分组成整体,并旋转主体使与口吸器连接并试验其牢固性。压下套筒,使胶囊两端刺入不锈钢针;再提起套筒,使胶囊两端的不锈钢针脱开,扇叶内胶囊的两端已致孔,并能随扇叶自由转动,即可供患者应用。夹于中指、拇指间,在接嘴吸用前先呼气。然后接口于唇齿间,深吸并屏气2~3s后再呼气。当吸嘴端吸气时,空气由另一端进入,经过胶囊将粉末带出,并由推进器扇叶,扇动气流,将粉末分散成气溶胶后吸入病人呼吸道起治疗作用。反复操作3~4次,使胶囊内粉末充分吸入,以提高治疗效果。最后应清洁粉末雾化器,并保持干燥状态。

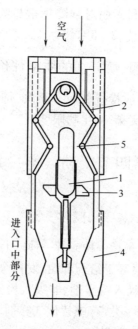

图9-4 胶囊型粉末雾化器结构示意图

1—药物胶囊 2—弹簧杆 3—扇叶推进器 4—口吸器 5—不锈钢弹簧节

三、粉雾剂的处方举例

例9－3 醋酸奥曲肽鼻用粉雾剂

【处方】醋酸奥曲肽 1.39g 微晶纤维素（Avicel PH101，粒径 38～68μm）18.61g 共制 1 000 粒

【制法】先将奥曲肽与四分之一量的微晶纤维素混合，将混合物过筛；然后加入剩余的微晶纤维素，并将物料完全混匀；最终将粉末粒径控制在 20～25μm 范围内，将粉末填装到胶囊中，这种鼻腔用粉末局部和全身耐受良好。

四、粉雾剂的质量评价

1. 含量均匀度和装量差异

（1）含量均匀度 照含量均匀度检查法[《中国药典》(2020 年版)二部附录 X E]检查，应符合规定。

（2）装量差异 平均装量在 0.30g 以下，装量差异限度为 ±10%；平均装量为 0.30g 或在 0.30g 以上，装量差异限度为 ±7.5%。

2. 排空率

应不低于 90%。

3. 每瓶总吸次和每吸主药含量

多剂量贮库型吸入粉雾剂应检查此两项。

（1）每瓶总吸次 每瓶总吸次均不得低于标示总吸次。

（2）每吸主药含量 采用吸入粉雾剂释药均匀度测定装置测定，每吸主药含量应为每吸主药含量标示量的 65%～135%。

4. 雾滴（粒）分布

吸入粉雾剂应检查此项。按照吸入粉雾剂雾滴（粒）分布测定法检查，雾滴（粒）药物含量应不少于每吸主药含量标示量的 10%。

5. 微生物限度

应符合规定。

思考题

1. 什么是气雾剂、喷雾剂、吸入粉雾剂？试比较三者的异同。

2. 试述气雾剂的分类、特点和主要组成。

3. 抛射剂可分为几类？最常用的抛射剂有哪些？

4. 简述气雾剂的制备工艺过程。

参考文献

1. 崔福德. 药剂学(第 7 版). 北京:人民卫生出版社,2013.

2. 凌沛学. 药物制剂技术. 北京:中国轻工业出版社,2007.

3. 国家药典委员会.《中国药典》(2020 年版)(二部). 北京:中国医药科技出版社.2020.

4. 李想,汤玥,朱家壁.吸入粉雾剂的研究进展.中国医药工业杂志,2010,41(3):219 - 223.

第十章 中药制剂

[学习目标]
1. 掌握中药的提取方法、中药提取液的浓缩与干燥,以及浸出制剂的类型、作用特点、浸出方法。
2. 熟悉中药材的前处理工艺技术以及常用的中药提取物的分离纯化技术。
3. 了解常用设备。

[技能目标]
掌握常见浸出制剂的操作要点。

中药制剂是以天然产物为原料,在中医药理论指导下进行合理组方而制备的药剂,包括传统中药制剂和现代中药制剂。本章概述了中药制剂的概念与特点,中药制剂的剂型改革意义及改革原则,中药剂型的选择原则;系统叙述了中药制剂的前处理过程,包括中药材提取、分离、纯化及浓缩技术的特点、制剂的制备工艺及设备,不同于化学药的浸出制剂及中药成方相关剂型(如丸剂、中药片剂、中药注射剂);简要介绍了《中国药典》(2020年版)一部收藏的其他中药剂型。

第一节 概　　述

一、中药、中药制剂和天然药物制剂的概念

中药是指在传统中医药理论指导下用于预防、治疗疾病及保健的动物药、植物药及矿物药。天然药物是指经现代医药体系证明具有一定药理活性的动物药、植物药和矿物药等。

将饮片加工成具有一定规格,可直接用于临床的药品称为天然药物制剂。将饮片根据法定处理批量加工生产成有商品名和商标,标明主治、用法、用量和规格的药品称为中成药。无论是什么制剂,必须遵循《中华人民共和国药典》、《中华人民共和国卫生部药品标准中药成方制剂》、《制剂规范》等规定。

二、中药制剂的特点

传统中药制剂是以传统中医药理论为指导而形成的独特配伍及用量的制剂,

并在长期的继承、发展过程中形成了自己的特色。

1. 中药制剂的优点

(1)药性持久、性和力缓,尤其适于慢性疾病的治疗(如治疗肝炎、风湿、心脑血管疾病等)。

(2)治疗多为复方成分综合作用的效果。

(3)中药在治疗疑难杂症、骨科疾病及滋补强壮等方面有独特的优势(如治疗癌症、股骨头坏死等疾病)。

(4)中药制剂原料多为天然物质,毒副作用小,患者较易接受。

2. 中药制剂的缺点

(1)相当多中药制剂的药效物质不完全明确,影响了对工艺合理性的判断及生产规范化的监控,也影响了质量标准的制定。

(2)产品质量标准较低,目前已有标准未能全面反映产品的内在质量,无法对产品质量做出客观、全面的评价,最后导致临床疗效的不稳定。

(3)部分制剂由于生产技术及剂型滞后影响疗效的发挥。

(4)药材因产地、采收季节、储存条件差异、质量较难统一和稳定,影响制剂投料、质量控制及临床疗效。

三、中药剂型的改革

1. 中药剂型改革的意义

在《中国药典》(2020 年版)一部收载的中药成方制剂中,以饮片粉末直接入药的传统丸剂、散剂等仍占有较大比重,即使是片剂、胶囊剂等现代剂型,依然存在着有效成分不完全明确、制备工艺比较落后、服用量大、质量标准水平较低等问题,影响了中药制剂的国内外竞争力,也给中药制剂的发展带来了严峻挑战。采用先进科学技术及多学科联合攻关,研究出安全、有效、稳定、质量可控、服用方便的中药新剂型是中药制剂研究的主要目标。

2. 中药剂型改革的原则

(1)坚持中医药特色 根据中医药理论合理配伍中药制剂,并按中医辨证论治来指导安全用药,避免用西医模式指导中药剂型而导致的失败。

(2)坚持对传统中药剂型的继承和对新剂型的研究并重 目前在依然无法找出中药有效物质的情况下,传统剂型依然有其存在的价值,但传统剂型的创新对制剂的质量、疗效及应用具有促进作用。

(3)坚持以临床疗效来评价剂型是改革的标准 中药制剂多为复方制剂,少数几个甚至单一有效成分的生物等效性不能代表整个复方制剂的等效性,而临床疗效则更能客观反映剂型改革的合理性、必要性和科学性。不是为改剂型而改剂型,与原剂型相比,改剂型不增加用药安全性风险,但应提高药品的有效性,或改善临床用药的顺应性等。

3. 中药剂型选择的原则

基本和西药类似,包括以下几个方面:

(1)根据临床需要选择剂型　如急症患者选用快速起效的气雾剂、注射剂等;慢性病患者选用丸剂、缓控释制剂;皮肤病选用软膏型、贴膏剂等;腔道病患者选用栓剂、灌汤剂等。

(2)根据药物理化性质及生物学性质选择剂型　如药物成分易被胃肠道破坏,或不被吸收,或肝脏首过效应严重的不适宜制备口服制剂;水中稳定性差的药物一般不宜制成溶液型注射剂和口服液等剂型。

(3)更加安全、有效、稳定、使用方便为原则　如药物传递方式(速释、缓释、靶向),三小(剂量小、剂型小、毒副作用小),四效(高效、速效、长效、靶向),五方便(服用、携带、生产、运输、贮存)。

第二节　中药的提取

中药材及其饮片是制备中药制剂的原料,入药形式有四种:①重要有效成分;②重要有效部位;③中药粗提取物;④中药全粉。传统剂型,如散剂、丸剂等多采取中药全粉入药。而现代化中药制剂,常采用先进技术提取药材中有效成分或有效部位后入药。

一、中药提取物的形式

1. 中药的有效成分

中药有效成分是指起治疗作用的化学成分,一般指单一化合物,能用分子式和结构式表示,并具有一定的理化性质,如生物碱(长春新碱)、苷(黄芩苷)、有机酸(阿魏酸)等。一种中药材或饮片往往含有多种有效成分。

2. 中药的有效部位

中药有效部位是指起治疗作用的一类或几类有效成分的混合物,其含量达到总提取物的50%以上,常见的有效部位有总生物碱、总苷、总黄酮、总挥发油等。有效部位体现了中药多成分、多靶点、多途径发挥药效的特点,有利于提高制剂质量的控制水平。近年来有效部位的研究成为中药、天然药物新药开发的热点之一。

3. 中药粗提物

中药粗提物是指中药提取物经初步的分离、纯化后制得的含有效成分、辅助成分及无效成分的混合物。目前相当多的中药制剂,特别是口服制剂仍以中药粗提物为主要成分。

那些虽然没有显著疗效,但能辅助有效成分发挥疗效,或有利于有效成分的浸出及增加制剂稳定性的成分称为辅助成分,而完全没有药效或辅助药效的成分称为无效成分,或称为杂质。

中药的"有效成分"与"无效成分"是相对的,如多糖和蛋白质在许多制剂中作为杂质被去除,而天花粉蛋白是中期妊娠引产药物;香菇、黄芪、枸杞子、人参等所含的多糖成分有良好的抗癌作用。因此应根据治疗目的提取有效成分去除杂质。

二、中药材的前处理

中药制剂生产的工艺过程如图 10 - 1 所示,第一步就是药材的前处理,包括品质检查、炮制、粉碎等。

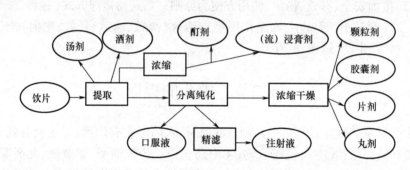

图 10 - 1　中药制剂生产工艺流程图

1. 药材的品质检查

(1)药材鉴定　属真伪鉴别,检查来源及品种鉴定,防止同名异物或异物同名,或同属差异。

(2)药材检查　属优劣鉴定,包括有效成分或有效部位及其含量、含水量等。如有效成分尚未明确的药材,则测定药材总浸出物,必要时应进行含水量检查,以保证投料量及制剂质量的稳定性。

2. 药材的炮制

药材的炮制系指将药材净制、切制、炮灸处理制成一定规格饮片的操作。药材炮制一方面是增效减毒,保证用药安全有效,同时满足调配、制剂需要。

3. 药材的粉碎

根据药材种类、提取及制剂需要,粉碎成适宜粒度。

三、中药的提取方法

提取是指用适宜的溶剂和方法,最大限度地将药材(或饮片)中有效成分或有效部位转移至提取溶剂中的过程。大多数有效成分和有效部位存在于药材的细胞内,因此,提取的实质是从细胞内部浸提有效成分的过程。提取时应根据药材中有效成分或有效部位的性质和制剂要求选择溶剂和提取方法。常用方法如下。

（一）煎煮法

煎煮法是在药材中加水煎煮一段时间,提取药材中的有效成分或有效部位的方法。去渣煎液,除直接用于汤剂外,还在其他剂型中,如口服液、注射剂、散剂、丸剂、冲剂、片剂等剂型中作为中间体,需要进一步处理。

1. 工艺流程

煎煮法制备流程如图 10 - 2 所示。

图 10 - 2　煎煮法制备汤剂及其他剂型的工艺流程

2. 煎煮法注意事项

（1）在加热煎煮前,将药材冷浸 30 ~ 60min。

（2）煎煮时每次加水量为药材的 6 ~ 8 倍,沸腾后应改为文火,每次煎煮 1 ~ 2h,通常煎煮 2 ~ 3 次。

（3）适用于对湿热稳定且成分溶于水的药材。

（4）提取成分复杂,杂质较多。

煎煮法符合中医用药习惯,特别是对有效成分尚未明确的中药宜选用。

3. 常用设备

（1）敞口倾斜式夹层锅　常用材质为搪玻璃或不锈钢。为了强化提取,在提取器上加盖,增设搅拌器、泵、加热蛇管等。适合用于小批量生产。

（2）多能提取罐　是目前中药生产中普遍采用的一类可调节压力、温度的密闭间歇式多功能提取器。

（二）浸渍法

浸渍法是将药材用定量溶剂,在一定温度下浸渍一定时间,提取有效成分的方法。根据浸渍温度和浸渍次数不同,分别分为冷浸渍法（室温）、热浸渍法（40 ~ 60℃）及单次浸渍、多次浸渍（重浸渍）。该法可直接制得药酒、酊剂。滤液进一步浓缩,可制备洗浸渍膏、浸膏。

1. 工艺流程

浸渍法制备流程如图 10 - 3 所示。

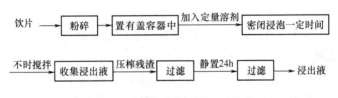

图 10 - 3　浸渍法提取中药的工艺流程

2. 浸渍法注意事项

（1）浸渍时间较长,因此不宜用水浸渍,多用不同浓度的乙醇,故浸渍过程应密闭,防止溶剂挥发损失。

（2）浸渍过程中应加强搅拌,促进溶剂循环,提高渍出效果。

（3）对热不稳定药材可采用冷浸法。

（4）不适于贵重、有毒及有效成分含量低的药材提取。

（5）适于黏性、无组织结构、新鲜以及易膨胀药材。

3. 常用设备

浸渍设备可用不锈钢罐、搪瓷罐及陶瓷罐等。

（三）渗漉法

渗漉法是将药材粗粉置于渗漉器内,在药粉上部连续加入溶剂,使其流下的过程中不断渗过药粉浸出有效成分的动态浸出方法。本法具有良好的浓度梯度,可最大限度地浸出药材中的有效成分。

1. 工艺流程

渗漉法制备流程如图 10 - 4 所示。

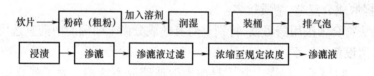

图 10 - 4　渗漉法提取中药的工艺流程

2. 渗漉法注意事项

（1）将药材放入渗漉筒前,先润湿药材,使其充分膨胀,以免药材在筒内膨胀,造成药材过紧使渗漉不均匀,润湿时间一般为 15min 至 6h。

（2）装柱应分次加入,每次应均匀压平,且应松紧适宜、四周均匀,渗漉筒装粉量一般不超过筒容积的 2/3。

（3）装柱后药材粗粉上部以滤纸等覆盖,防止加溶剂时药粉浮起,然后打开渗漉筒底部阀门,自上部缓慢加入溶剂以利气泡排除。

（4）渗漉前应浸渍 24 ~ 48h,完成溶质在溶剂中的溶解、扩散过程。

（5）渗漉速度以 100g 药材计,一般为 1 ~ 3mL/min(慢速),3 ~ 5mL/min(快速),用 4 ~ 8 份溶剂完成浸出过程。

（6）初漉液的 85% 另器保存,续漉液浓缩后与初漉液合并。

3. 常用设备

渗漉法的设备为渗漉筒,是将药材装入渗漉筒内,在药粉上添加浸出溶剂使其渗过药粉,在流动过程中浸出有效成分的方法,所得浸出液称"渗漉液"。图 10 - 5为实验室渗漉装置示意图。

当浸出溶剂渗过药粉时,由于重力的作用而向下移动,上层的浸出液或稀浸出液置换其位置,造成了浓度差,使扩散能较好地进行。故浸出效果优于浸渍法,而且也省略了大部分浸液的分离时间和操作,适用于高浓度浸出制剂的制备,亦可用于有效成分含量较低的药材的提取。渗漉法对药材的粒度及工艺技术设备条件要求较高,操作条件不当,则有可能影响渗漉效率,甚至影响到渗漉的正常进行。此外,对新鲜及易膨胀的药材,无组织结构的药材也不宜用渗漉法。

传统渗漉法为溶剂流动、药材静止不动,而在图 10-6 中,药材自加料口进入,在螺旋式输送器作用下缓慢向水平管、出料管方向运动,溶剂自出料口下方进入浸提器,逆药材移动方向流动,渗漉液在收集口流出,即在螺旋式输送器作用下药材与溶剂在浸提器做反向运动,连续充分地进行接触提取,这种方法称为逆流渗漉法,本法为完全动态渗漉,提取效果更好。

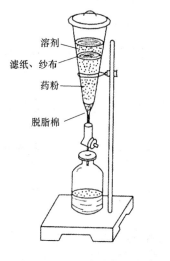

图 10-5 渗漉装置示意图

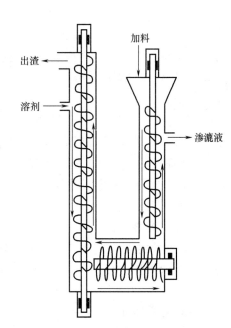

图 10-6 螺旋式连续逆流提取器

(四)水蒸气蒸馏法

水蒸气蒸馏法系将药材与水共蒸馏,挥发性成分随水蒸气馏出,经冷凝后分离挥发油的方法,常用于中药材中挥发性成分的提取,如金银花注射剂中金银花挥发性成分及乳腺康注射剂中莪术油的提取采用水蒸气蒸馏法。实际生产中由于蒸馏方式不同,水蒸气蒸馏法可分为水中蒸馏法、水上蒸馏法和水气蒸馏法三种方法:①水中蒸馏法是指在药材中加水浸没,然后进行加热蒸馏的方法;②水上蒸馏法系指将药材置于筛板上,锅内加入水不得高于筛板,然后在锅底加热蒸馏的方法;③水气蒸馏法是将水蒸气通入药材直接加热的方式。其中最常用的方法是水中蒸馏法。

水中蒸馏法直接加热药材和水,加热沸腾时水蒸气压和挥发油蒸气压的和等于系统压力(一个大气压),也就是在低于水或挥发油的任何一种沸点温度下沸腾,水和挥发油的混合蒸气经冷凝后水和油分层,获得挥发油。因此该水蒸气蒸馏的浸出温度低,即使是挥发油的温度很高,浸出温度也不超过100℃,该操作工艺简单,设备费用低。

(五)超临界流体提取法

超临界流体提取法是利用超临界流体提取分离药材中有效成分或有效部位的新技术。

1. 基本原理

超临界流体为非凝缩性高密度流体,同时具有液体和气态的优点,即黏度小、扩散系数接近气体,密度接近液体、有很强的溶解能力,使得超临界流体能够迅速渗透进入物质的微孔隙,提取速率比液体快速而有效,尤其是溶解能力可随温度、压力和极性而变化。提取完成后,通过改变系统温度、压力使超临界流体恢复为普通气体回收,并与提取物分离。

2. 特点

(1)较适用于亲脂性、小分子物质的提取,对极性及相对分子质量较大成分的提取需加入夹带剂,且要在较高的压力下进行。

(2)超临界 CO_2 萃取产物一般是多组分混合物,要得到纯度高的化合物单体,必须对萃取产物进行适宜的精制。

(3)设备较昂贵。

(六)超声波提取法

超声波提取法是在超声波作用下,提取药物有效成分的方法。超声波是指频率为 20kHz ~ 50MHz 的电磁波。近年来,超声波提取在中药提取工艺中越来越受到广泛关注。

超声波提取具有以下特点:①不需加热,适用于对热敏感物质的提取,而且节省能源;②提取效率高,有利于中药资源的充分利用,提高了经济效益;③溶剂用量少,节约成本;④超声波提取是一个物理过程,在整个浸提过程中无化学反应发生,不影响大多数药物有效成分的生理活性。

(七)微波提取法

1. 原理

微波提取法是利用微波能的强烈热效应提取药材中有效成分的方法。微波是频率介于 300MHz 和 300GHz 之间的电磁波,波长为 1mm 至 1m,常用的微波频率为 2 450MHz。微波具有穿透力强、选择性高、加热效率高等特点。微波加热时溶剂与药材中偶极分子(如水分子)在微波电磁场作用下产生瞬时极化,并以2.45亿次/s的速度做极性变换运动,从而产生键的振动、断裂和粒子之间的相互摩擦、碰撞,产生大量的热量,使有效成分易于溶解于提取溶剂中,同时,细胞内温度突然升高,连续的高温使其内部压力超过细胞空间膨胀的能力,从而导致细胞破裂,细胞内的物质自由流出,加速有效成分溶解于溶剂中。

2. 特点

微波加热与传导加热不同,传导加热是将热能从热源通过器皿传递到被加热物质,需要热传递过程,而微波加热则将能量直接作用于被加热物质,具有加热快、污染小等优点。但电能消耗大,在中药提取的产业化中处于起步阶段。

（八）仿生提取法

仿生提取法是从生物药剂学角度,以口服给药后制剂中有效成分在胃肠道内溶解、被机体吸收的机制为依据而设计的一种新的提取方法。在模拟生理环境的条件（如加酶、不同 pH、低温）下进行提取,可以选择性地提取更多的有效成分。

四、浸出过程及影响提取效率的因素

（一）浸出过程

浸出过程是指溶剂进入药材细胞组织溶解其有效成分后变成浸出液的全部过程,其实质是将溶质从药材固相向溶剂液相转移的传质过程,系以扩散原理为基础。浸出过程包括下列几个阶段。

1. 浸润与渗透阶段

当溶剂与药材混合时,溶剂首先吸附于药材粉粒使之润湿,称之为浸润。药材能否被溶剂浸润,主要取决于溶剂与药材的界面性质,如溶剂的界面张力、药材中含有物质的性质等。如药材含蛋白质、淀粉、纤维等极性成分,水等极性溶剂容易浸润进而分子通过毛细管及细胞间隙渗透进入药材细胞内。药材富含油脂,要用水作溶剂应先脱脂。

2. 解吸与溶解阶段

有效成分往往吸附于细胞组织中,渗透进入药材细胞内的溶剂与有效成分的亲和力更大时,就能将有效成分溶解,解除吸附（即为解吸阶段）而转移至溶剂中（即为溶解阶段）。

3. 扩散阶段

溶剂在细胞内溶解有效成分后在细胞内形成高浓度溶液,因此在细胞内外出现浓度差和渗透压差。浓度差使药物从细胞内向细胞外扩散,渗透压差使细胞外的水分进入细胞内。一般在药材表面吸附有一层溶液膜,称为扩散"边界层",通过边界层使有效成分从药材表面的高浓度区向四周的低浓度区（溶液主体）扩散。浸出成分的扩散速度符合 Fick's 第一扩散定律,药物的扩散速度与药物的扩散系数、扩散面积、浓度梯度成正比。药材经过适当粉碎可增加药物扩散面积,调节药材与溶剂的逆向运动速度可提高浓度梯度,扩散系数由药材本身性质决定,也受浸出条件的影响,如小分子的扩散系数大,而且提取温度升高、介质黏度降低,可使药物的扩散系数增大。

(二)影响提取效率的因素

1. 提取溶剂

溶剂的性质与用量对提取效率有较大影响,见表 10 - 1。应根据有效成分性质选择合适的提取溶剂。中药提取中还经常用到一些提取辅助剂,以增加浸提成分的溶解度,常用的浸提辅助剂有酸、碱及表面活性剂等。

表 10 - 1   提取溶剂性质对提取成分的影响

溶剂性质	提取成分
水　廉价易得、极性大、溶解范围广,为常用溶剂,但提取物杂质含量大	生物碱盐类、苷、有机酸盐、鞣质、蛋白质、树胶、色素、多糖类等
乙醇　可以提取水溶性成分和脂溶性成分,提取成分与乙醇浓度有关	50% 以下(苦味质、蒽醌苷),50% ~ 70%(生物碱、苷类),90%(挥发油、树脂、叶绿素、有机酸)
其他有机溶剂(氯仿、乙醚、石油醚等)比较少用,但可用于纯化有效成分	脂溶性成分

2. 药材粒度

药材粉粒越小,接触面积与扩散面积越大,溶剂越易于渗入药材粉粒内部,有利于有效成分的扩散,提高提取速率。但并非药材越细越好,如采用渗漉法,粒度过细会阻碍溶剂的流动,同时,药材粉碎得太细,可能会造成细胞破裂,使杂质的浸出增加。

3. 提取温度

提高提取温度有利于有效成分的扩散,但杂质的含量也随之增加,给分离纯化带来困难,而且提高温度有可能使不耐热成分遭破坏或挥发性成分挥发而损失,因此,提取过程中应选择最适合的温度。

4. 浓度梯度

浓度梯度越大,浸提速率越快,搅拌或强制循环是提高浓度梯度的有效措施。

5. 提取压力

增加浸提压力对质地坚实的药材有利,可加速其润湿渗透及溶解和扩散过程的发生,从而缩短提取时间。

6. 浸提时间

提取过程中的每一个阶段都需要时间。浸提时间愈长,浸提愈完全。但当扩散、置换达到平衡后,延长提取时间,不会再增加有效成分的提取量,反而会导致有效成分的水解、破坏及微生物的滋长。

7. 提取方法

提取方法不同,提取效率也不同。近年来推广应用的提取新技术,如超临界流体提取、超声波提取、微波提取等,可提高提取速度和效率。

第三节 中药提取物的分离与纯化

一、提取液的分离

中药提取液中往往出现固体沉淀物,常用的分离方法有沉降分离法、过滤分离法、离心分离法。

1.沉降分离法

当固体与液体之间密度相差悬殊,而且固体含量多、粒子较大时可采用自然沉降法分离固体杂质。这种方法能除去大量杂质,但分离不够完全。

2.过滤分离法

中药提取液通过多孔介质时截留固体粒子而实现固液分离的方法。过滤机制有表面过滤(膜过滤)与深层过滤(砂滤棒、垂熔玻璃漏斗)。

3.离心分离法

在离心力作用下,利用提取液中固体与液体之间的密度差进行分离的方法。因为离心力比重力大 2 000 ~ 3 000 倍,所以离心分离效果好于沉降分离法。

二、提取物的纯化

纯化中药提取物的目的是最大限度地富集有效成分。传统的纯化方法有水提醇沉法、醇提水沉法、酸碱法、盐析法、透析法等,以水提醇沉法应用最为广泛。纯化新技术有大孔树脂法、澄清剂法、超滤法,在生产中应用越来越多。

1.水提醇沉法与醇提水沉法

水提醇沉法是以水为溶剂提取有效成分,再用不同浓度的乙醇沉淀去除提取液中杂质的方法。由于水提液中各种成分在水及不同浓度乙醇中溶解度不同,可用水和不同浓度的乙醇交替处理,除去杂质。这是中药提取物分离纯化最常用方法之一。醇提水沉法原理与水提醇沉法的原理相同,也是利用各种成分在水及乙醇中的溶解度不同,去除杂质的方法。

2.大孔树脂法

大孔树脂法是利用高分子聚合物的特殊结构和选择性吸附将中药提取液中不同相对分子质量的有效成分或有效部位通过分子筛及表面吸附、表面电性、氢键物理吸附截留于树脂,再经适宜溶剂洗脱回收,以除去杂质的一种纯化方法。大孔树脂法具有如下特点:①提取物的纯度高;②杂质分离率高,可降低制剂的吸湿性,增加制剂的稳定性;③对有机物的选择性强、吸附量大、吸附迅速、解吸容易、树脂稳定、再生方便、高效节能等。

3.酸碱法

当药材中有效成分的溶解度随溶液 pH 不同而改变时,可加入适量酸或碱调节 pH 至一定范围,使单体成分溶解或析出,以达到分离的目的。该方法适用于生物碱、苷类、有机酸、烃基蒽醌类等化合物的分离。

4. 盐析法

加入大量的无机盐使提取液中高分子杂质的溶解度降低而析出,以达到分离的方法。常用的无机盐有氯化钠、硫酸钠、硫酸镁、硫酸铵等。

5. 结晶法

利用混合物中不同成分对某种溶剂溶解度的差异,使其中一种成分以结晶状态析出的方法。结晶法的关键是选择最佳溶剂、体积、温度、时间等,尤以溶剂的选择最为重要。

6. 透析法

利用小分子物质在溶液中可通过半透膜,而大分子物质不能通过的性质分离不同相对分子质量物质的方法。可用于除去中药提取液中的鞣质、蛋白质、树脂等高分子杂质,也常用于某些具有生物活性的植物多糖的纯化。

7. 澄清剂法

利用一定量的澄清剂在中药提取液中降解某些高分子杂质,降低药液黏度,或吸附、包裹固体颗粒等特性加速悬浮粒子的沉降,经过滤除去沉淀物而获得澄清药液的方法。本法能较好地保留提取液中的有效成分,除去杂质,操作简单,澄清剂用量小,能耗低。在中药制剂的制备中,主要用于除去药液中粒度较大、有沉淀趋势的悬浮颗粒,以获得澄清的药液。常用的澄清剂有果汁、甲壳类素吸附澄清剂等。

第四节　中药提取液的浓缩与干燥

中药提取经分离和纯化后,液体量仍然很大,通常不能直接用于制剂的制备,需经过浓缩或干燥等操作减小体积、提高有效成分含量或得到固体原料,便于制剂的制备。

一、中药提取液的浓缩

中药提取液经浓缩后可获得高浓度的浓缩液或流浸膏。浓缩方法有蒸发法、蒸馏法、反渗透法等。

（一）蒸发

蒸发是指通过加热,使溶液中的部分溶剂气化并除去从而提高溶液中药物浓度的单元操作。

1. 影响蒸发的因素

蒸发效率常以蒸发器的生产强度来表示,即单位时间、单位传热面积上所蒸发的溶剂或水量,如式 10 – 1 所示。

$$U = \frac{W}{A} = K \cdot \Delta T_{\mathrm{m}} / r' \qquad (10 – 1)$$

式中 U——蒸发器的生产强度,$kg/(m^2 \cdot h)$

        W——蒸发量,kg/h

        A——蒸发器的传热面积,m^2

        K——蒸发器传热总系数,$kJ/(m^2 \cdot h \cdot ℃)$

    ΔT_m——加热蒸汽的饱和温度与溶液沸点之差,$℃$

        r'——二次蒸汽的汽化潜热,kJ/kg

由式(10-1)可看出,生产强度与传热温度差及传热系数成正比,与二次蒸汽的汽化潜热成反比。

(1)传热温度差(ΔT_m)的影响 蒸发量与 ΔT_m 成正比,为保持一定的蒸发速度。ΔT_m 一般不应低于20℃。提高传热温差的有效方法是:①提高加热蒸汽压力,以提高蒸汽的温度;②减压浓缩可降低溶剂沸点,但过度减压,运行成本高,而且料液沸点低,溶液黏度增加,传热系数(K)降低。

注意事项:①随着蒸发的进行,料液浓度增加,会导致沸点升高,ΔT_m 降低,从而导致蒸发效率的影响。②需要控制适宜的液层深度,因为下部料液所受压力(液柱静压头)比液面处高,因此下部料液的沸点就高于液面处料液的沸点,而沸腾蒸发可以改善液柱静压力的影响。

(2)传热系数(K)的影响 提高蒸发效率的另一有效途径是增加传热系数,提高传热系数的有效方法是减少热阻:①及时除去蒸发所产生的溶剂蒸气,减小热阻;②为了减少料液侧垢层热阻,除了要加强搅拌和定期除垢外,还可以从设备上改进;③料液加热至沸点后加入预蒸发器可减少预热的热阻;④增加蒸发面积,减少液层高度,也可减少热阻,而且蒸发面积的增加也可直接增加蒸发量。

2. 蒸发方式与设备

蒸发有两种方式:一是自然蒸发,二是沸腾蒸发,后者蒸发速度快,效率高,生产中常用。沸腾蒸发有下列几种方式。

(1)常压蒸发 在一个大气压下将提取液蒸发浓缩的操作,亦称常压浓缩。适用于有效成分耐热的水提取液的浓缩。通常采用敞口夹层不锈钢蒸发锅进行常压蒸发浓缩,操作简便,但蒸发效率较低,蒸发温度高、时间长,浓缩物易受污染,环境潮湿。

(2)减压蒸发 在减压条件下进行蒸发的操作,也称真空蒸发。这种方法采用密闭蒸发器,在减压下操作,可使溶剂在低于沸点温度下蒸发,通常减压蒸发的温度一般控制在 40~60℃。避免热敏成分的破坏,蒸发速度快,也可对有机溶剂进行蒸发。

(3)多效蒸发 是根据能量守恒定律,低温低压蒸汽含有的热能与高温高压蒸汽含有的热能相差很小而汽化热高的原理设计的,如图10-7所示。用一次蒸汽加热产生的二次蒸汽引入后一蒸发器当一次蒸汽供加热用,以此类推组成多效蒸发器。最后一效引出的二次蒸汽进入冷凝器。为了维持一定的温度差,多效蒸发器一般在减压条件下进行操作。由于二次蒸汽的反复利用,多效蒸发器使热能得到充分的利用,属节能型蒸发器。如单效蒸发器每蒸发水 1 000kg,耗蒸汽 1 053kg,耗冷凝用水 38 000kg;而三效蒸发器每蒸发水 1 000kg,耗蒸汽 376kg,耗冷凝用水 12 200kg。

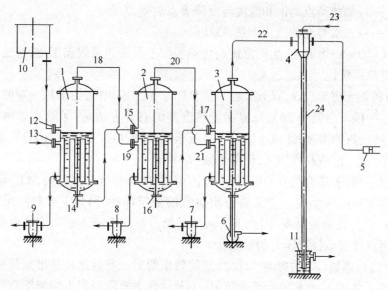

图 10 - 7　减压三效蒸发装置示意图

1,2,3—蒸发器　4—冷凝器　5—抽气泵　6—离心泵　7,8,9—蒸汽阱　10—加液槽　11—水封
12,15,17—药液入口　13,19,21—蒸汽入口　14,16—底部出口　18,20,22—导管　23—阀门　24—气压管

（4）薄膜蒸发　系提取液在形成薄膜的条件下进行蒸发的操作。薄膜蒸发的特点是传热速度快且均匀,提取液受热时间短,适合热敏物质的浓缩。薄膜蒸发的形式有两种:一种是使提取液剧烈沸腾,产生大量泡沫,以泡沫的内外表面为蒸发面进行蒸发;另一种是使药液以薄膜形式流过加热面时进行蒸发,如图 10 - 8 所示的升膜式蒸发器。在短暂的时间内达到最大蒸发量,但蒸发速度与供热量之间的平衡较难把握,药液浓缩变黏稠后容易黏附到加热面,加大热阻,蒸发效率下降。因此,此种设备不适合高黏度、有结晶析出或易结垢的药液,也不能将药液浓缩到黏稠的高浓度。图 10 - 9 的刮板式薄膜蒸发器可克服以上缺点。其结构是在直立的夹套圆筒加热器内装高速旋转刮板子（300rpm）,药液由蒸发器上部进入,经分液盘进入加热套筒,在离心力、重力及旋转刮板的作用下形成旋转下降的薄膜,同时进行蒸发与浓缩,高沸点的浓缩液从下部排出。刮板能随时将套筒器壁上的黏稠浓缩物刮下,防止结垢影响蒸发效率。

（二）蒸馏

蒸馏与蒸发的差别是蒸馏将溶液进行浓缩的同时回收溶剂。生产中多为减压蒸馏,可降低蒸馏温度。通常使用的减压蒸馏设备是减压蒸馏塔,如图 10 - 10 所示。

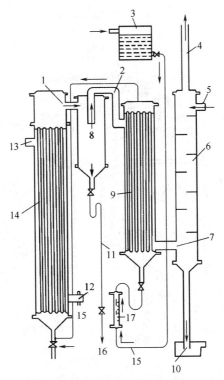

图 10 - 8 升膜式蒸发器工作原理示意图

1—汽沫出口 2—二次蒸汽导管 3—药液桶 4,7—废气出口 5—冷凝水进口 6—混合冷凝器

8—气液分离器 9—预热器 10—冷凝水出口 11—浓缩液导管 12—蒸汽出口 13—蒸汽进口

14—列管蒸发器 15—输液管 16—浓缩液出口 17—流量计

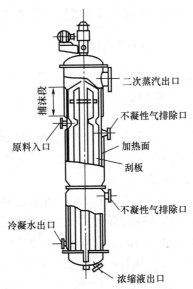

图 10 - 9 刮板式薄膜蒸发器工作原理示意图

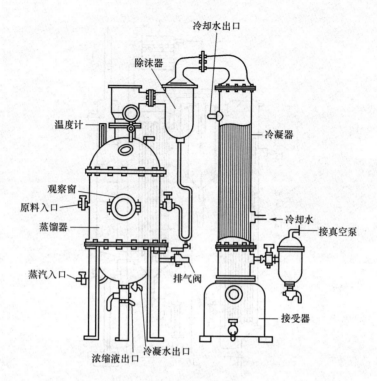

图 10-10　减压蒸馏装置工作原理示意图

(三)反渗透浓缩

反渗透浓缩的原理是在高于溶液渗透压的压力下,借助反渗透膜只允许水分子透过的截留作用,将水分从溶液中分离出去,从而达到浓缩溶液的目的。反渗透属于膜技术,其特点是在低温下进行,耗能低,截留能力强。

二、中药浸膏的干燥与设备

中药提取液经分离、纯化及浓缩后一般为流浸膏或浸膏,有时还需要一步干燥以满足以下需要:①增强提取物稳定性,有利于贮存;②有利于控制原料及制剂规格;③有利于制剂的制备。

干燥是利用热能使湿物料中的湿分(水分或其他溶剂)汽化除去,从而获得干燥物品的工艺操作。在药剂生产中,药物的除湿,新鲜药材的除水,浸膏剂、颗粒及丸剂的制备均需干燥操作过程。

药物干燥的目的在于提高稳定性、有一定的规格标准及便于进一步处理。在药剂生产中,进行干燥处理的药物有各种形式,被干燥药物的性质及要求也各不相同,因此必须采用各种不同形式的干燥设备,才能适应不同类型制剂干燥的需要。本节结合浸膏和流浸膏的干燥特点介绍常用干燥法。

1. 烘干法

将浸膏摊放在烘盘内,放入烘箱或烘房进行干燥的方法。由于物料处于静止膏状,所以干燥速度很慢,而且干燥物经常是大块,需要砸碎,然后根据所需粒度要求进行机械粉碎。

2. 减压干燥法

将浸膏或流浸膏摊放在浅盘内,放到干燥柜的隔板上,密闭,排去空气减压而进行干燥的方法。减压干燥的温度低,干燥速度快,减少了物料与空气接触的机会,避免污染或氧化变质,产品呈松脆的海绵状,易于粉碎。但生产能力小,劳动强度大。适于热敏性或高温下易氧化的物料。

操作时注意事项:①干燥浸膏等黏稠物料时,装盘量不能太多以免起泡溢出盘外,污染干燥器,浪费物料;②控制真空度不宜过高,一般控制压力为 3.3 ~ 6.6kPa;③真空阀门应徐徐打开,否则也易发生起泡现象。

3. 喷雾干燥法

喷雾干燥对中药制剂的研发具有特殊意义。常见的中药浸膏发黏,不易干燥,因此经常加入大量辅料制粒后进行干燥,这就是中药颗粒剂服用剂量大的主要原因之一。喷雾干燥方便得到干浸膏,可作为中间体任意调节辅料用量,对剂型设计带来很大方便。

4. 冷冻干燥法

冷冻干燥是在低温真空下干燥,因此有利于药物的稳定,而且干燥物质地疏松,溶解性好。冷冻干燥法可使浸膏或流浸膏易于干燥,对中药制剂现代化具有重要意义,但与喷雾干燥相比冷冻干燥的操作费用高,生产能力低,因此在实际生产中受到一定限制。

第五节 浸 出 制 剂

浸出制剂,系指以中药提取物为原料制备的制剂,如汤剂、合剂与口服液、酊剂、流浸膏、浸膏剂、煎膏剂。

一、汤 剂

汤剂系指将饮片加水煎煮,去渣取汁制得的可供内服与外用的中药液体制剂。具有的特点包括:可根据中医辨证施治的需要,随症加减处方;发挥多种成分的综合作用;液体制剂吸收快;制法简单。临床中医处方中汤剂约占到 50%,依然是中药临床应用的主导剂型。

例 10 - 1 麻杏石甘汤

【处方】麻黄 6g 杏仁 9g 生石膏 24g 甘草 6g

【制备】先将生石膏加水 250mL 煎煮 40min,加入其余药物煎煮 30min,过滤取药液;药渣加水 200mL 煎煮 20min,过滤取药液,合并两次煎煮即得。

【注解】麻杏石甘汤出自《伤寒论·太阳病》篇,麻黄辛甘温,宣肺解表而平喘,石膏辛甘大寒,清泄肺胃之热以沉降下行,又助麻黄泻肺热为臣药,甘草顾护胃气,防石膏之大寒伤胃,调和麻黄、石膏之寒温为佐使药,四味药配伍严谨,清宣降三法俱备,共奏辛凉宣泄、清肺平喘之功。

二、合剂与口服液

合剂系指饮片用水或其他溶剂,采用适宜的方法提取制成的口服液体制剂。单剂量包装称为口服液。合剂是在汤剂的基础上发展而来,合剂可选用不同的提取方法,如煎煮法、渗漉法、回流法等。与汤剂相比合剂具有以下特点:①可以大批量生产,应用方便;②经浓缩后单剂量包装,服用剂量小、剂量准确,便于携带、贮存;③适量加入防腐剂,并经灭菌后质量稳定;④但不能像汤剂一样随症加减,不能代替汤剂。

例10-2 小青龙合剂

【处方】麻黄125g 桂枝125g 白芍125g 干姜125g 细辛62g 法半夏188g 五味子125g 甘草(蜜炙)125g

【制备】细辛、桂枝用水蒸气蒸馏法提取挥发油,蒸馏后的药剂另器收集,药渣与白芍、麻黄、五味子、甘草,加水煎煮至味尽,合并煎液,过滤,滤液和蒸馏后的药液合并,浓缩至约1 000mL。法半夏、干姜按照渗漉法,用70%乙醇作溶剂,浸渍24h后进行渗漉,渗漉液浓缩后,与上述药液合并,静置,过滤,滤液浓缩到1 000mL,加入防腐剂适量与细辛桂枝挥发油搅匀,即得。

例10-3 双黄连口服液

【处方】金银花375g 黄芩375g 连翘750g

【制备】黄芩加水煎煮三次,第一次2h,第二、三次各1h。合并煎液,过滤,滤液浓缩并在80℃加入2mol/L盐酸溶液调节pH至1.0~2.0,保温1h,静置12h,过滤,沉淀加6~8倍量水,用40%氢氧化钠溶液调节pH至7.0,再加等量乙醇,搅拌使溶解,过滤,滤液调节pH至2.0,60℃保温30min,静置12h,过滤,沉淀用乙醇洗至pH为7.0,回收乙醇备用;金银花、连翘加水温浸30min,煎煮两次,每次1.5h,合并煎液,过滤,浓缩至相对密度为1.20~1.25的浸膏,冷至40℃时加入乙醇,使含醇量达75%,充分搅拌,静置12h,滤取上清液,残渣加75%乙醇适量,搅匀,静置12h,过滤,合并滤液,回收乙醇至无醇味,加入上述黄芩提取物,并加水适量,调节pH至7.0,搅匀,冷藏72h,过滤,滤液加入蔗糖300g,搅拌使溶解,加入香精适量并调节pH至7.0,加水制成1 000mL,搅匀,静置12h,过滤,灌装,灭菌,即得。

【注解】方中金银花甘寒,芳香疏散,善清肺经热邪,为君药;黄芩苦寒,善清肺火及上焦之实热,连翘苦微寒,长于散上焦风热,并有清热解毒之功效,为臣药。三药合用,共奏辛凉解表、清热解毒之功效。

三、酒　剂

酒剂又称药酒,是指饮片用蒸馏酒提取制成的澄清液体,可用浸渍法、渗漉法、回流法等。酒剂可供内服或外用,适用于治疗风寒湿痹,有祛风活血、散瘀止痛等功效,可加入蜂蜜、蔗糖等矫味剂。

例10 - 4　舒筋活络酒

【处方】木瓜45g　桑寄生75g　玉竹240g　续断30g　川牛膝90g　当归45g川芎60g　红花45g　独活30g　羌活30g　防风60g　白术90g　蚕沙60g　红曲180g　甘草30g

【制备】①以上十五味,除红曲外,木瓜等其余十四味药材粉碎成粗粉,然后加入红曲;②另取红糖555g,溶解于白酒11 100g中,按照《中国药典》(2020年版)一部流浸膏剂、浸膏剂项下的渗漉法、用红糖酒作溶剂,浸渍48h;③以1~3mL/min的速度缓缓渗漉,收集滤液,静置,过滤,即得。

四、酊　剂

酊剂系指饮片用规定浓度乙醇提取而制得的可供内服或外用的澄清液体制剂。酊剂也可用浸膏、化学药物稀释制得。除另有规定外,含剧毒药物酊剂每100mL相当于原材料10g,其他酊剂每100mL相当于原材料20g。

例10 - 5　远志酊

【处方】远志流浸膏200mL,用60%乙醇加至1 000mL

【制备】取远志流浸膏200mL,加60%乙醇稀释,使成1 000mL,混匀后,静置,过滤,即得。

五、流浸膏剂

流浸膏剂是将饮片提取液经分离、纯化后浓缩至规定浓度而制得的液体制剂。除另有规定外,流浸膏每1mL相当于原药材1g。流浸膏剂多用渗漉法制备。流浸膏剂至少应含20%以上的乙醇,若以水溶剂提取的流浸膏,成品中也应加入20%~25%的乙醇作防腐剂,便于贮存。流浸膏剂除少数品种可供临床直接应用外,多数用作配制合剂、糖浆剂、酊剂的原料。

例10 - 6　当归流浸膏

【处方】当归(粗粉)1 000g　70%乙醇适量

【制备】按渗漉法,当归用70%乙醇作溶剂,浸渍48h后,缓缓渗漉,收集初漉液850mL,另器保存,继续渗漉至渗漉液无色或微黄色为止,续漉液60℃以下浓缩至稠膏状,加入初漉液混合,用70%乙醇稀释至1 000mL,静置数天,过滤,即得。

六、浸　膏　剂

浸膏剂是将饮片提取液经分离、纯化后除去全部溶剂至规定浓度而制得的粉末状或膏状的固体制剂。除另有规定外,浸膏剂每1g相当于原药材2~5g。浸膏剂可用煎煮法、浸渍法、渗漉法制备,除少数品种直接用于临床外,多数作为配制散剂、颗粒剂、胶囊剂、片剂、丸剂等固体制剂的原料。浸膏分为干浸膏与稠浸膏,干浸膏含水约为5%,稠浸膏含水为15%~25%。

例10-7　刺五加浸膏

【处方】刺五加(粗粉)1 000g

【制备】①刺五加粗粉,加水煎煮两次,每次3h,合并煎液,过滤,滤液浓缩后成浸膏50g;②或加75%乙醇,回流提取12h,过滤,滤液回收乙醇,浓缩后成浸膏40g。

七、煎　膏　剂

煎膏剂系将饮片用水煎煮,去渣过滤浓缩后,加糖或炼蜜制成的稠厚半流体状制剂,也称膏滋,主要用于内服。膏滋味甜、可口,服用方便、易于贮存,膏滋以滋补为主,兼有缓慢的治疗作用(止咳、补血、调经、抗衰老)。

例10-8　二冬膏

【处方】天冬500g　麦冬500g

【制备】以上二味,加水煎煮三次,第一次3h,第二、三次各2h,合并煎液,过滤,滤液浓缩成相对密度1.21~1.25(80℃)的浸膏。每100g浸膏加炼蜜50g,混匀,即得。

第六节　中药成方制剂

有些浸出制剂需要临用时制备,或不能久贮,或服用顺应性差,或不能满足大规模应用的特殊的治疗需求等,制成中药成方制剂则可以在一定程度上克服上述问题,实现大规模生产。成方制剂有:丸剂、滴丸剂、散剂、硬膏剂、片剂、注射剂等。

一、丸剂与滴丸剂

(一)丸剂的含义与分类

1.丸剂的含义

丸剂系指饮片细粉或提取物加适宜的黏合剂或其他辅料制成的球形或类球形制剂。

2.丸剂的分类

(1)按制备方法分类　①塑制丸:系指饮片细粉与适宜的黏合剂混合制成软硬适度的可塑性丸块,然后再分割成丸类,如蜜丸、糊丸、蜡丸等;②泛制丸:系指饮片细粉用适宜的液体为赋形剂,经起膜、成形、盖面等操作泛制成小球形的丸剂,如水丸、水蜜丸、糊丸、微丸等;③滴制丸:系指利用一种熔点较低的脂肪性基质或水溶性基质,将提取物溶解、混悬后利用适当装置滴入一种不想混入的液体冷却剂中制成球形或类球形制剂。

(2)按赋形剂分类 可分为水丸、蜜丸、糊丸、蜡丸、浓缩丸等。

(二)传统丸剂

由于中药成分复杂,在对药效物质还无法完全把握的情况下,以保留所有成分的药材细粉为原料制备的传统制丸剂依然是中药制剂的主要型剂之一,传统丸剂一般采用塑制法及泛制法制备。《中国药典》(2020年版)一部共收载1 060种中药制剂,传统丸剂有272个,占25.66%。根据制丸辅料不同,传统丸剂又可分为水丸、蜜丸、糊丸、蜡丸、浓缩丸,其定义及特点见表10-2。

表10-2 传统丸剂的定义及特点

	定义	特点
水丸	系指将饮片细粉用冷开水、酒、醋、药汁或其他液体为润湿剂泛制成的小球形丸剂	①体积小,表面致密光滑,便于吞服,不易吸潮,利于保管储存;②制备时可根据药物性质、气味等分层泛入,掩盖不良气味,防止其芳香成分挥发;③服后较易溶散、吸收,显效较快;④设备简单,但操作繁琐
蜜丸	系指将饮片细粉以炼制过的蜂蜜为黏合剂塑制成的小球形丸剂	①蜂蜜营养丰富,具有滋补、提神、镇咳、缓下、润燥、解毒、矫味等作用;②溶散慢,作用持久;③含有大量还原糖,能防止药物氧化变质;④炼蜜黏性强,有较强可塑性,表面光滑;⑤用蜜量较大,易吸潮,霉变
水蜜丸	系指将饮片细粉用蜜水为黏合剂泛制成的小球形丸剂	丸粒小、光滑圆整、易于吞服,节省蜂蜜,降低成本,易于储存
浓缩丸	系指将部分饮片提取制成膏与另一部分饮片细粉加适宜的赋形剂制成的丸剂	体积小、服用量小、携带和运输方便,节省大量的赋形剂;既符合中医药特点又适用于机械化生产
糊丸	系指将饮片细粉用米或面糊为黏合剂制成的丸剂	干燥后质地较坚硬,在胃内崩解迟缓,药物缓慢释放,延长药效。故一般含有毒性或刺激性较强的药物处方,多为糊丸
蜡丸	系指将饮片细粉用蜂蜡为黏合剂制成的圆球形丸剂	在体内释放药物缓慢、延长药效;可调节用蜡量,使丸药在胃中不溶解而在肠中溶散;可防止药物中毒或对胃起强烈的刺激

(三)滴丸剂

滴丸剂是中药提取物与适宜固体基质加热熔融混匀后滴入冷凝剂中制得的中药小丸。滴丸始于1933年丹麦的Ferrossan制药公司,20世纪50年代末开始在我国受到关注。目前生产的速效救心丸是由川芎、冰片两味中药制成的滴丸,具有行气活血,祛淤止痛,增加冠脉血流量,缓解心绞痛等作用。对于气滞血淤型冠心病、心绞痛疗效显著。滴丸符合现代中药发展方向(三小、三效),品种在不断增多,如复方丹参滴丸、苏冰滴丸、柴胡滴丸等。

滴丸剂的特点:①根据处方设计可达到速效、长效、高效;②可控制药物释放部位及多途径给药(口服、舌下、腔道等);③设备简单,无粉尘飞扬,有利于劳动保护等。

例 10-9　复方丹参滴丸

【处方】丹参　三七　冰片

【制备】①丹参、三七加水煎熬,煎液过滤,滤液浓缩,加入乙醇,静置使沉淀;②取上清液,回收乙醇,浓缩成稠膏,备用;③冰片研细;④取聚乙二醇适量,加热使熔融,加入上述稠膏和冰片细粉,混匀,滴入冷却的液状石蜡中,制成滴丸,洗蜡,干燥即得。

二、中药颗粒剂

中药颗粒剂是在汤剂和糖浆剂基础上发展起来的一种新剂型,具有吸收快、显效迅速、服用方便、服用量小、易于贮藏(不易霉败变质)、制备工艺适于机械化生产等优点。但是有易吸潮的缺点,必须注意包装和贮存。

1.中药颗粒剂的分类

(1)按溶解性能分类　可分为可溶性颗粒剂、混悬性颗粒剂、泡腾性颗粒剂。可溶性颗粒剂绝大多数是水溶性颗粒剂。

(2)按成品形状分类　可分为颗粒状颗粒剂和块状冲剂。前者应用最多,后者是将干燥的颗粒加润滑剂后,经压块机压成一定重量的块状物。

2.制备方法

中药颗粒剂最初多含药材细粉,工艺多凭经验而定。随着制剂质量要求的提高、制粒新设备的引入及新辅料的发掘和应用,中药颗粒剂的制备在提取工艺、成型工艺等方面有了很大发展,如挥发油的保存利用了包合技术,精制工艺采用高速离心技术、絮凝澄清技术、超滤技术,制粒工艺运用流化制粒技术,喷雾干燥干粉制粒技术等。

例 10-10　六味地黄颗粒剂

【处方】熟地黄 320g　山茱萸(制)160g　牡丹皮 120g　山药 160g　茯苓 120g　泽泻 120g

【制备】以上六味,熟地黄、茯苓、泽泻加水煎煮两次,煎液滤过,滤液浓缩至相对密度 1.32~1.35(80℃),备用;山茱萸、山药、牡丹皮粉碎成细粉,与浓缩液混合,加糊精和甜蜜素溶液适量,加 75% 乙醇适量,制成颗粒,干燥,制成 1 000g,即得。

三、中药片剂

中药片剂系指提取物或饮片细粉或提取物加饮片细粉,与适宜辅料混合后压制而成的圆片状或异形片状固体制剂。由于片剂本身的突出特点,与西药片剂一样,中药片剂也成为中药的主要剂型之一。

1. 中药片剂的种类

中药片剂根据原料的不同分为以下四类:①提纯片:处方中全部中药为提取、精制而得到的单体或有效部位,加适宜的辅料制成的片剂,如银黄片;②全浸膏片:处方中全部中药为提取、精制而得到的浸膏,加适宜的辅料制成的片剂,如穿心莲片;③半浸膏片:处方中部分药材细粉与稠浸膏片中加入适宜的辅料制得的片剂,如银翘解毒片,此类片剂在中药片剂中居多;④全粉片:以处方中全部药材细粉为原料制得的片剂,适于贵细药材,如参茸片。

2. 制备方法

中药片剂与化学药物片剂制备方法基本相同,所不同之处是对中药材进行前处理,如粉碎、提取、精制、浓缩等之后,才能获得中间体。中药片剂所采用的制备工艺多数是湿法制粒压片法。

例 10 – 11　牛黄消炎片

【处方】人工牛黄 4.8g　天花粉 9.6g　珍珠母 9.6g　蟾酥 2.9g　大黄 9.6g
雄黄 9.6g　青黛 3.8g

【制备】①将雄黄水飞成极细粉,珍珠母粉碎成极细粉;②大黄、天花粉粉碎成细粉;③青黛研细,蟾酥加白酒研成糊状;④将上述粉末及辅料适量混匀,制成湿颗粒,干燥;⑤将人工牛黄研细,加入上述颗粒中,混匀,压制成 1 000 片,包糖衣或薄膜衣,即得。

3. 中药片剂生产中易出现的问题

(1)黏冲　①中药浸膏片含易引湿成分较多,易产生黏冲。解决的方法:控制环境湿度,或将浸膏干燥后用乙醇制粒,或选用抗湿性良好的辅材等;②冲膜表面粗糙或刻字太深。解决方法:调换冲头,或用凡尔砂擦亮冲头,使之光滑。

(2)变色或表面斑点　①中药浸膏制成的颗粒过硬,或润滑剂的颜色与浸膏不同,易出现片面斑点。解决方法:宜采用浸膏制粒,润滑剂经筛筛过后与颗粒混匀;②挥发油吸附不充分,渗透到片剂表面。解决的方法:将挥发油制成包含物或微囊后使用;③机器带入。解决方法:要充分清理机器,并用空白片洗车后再正式压片。

(3)吸潮　中药片吸潮大多是由于浸膏中含糖类、树胶、淀粉、黏液质、鞣质、无机盐等易引湿性成分所致。解决方法:①在干浸膏中加入适量辅料,如磷酸氢钙、氢氧化铝、凝胶粉等;也可加入部分中药细粉,一般为原药总量的 10% ~20%;②采用水提醇沉法除去部分引湿性杂质;③用 5% ~15% 的玉米朊乙醇溶液、聚乙烯醇溶液喷雾或混匀于浸膏颗粒中,隔绝空气,待干后进行压片;④制成包衣片剂,降低引湿性;⑤改进包装,在包装容器中放入干燥剂,以防吸潮。

四、中药注射剂

中药注射剂系指饮片经提取、纯化制成的专供注入人体内的溶液、乳状液及临用前配成溶液的无菌粉末或浓缩液的无菌制剂。中药注射剂改变了传统中药剂型起效慢的特点，已在临床中得到了广泛应用。目前我国列入国家标准的注射剂有109种，《中国药典》（2020年版）收载了4种。

（一）中药注射剂的剂型选择原则

在中药注射剂的多年研究、生产应用过程中，人们逐渐发现了中药注射剂的以下问题，如稳定性、安全性等，需要医药学工作者共同努力去克服。目前对中药注射剂的要求非常严格，对中药提取物选择注射剂时必须考虑以下基本原则：

（1）有效成分对威胁患者生命的重症、急症，如严重外伤昏迷、恶性肿瘤、肠胃道严重障碍等疾病有确切治疗效果的。

（2）注射给药较其他途径给药的疗效更加显著，或其他给药途径无法实现的。

（二）中药注射剂的处方设计

中药注射剂的处方组成可以是单方也可以是复方，处方宜少而精。处方中的组分可以是有效成分、有效部位、净药材。中药注射剂处方设计的目的是解决药用成分的溶解性、制剂稳定性及生理适应性。应谨慎选择附加剂，如确有需要时，应尽量依照种类少、含量低、质量优（符合注射用规格）的原则。

（三）中药注射剂的制备工艺

中药注射剂的制备包括原料的制备及注射剂的制备两部分，因此，除了要达到注射剂制备的GMP要求外，更要重点关注原料的制备，即药材前处理、提取、浓缩、精制等过程都要做到全程监控，要采用先进技术，如超临界萃取、大孔树脂分离技术、分子蒸馏等最大限度地保留有效成分，去除无效成分。

（四）中药注射剂的质量控制

1. 安全性检查

主要检查项目：①急性毒性试验、亚急性及长期毒性试验；②溶血试验；③局部刺激性试验；④过敏性试验；⑤热原检查。

2. 有效性检查

主要检查项目：①性状，包括色泽、澄清度等。中药注射剂由于受其原料的影响，允许有一定的色泽，但同一批号成品的色泽必须保持一致，在不同批号的成品之间，应控制在一定的色差范围内。静脉注射剂的颜色不宜过深，以便于澄清度检查。②鉴别，处方中全部药味均应做主要成分的鉴别，也可选用能鉴别处方药味的特征图谱。③检查，中药注射剂除按《中国药典》（2020年版）"注射剂通则及附录注射剂有关物质检查法"中规定项目检查外（蛋白质、鞣质、重金属、砷盐、草酸盐、钾离子、树脂），还应控制工艺过程可能引入的其他杂质。④含量测定，注射剂中所含成分应基本清楚。明确总固体中所含大类成分的种类及占总固体的量。

有效成分制成的注射剂,其单一成分的含量应不少于90%,结构明确的多成分制成的注射剂含量因品种而异,所测各类成分之和应尽可能大于总固体的80%;结构不完全清楚的多成分制成的注射剂,含量测定指标的选择应为大类成分含量测定并加单一成分含量测定。如,某注射剂中含黄酮、皂苷、生物碱等,需要分别建立总黄酮、总皂苷、总生物碱类的测定,还需分别对黄酮、皂苷、生物碱中的单一代表成分进行含量测定;含有毒性药味时,必须确定有毒成分限量范围。

(五)中药注射剂存在的问题及解决方法

1. 中药注射剂存在的问题

①药材质量难以统一,中药材因产地、采收季节、贮存条件以及炮制等加工的差异难以获得统一和恒定的原药材,对最终产品的质量与疗效等产生重要影响;②有效物质不完全清楚,以致影响产品质量的控制与安全性;③中药注射剂的质量控制技术相对落后,无法客观、科学、全面评价其质量;④中药各成分在体内浓度过低,或体内过程复杂,无法对药物在体内的代谢、排泄、相互作用等进行全面了解,带来临床应用的安全性隐患;⑤临床应用不规范,如未经试验与其他药物配伍使用,造成临床的不良反应,时有发生。

2. 解决办法

主要针对中药注射剂存在的问题进行系统的研究,如:①建立中药材规范化种植(GAP)及加工规范,采用指纹图谱等更全面的质量控制手段保障中药材质量;②加强中药注射剂的药效物质的基础研究,对其中的有效成分及含量进行全面控制,保障中药注射剂安全性与有效性;③提高制备工艺水平,加强工艺过程控制,建立药材、半成品与成品的制备工艺保障系统;④建立更全面的质量控制标准;⑤重视临床前及临床试验中安全性和毒理学试验研究,及早发现安全性隐患;⑥合理使用中药注射剂。说明书的内容要更详细,包括配伍用药、不良反应、药物动力学等。

例10-12 止咳灵注射液

【处方】麻黄 金银花 苦杏仁 连翘

【制备】以上四味,加水煎煮两次,第一次1h,第二次0.5h,合并煎液,过滤,滤液浓缩至约150mL,用乙醇沉淀处理两次,第一次溶液中含醇量为70%,第二次为85%,每次均于4℃冷藏放置24h,过滤,滤液浓缩至约100mL,加注射用水稀释至800mL,含量测定,调节pH,过滤,加注射用水至1 000mL,灌封,灭菌,即得。

五、其他中药剂型

(一)外用制剂

1. 软膏剂与凝胶剂

软膏剂与凝胶剂系指中药提取物或细粉与适宜基质混合制成的半固体或具有凝胶性质的外用制剂。详见半固体制剂。

2. 贴膏剂

贴膏剂包括橡皮膏剂、凝胶膏剂及贴剂。

橡皮膏剂系指提取物和(或)化学药物与橡胶等基质均匀混合后,涂布于裱褙材料上而制成的贴膏剂。橡皮膏剂制备方法有溶剂法及热压法。常用溶剂有汽油、正己烷,常用基质有橡胶、松香、凡士林、羊毛脂及氧化锌等。橡皮膏黏着力强,不经加热可直接黏于患部,可保护伤口,不污染皮肤和衣服,携带和使用方便。

凝胶膏剂系指药材提取物、饮片及化学药物与适宜的亲水性基质混匀后,涂布于裱褙材料上而制得的贴膏剂。常用的基质有聚丙烯酸钠、羧甲基纤维素钠、明胶、甘油、微粉硅胶等。具有载药量大,尤其适于中药浸膏;与皮肤生物相容性好,透气、耐汗,无致敏、无刺激;药物释放性能好;使用方便,不污染衣物,反复贴敷仍能保持原有黏性等特点。

贴剂系指中药提取物和(或)化学药物与适应高分子材料制成的一种薄片状贴膏剂。由背衬层、药物贮库层、黏胶层及防黏层组成。常用基质有乙烯 - 醋酸乙烯共聚物、硅橡胶及聚乙二醇等。贴剂是可产生全身或局部治疗作用的制剂。

3. 膏药

系指饮片、食用植物油与红丹(铅丹)或宫粉(铅粉)炼制成膏料,涂布于裱褙材料上,供皮肤贴敷的外用制剂。前者称黑膏药,后者称白膏药。主要用于拔脓生肌等。

(二)胶剂

胶剂系指用动物皮、骨、甲、角等为原料,经水煎取胶质,浓缩成稠胶状,经干燥后的块状内服制剂。其主要成分是动物水解蛋白类物质,并加入一定量的糖、油脂及酒(黄酒)等辅料。一般都切成小方块或长方块。胶剂多供内服,其功能为补血、止血、祛风以及妇科调经等,以治疗虚劳、吐血、崩漏、腰腿酸软等症。

思考题

1. 如何进行中药剂型改革?

2. 中药材提取物分为几类?

3. 中药材提取时是否粉碎得越细越好?影响浸提的因素有哪些?

4. 中药材水提醇沉法中可保留的成分有哪些?能除去哪些大分子杂质?

5. 常用的分离与纯化方法有哪些?各有何特点?

6. 中药丸剂分为几种,各有何特点?

7. 中药片剂生产中常见的问题及原因是什么?

8. 如何提高中药注射剂的质量?

参考文献

1. 国家药典委员会.《中国药典》(2020 年版).北京:中国医药科技出版

社,2020.

　　2.陆彬.中药新剂型与新技术(第2版).北京:化学工业出版社,2008.

　　3.崔福德.药剂学(第7版).北京:人民卫生出版社,2012.

　　4.金凤环.中药固体制剂技术.北京:化学工业出版社,2012.

　　5.狄留庆,刘汉清.北京:化学工业出版社,2011.

　　6.李范珠,李永吉.中药药剂学.北京:人民卫生出版社,2012.

　　7.周晶,冯淑华.中药提取分离新技术.北京:科学出版社,2010.

第十一章 药物制剂新技术与新剂型

[学习目标]

1. 掌握固体分散体的类型、速效原理。
2. 熟悉包合物的制备方法及其常用材料。
3. 熟悉微囊的特点和制备方法。
4. 熟悉脂质体的概念、组成。
5. 熟悉缓、控释制剂的含义、制备方法与质量要求。
6. 熟悉控释制剂的理论与工艺。
7. 了解脂质体的制备方法。
8. 掌握缓、控释制剂制备的有关原理。
9. 了解缓、控释制剂的体外、体内试验方法及体内、体外相关性的评价方法。

第一节 固体分散技术

一、概 述

1. 定义与特点

固体分散体(solid dispersion)是指将药物高度分散于适宜的载体材料中的固态分散制剂,将药物以分子、胶态、微晶或无定形状态分散于载体材料中的技术称为固体分散技术。

1961 年 Sekguchi 等最早提出固体分散体的概念,并以尿素为载体,用熔融法制备磺胺噻唑固体分散体,口服给药该制剂的吸收比普通片剂明显加快。固体分散技术可提高难溶性药物的溶出与吸收,提高其生物利用度,因而成为一种制备高效、速效制剂的技术。同时,如果采用难溶性或肠溶性载体材料将药物制成固体分散体,也可具有缓释作用。

固体分散技术的主要特点:①增加难溶性药物的溶解度和溶出速率,从而提高药物的生物利用度;②控制药物释放或控制药物于小肠定位释放;③其次是利用载体的包蔽作用,可延缓药物的水解和氧化;④掩盖药物的不良嗅味和刺激性,使液体药物固体化等。

固体分散技术的主要缺点有:药物分散状态的稳定性不高,久贮易产生老化现象。

2. 固体分散体的载体材料

药物在固体分散体中的分散程度和溶出速度在很大程度上取决于载体的特性,常用载体材料有以下几种。

(1)水溶性载体材料　主要有高分子聚合物类、表面活性剂类、有机酸类和糖类与醇类。①聚乙二醇(PEG)类:是一类高分子聚合物的总称,一般选用相对分子质量在 1 000 ~ 20 000 的 PEG 作为固体分散体载体,最常用的是 PEG 4 000 和6 000。其特点是毒性小、熔点低(55 ~ 60℃,温度超过 180℃分解)、化学性质稳定、可与多种药物配伍,水溶性良好,也能溶于多种有机溶剂。制成固体分散体后能使药物以分子状态分散,从而显著加快药物的溶出速度。可用熔融法或溶剂法制备固体分散体。②聚维酮(PVP)类:PVP 为无定形高分子聚合物,常用的规格为 $PVPk_{15}$ 和 $PVPk_{30}$,PVP 无毒、对热稳定 (但加热至 150℃变色)、易溶于水和极性有机溶剂如乙醇。成品对湿稳定性差,贮存过程易吸湿而使药物析出结晶。

(2)难溶性载体材料　①乙基纤维素(Ethylcellulose,简称 EC):能溶于乙醇、苯、丙酮、四氯化碳等有机溶剂,无毒、无药理活性,载药量大,稳定性好,不易老化,能较好地抑制药物结晶生长,是一种理想的不溶性载体材料,广泛应用于缓释固体分散体。②脂质类:胆固醇、棕榈酸甘油酯、胆固醇硬脂酸酯及巴西棕榈蜡等脂质材料可降低药物的释放速率,用于制备缓释固体分散体。

(3)肠溶性载体材料　①纤维素类:常用的肠溶性纤维素有醋酸纤维素酞酸酯(CAP)、羟丙甲纤维素酞酸酯(HPMCP,两种规格的商品名分别为 HP50、HP55)等,可与药物制成肠溶性固体分散体,适用于在胃中不稳定或要求在肠中释放的药物。②聚丙烯酸树脂类:国产的 Ⅱ 号和Ⅲ号聚丙烯酸树脂相当于国外 Eudragit L和 Eudragit S 型等肠溶性材料,前者在 pH 6 以上的介质中溶解,后者在 pH 7 以上的介质中溶解。

二、固体分散体的制备方法

1. 研磨法

研磨法是将药物与较大比例的载体材料混合后,强力持久地研磨一定时间,不需加溶剂而借助机械力降低药物的粒度,或使药物与载体材料以氢键相结合,形成固体分散体。研磨时间的长短因药物而异。常用的载体材料有微晶纤维素、乳糖、PVP 类、PEG 类等。

2. 熔融法

熔融法是将药物与载体材料混匀,加热至熔融,也可将载体加热熔融后,再加入药物搅匀,然后将熔融物在剧烈搅拌下迅速冷却成固体;或将熔融物倾倒在不锈钢板上成薄膜,在板的另一面吹冷空气或用冰水,使骤冷成固体。为防止某些药物析出结晶,熔融物宜迅速冷却固化,然后将产品置于干燥器中,室温干燥。

也可将熔融物滴入冷凝液中使之迅速收缩、凝固成丸,这样制成的固体分散体俗称滴丸。常用的冷凝液有液体石蜡、植物油、甲基硅油以及水等。在滴制过程中能否成丸,在于丸滴的内聚力是否大于丸滴与冷凝液的粘附力。冷凝液的表面张力小、丸形就好。

例11-1 卡马西平固体分散体(共熔融物)

【处方】卡马西平 1g 聚乙二醇 6 000 8g

【制法】按处方量称取卡马西平和聚乙二醇 6 000,置于蒸发皿中,加热熔融,搅拌下,立即倾入玻璃板面上(下面放冰块),使其成薄片,并迅速固化,继续冷却10min,将产品置于干燥器中干燥,粉碎过60目筛,保存于干燥器中。

【注解】①聚乙二醇熔点一般低于70℃,因此适用于熔融法制备固体分散体。②卡马西平系一种传统的抗癫痫药,几乎不溶于水(113μg/mL,25℃),口服吸收缓慢,采用固体分散体技术,可显著提高其溶出。

3. 溶剂法

溶剂法也称共沉淀法或共蒸发法,是将药物与载体共同溶解在有机溶剂中,蒸发除去溶剂,药物与载体同时析出,干燥后即得共沉淀物固体分散体。常用的有机溶剂有氯仿、乙醇、丙酮等,载体材料多采用既能溶于水又能溶于有机溶剂、熔点高、对热不稳定的半乳糖、甘露醇、胆酸类等。主要适用于熔点较高或对热不稳定的药物和载体的固体分散体的制备。由于本法使用了有机溶剂,故成本较高,且有时难以除净有机溶剂,残存的有机溶剂不仅对人体有害,而且还可能引起药物的重结晶。

例11-2 卡马西平固体分散体(共沉淀法)

【处方】卡马西平 1g 聚维酮 K30 8g

【制法】按处方量称取卡马西平和聚维酮,置于蒸发皿中,加入无水乙醇20mL,置于60~70℃水浴上加热溶解,搅拌下快速蒸发溶剂;再将蒸发皿置于干燥器中干燥,粉碎,即得。

【注解】①因溶剂的蒸发速度是影响药物共沉淀均匀性与药物析晶的重要因素,在共沉淀物的制备过程中,溶剂的蒸发要求快速进行。加快溶剂的蒸发,则药物的结晶不易析出,可获得均匀性较好的共沉淀物。否则,共沉淀物均匀性差,易析出结晶,影响药物的溶出度。②由于聚维酮熔点较高,而易溶于乙醇等溶剂,故一般用溶剂法制备。

4. 溶剂-熔融法

溶剂-熔融法是将药物先溶于适当的有机溶剂中,再将此溶液直接加入已熔融的载体材料中混合均匀,蒸发除去溶剂,按熔融法冷却固化而得固体分散体。本法适用于液态药物和剂量小于50mg的小剂量药物。凡适用于熔融法的载体均可采用。

5. 溶剂 – 喷雾(冷冻)干燥法

溶剂 – 喷雾(冷冻)干燥法是将药物和载体共溶于适当的溶剂中,以喷雾干燥法或冷冻干燥法制备固体分散体的方法,生产效率高。冷冻干燥法制得的固体分散体分散性优于喷雾干燥法,尤其适用于对热不稳定的药物。常用的载体材料有PVP、PEG、乳糖、甘露醇、纤维素类、丙烯酸树脂类等。

三、固体分散体的类型

1. 简单低共熔混合物

将药物与载体材料按照低共熔混合物的比例混合,共熔,迅速冷却至最低共熔点(温度)以下时,药物与载体将同时从熔融态转变成微晶态,即药物将均匀地以微晶态分散于载体材料中,得到低共熔混合物形式的固体分散体。

2. 固态溶液

固态溶液是指药物以分子状态均匀分散在载体材料中而形成的固体分散体。如果将药物看成溶质,载体看成溶剂,则此类分散体即可称为固态溶液。因为固态溶液中的药物以分子状态存在,分散程度高、表面积大,所以在改善溶解度方面比低共熔混合物具有更好的效果。

3. 共沉淀物

共沉淀物也称共蒸发物,是药物与载体材料以适当比例形成的非结晶性的无定性物,常用载体为多羟基化合物。

同一药物可因载体材料不同、制法不同、药物和载体材料的组成比例不同,可形成不同的固体分散体。由于药物在载体材料中有多种不同的分散形式,所以在一般情况下,某种具体的固体分散体往往是多种类型的混合物。

四、固体分散体的速释原理

1. 药物的高度分散状态

固体分散体内的药物呈极细的胶体、微晶或超细微粒,甚至以分子状态分散于载体材料中,不仅大大提高了药物的表面积,而且也可以提高溶解度,因此必然提高药物的溶出速度,达到速释的效果。药物在固体分散体中分散状态不同,溶出速度也不同,如果药物以分子状态存在,其溶出速度最快。

2. 载体材料的作用

(1)水溶性载体提高了药物的可湿润性 在固体分散体中,难溶性药物被水溶性载体材料包围,使药物的可湿润性增强,遇胃肠液后,随着载体材料的快速溶解,药物迅速被润湿、溶解、释放与吸收。

(2)载体保证了药物的高度分散性 在固体分散体中,药物被足够量的载体材料分子互相隔离开,不易重新聚集,从而保证了药物的高度分散性和快速的释放性。

（3）载体对药物有抑晶性　在固体分散体的制备过程中，由于氢键作用、络合作用或黏性增大，会抑制药物的晶核形成和生长。

第二节　包合技术

一、概述

包合物(inclusion compound)是一种分子被包藏在另一种分子空穴结构内形成的具有独特形式的复合物，即称为包合物。它是一种分子的空间结构中全部或部分包入另一种分子而成，属于一种非键型络合物。

包合物由主分子和客分子两种组分组成。

主分子：即具有包合作用的外层分子(host molecule)，具有较大的空穴结构，足以将客分子容纳在内。可以是单分子如直链淀粉，环糊精；也可以是多分子聚合而成的晶格，如氢醌，尿素等。

客分子：被包合到主分子空间中的小分子物质(guest molecule 或 enclosed molecule)。

包合物能否形成及是否稳定，主要取决于主分子和客分子的立体结构和二者的极性：客分子必须和主分子的空穴形状及大小相适应。包合物的稳定性主要取决于二者间的范德华力。包合过程是物理过程而不是化学过程，包合物中的主分子和客分子的比例一般为非化学计量，主、客分子数之比可在较大范围内变动。

目前常用的包合物是由环糊精制备的，主要特点：①促进药物稳定性；②增加难溶性药物溶解度和生物利用度；③减少药物的副作用和刺激性；④使液态药物粉末化；⑤掩盖药物不良臭味；⑥防止药物挥发。

二、包合材料

常用的包合材料有环糊精、胆酸、淀粉、纤维素、蛋白质、核酸等，但药物制剂中最常用的包合材料是环糊精及其衍生物。

1. 环糊精(Cyclodextrin, 简称 CYD)

环糊精是由 6~12 个葡萄糖分子以 1,4 - 糖苷键连接的环状化合物(图 11 - 1)，结构为中空圆筒形，为水溶性的非还原性白色结晶性粉末，经 X 射线衍射和核磁共振证实 CYD 的立体结构，经分析发现空穴的开口处呈亲水性，空穴的内部呈疏水性，见图 11 - 2 所示。对酸不太稳定，易发生酸解而破坏圆筒形结构。常见的有 α、β、γ 三种，它们空穴内径与物理性质都有较大的差别，其中以 β - CYD 最为常用，它在水中的溶解度最小，易从水中析出结晶，随着温度升高溶解度增大，温度 20、40、60、80、100℃时，其溶解度分别为 18.5、37、80、183、256g/L。CYD 包合药物的状态与 CYD 的种类、药物分子的大小、药物的结构和基团性质等有关。

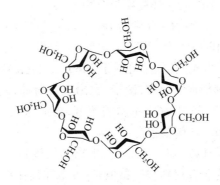

图 11 - 1 β - CYD 的环状构型

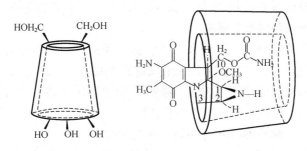

图 11 - 2 环糊精的立体结构及包封药物的示意图

2. 环糊精衍生物

（1）水溶性环糊精衍生物 常用的是葡萄糖衍生物、羟丙基衍生物及甲基衍生物等。在 CYD 分子中引入葡糖基（G 表示）后其水溶性显著提高。葡糖基 - β - 环糊精为常用包合材料，包合后可提高难溶性药物的溶解度，促进药物的吸收，还可作为注射用的包合材料。如雌二醇 - 葡糖基 - β - 环糊精包合物可制成注射剂。

（2）疏水性环糊精衍生物 常用的有乙基 - β - 环糊精，将乙基取代 β - 环糊精分子中的羟基，取代程度愈高，产物在水中的溶解度愈低。乙基 - β - 环糊精微溶于水，比 β - 环糊精的吸湿性小，具有表面活性，在酸性条件下比 β - 环糊精更稳定。

三、包合物的制备方法

1. 饱和水溶液法

将 CYD 配成饱和水溶液，加入药物（难溶性药物可用少量丙醇或异丙醇等有机溶剂溶解）混合 30min 以上，使药物与 CYD 形成包合物后析出，可定量地将包合物分离出来。在水中溶解度大的药物，其包合物可部分溶解于溶液中，此时可加入某些有机溶剂，以促使包合物析出。将析出的包含物过滤，根据药物的性质，选用适当的溶剂洗净、干燥即得。

例 11 – 3　葛根素 HP – β – 环糊精包合物

【处方】葛根素 4g　HP – β – 环糊精 16g　无水乙醇 20mL　纯化水 50mL

【制法】称取 16g HP – β – 环糊精,加入 50mL 纯化水,置 55℃ 水浴中,搅拌溶解,并维持搅拌状态,另取 4g 葛根素分散于 20mL 无水乙醇中,将此混悬液缓慢滴加至上述 HP – β – 环糊精水溶液中,滴毕,取出混合溶液,超声处理 30min。将制得的溶液置蒸发皿中,于 95℃ 水浴中除去溶剂,再放入真空干燥器中,80℃ 干燥过夜即得葛根素 HP – β – 环糊精包合物。

【注解】葛根素难溶于水、口服吸收差、生物利用度低,影响了其临床疗效,采用 HP – β – 环糊精作为包合材料包合葛根素,可增加其在水中的溶解度。

2. 研磨法

取 CYD 加入 2 ~ 5 倍量的水混合,研匀,加入药物(难溶性药物应先溶于有机溶剂中),充分研磨成糊状物,低温干燥,再用适宜的有机溶剂洗净,干燥即得。

3. 冷冻干燥法和喷雾干燥法

对一些特殊的药物可以采用冷冻或喷雾干燥的方法制得包合物。冷冻干燥法适用于制成包合物后易溶于水且在干燥过程中易分解、变色的药物。所得成品疏松,溶解度好,可制成注射用粉末。喷雾干燥法适用于难溶性、疏水性药物,可增加该类药物的溶解度,提高其生物利用度。

例 11 – 4　白藜芦醇/HP – β – 环糊精包合物

【处方】白藜芦醇 22.8mg　HP – β – 环糊精　154mg　纯化水 100mL　乙醇适量

【制法】按处方量称取 HP – β – 环糊精置于烧杯中,加入纯化水,加热搅拌溶解;称取 22.8mg 白藜芦醇用少量乙醇溶解,缓慢滴加到 HP – β – 环糊精溶液中,搅拌(800r/min)反应 8h,逐渐降至室温。溶液经 0.22μm 微孔滤膜过滤,冷冻干燥得白藜芦醇/HP – β – CD 包合物。

【注解】①白藜芦醇具有抗肿瘤、抗氧化、抗自由基、抗菌、抗小血板凝聚等多种药理活性,但其水溶性低、稳定性差,生物利用度低,限制了其临床应用。形成包合物后,与原料药物相比,在肠液中的溶出度从 22% 提高到 83%,而胃液中从 30% 提高到 90%;②研究表明,白藜芦醇与 HP – β – 环糊精可形成 1:1 的包合物;③形成 HP – β – CD 包合物后,白藜芦醇在水中溶解度从 32.6μg/mL 提高到 38.74mg/mL,增加了约 1200 倍。

四、包合物的验证

药物与 CYD 是否形成包合物,可根据包合物的性质和结构状态,采用下述方法进行验证,必要时可同时用几种方法。

1. X 射线衍射法

晶体药物在用 X 射线衍射时显示该药物结晶的衍射特征峰,而药物的包合物是无定形态,没有衍射特征峰。如萘普生与 β – CYD 的物理混合物显示萘普生与

β – CYD 的重叠衍射峰,而萘普生 – β – CYD 包合物则无此衍射峰。

2. 红外光谱法

红外光谱可提供分子振动能级的跃迁,这种信息直接和分子结构相关。如萘普生与 β – CYD 的物理混合物在 1 725 ~ 1 685cm^{-1} 有羰基峰,但包合物的此峰强度明显减弱;这是由于包合物中萘普生分子间氢键断裂,分子进入 β – CYD 空穴中而引起。

3. 荧光光度法

从荧光光谱曲线中吸收峰的位置和强度的变化来判断是否形成了包合物。

4. 热分析法

热分析法中以差示热分析法(DTA)和差示扫描量热法(DSC)较为常用,如陈皮挥发油 – β – CYD 包合物,当陈皮挥发油与 β – CYD 配比为 1:2、1:4 时,DTA 均有一个 317℃ 的峰,表明形成了包合物,而混合物则具有两个峰,即 107℃ 与 317℃。

5. 紫外分光光度法

从紫外吸收曲线中吸收峰的位置和峰高可判断是否形成了包合物。如萘普生 – β – CYD 包合物的验证,配制一系列萘普生浓度不同的包合物溶液。以同浓度的 β – CYD 溶液为空白,测定其在波长 200 ~ 300nm 范围的吸光度,同时测定萘普生溶液在该范围的吸光度,得两者在各波长的吸光度差值(ΔA),以 ΔA 对波长作图,比较紫外吸收变化,可见随 β – CYD 的浓度升高 ΔA 值增大,当溶液中主、客分子浓度相等时 ΔA 最大,说明萘普生和 β – CYD 在水溶液中摩尔比为 1:1 时为形成包合物的最佳比例。

6. 溶出度法

难溶性药物的包合物有改善药物溶出度的作用,测定药物溶出度可识别该药物是否生成包合物。按《中国药典》(2020 年版)溶出度测定法中第二法对诺氟沙星胶囊与包合物胶囊进行测定,计算累积溶出量,结果表明包合物胶囊溶出明显加快,5min 内药物几乎完全溶出。

第三节　微囊化技术

一、概　述

微囊系指用天然或合成的高分子材料将固态或液态药物包封成的药库型的微小胶囊,通常粒径在 1 ~ 250μm。微囊制备中所用的高分子材料称为囊材,固态或液态药物称为囊心物。制备微囊的过程称为微囊化,制备微囊的技术称为微囊化技术。微囊可进一步制成片剂、胶囊剂、注射剂等制剂,用微囊制成的制剂称为微囊化制剂。

微囊是 20 世纪 70 年代发展起来的新技术,国内外已进行了大量的研究工作。

目前,产品有胡萝卜素微囊、红霉素微囊、双氯芬酸钠微囊、复方甲地孕酮微囊(注射剂)等。

药物微囊化后可具有以下特点:控制药物的释放;提高药物的稳定性,如防止药物的氧化变质或潮解,保护肽类蛋白类药物避免酶的破坏;减少药物对胃肠道的刺激;防止挥发性药物的挥发;掩盖药物的不良臭味;液态药物固态化便于制剂的生产、应用和贮存;减少药物的配伍变化;可直接注射于癌变部位或动脉栓塞,提高疗效。

二、囊心物与囊材

1. 囊心物

囊心物除了主药外,还有为了提高微囊质量而加入的附加剂,如稳定剂、稀释剂、控制释放速度的阻滞剂或促进剂等。囊心物可以是固体,也可以是液体。通常将主药与附加剂混匀后微囊化,亦可先将主药单独微囊化,再加入附加剂。

2. 囊材

囊材是指用于包囊的各种高分子材料。囊材一般要求:性质稳定,无毒、无刺激性;有适宜的释药速率;不影响药物的药理作用及含量测定;有一定的强度及可塑性等。

目前常用的囊材可分为以下几类。

(1)天然高分子囊材 天然高分子材料是最常用的囊材,具有稳定、无毒、成膜性好等特点。

① 明胶(Gelatin):明胶是氨基酸与肽交联形成的直链聚合物,是平均相对分子质量在 15 000 ~ 25 000 的混合物。因制备时水解方法的不同,明胶分为酸法明胶(A 型)和碱法明胶(B 型)。A 型明胶的等电点为 7 ~ 9,B 型明胶的等电点为 4.7 ~ 5.0。两者的成囊性无明显差别,溶液的黏度均在 0.2 ~ 0.75cPa·s,可生物降解,几乎无抗原性,通常可根据药物对酸碱性的要求选用 A 型或 B 型,用于制备微囊的用量为 20 ~ 100g/L。

②阿拉伯胶:阿拉伯胶水溶液带有负电荷,一般常与明胶等量配合使用,作囊材的用量为 20 ~ 100g/L,亦可与白蛋白配合作复合材料。

③海藻酸盐:海藻酸钠可溶于不同温度的水中,而海藻酸钙盐或镁盐,不溶于水,所以可在微囊化过程中加入 $CaCl_2$ 使海藻酸钠固化成囊。

(2)半合成高分子囊材 常用的是纤维素衍生物,其特点是毒性小、强度大、成盐后溶解度增大。

①羧甲基纤维素钠:属阴离子型高分子聚合物,常与明胶合用。遇水溶胀,体积可增大 10 倍,在酸性溶液中不溶。

②醋酸纤维素酞酸酯(CAP):CAP 分子中含游离羧基,在强酸中不溶解,可溶于 pH6 的水溶液,是肠溶性囊材。

③乙基纤维素(EC):化学稳定性高,适用于多种药物的微囊化,不溶于水、甘油和丙二醇,可溶于乙醇,遇强酸易水解,故对强酸性药物不适宜。

(3)合成高分子囊材 有生物不可降解和生物可降解两类。生物不可降解且不受 pH 影响的囊材有聚酰胺、硅橡胶等;生物不可降解但在一定 pH 条件下可溶解的囊材有聚丙烯酸树脂、聚乙烯醇等。近年来,生物可降解的材料得到普遍重视,如聚碳酯、聚氨基酸、聚乳酸(PLA)、乙交酯丙交酯共聚物(PLGA)等,它们的共同特点是无毒、成膜性好、化学稳定性高。

三、微囊的制备方法

目前微囊的制备方法可归纳为物理化学法、物理机械法和化学法三大类。

1. 物理化学法

本法的成囊过程在液相中进行,囊心物与囊材在一定条件下形成新相析出,故又称相分离法。相分离法又可进一步分为单凝聚法、复凝聚法、溶剂–非溶剂法、改变温度法和液中干燥法等。

(1)单凝聚法 单凝聚法是在高分子囊材溶液(如明胶)中加入凝聚剂,使囊材溶解度降低而凝聚并包裹药物成囊的方法。

将药物分散(混悬或乳化)在明胶的水溶液中,然后加入凝聚剂(可以是强亲水性电解质如硫酸钠水溶液或强亲水性的非电解质如乙醇)可强烈地夺取明胶分子水化膜中的水分子,使明胶溶解度降低,从溶液中析出而凝聚成囊。这种凝聚过程是可逆的,一旦解除促进凝聚的条件(如加水稀释),就会发生解凝聚,使凝聚囊很快消失。在制备过程中可以利用这种可逆性,经过几次凝聚与解凝聚过程,直到析出满意的凝聚囊为止(可用显微镜观察)。最后再利用囊材的某些化学性质或物理性质,使形成的凝聚囊交联与固化,以便微囊长久保持囊形,不凝结、不粘连,成为不可逆的微囊。

例如复方左炔诺孕酮单凝聚法制备微囊:将左炔诺孕酮与雌二醇混匀,加到明胶(5%)溶液中混悬均匀,以硫酸钠溶液为凝聚剂制成微囊。粒径在 $10 \sim 40 \mu m$ 的占总数的 95% 以上,平均粒径为 $20.7 \mu m$,见图 11–3。

(2)复凝聚法 系利用两种相反电荷的高分子材料,在一定条件下互相交联形成复合囊材,溶解度降低时,自溶液中析出凝聚成囊的方法。可作复合材料的有明胶与阿拉伯胶、海藻酸盐与壳聚糖等。

①基本原理:以明胶–阿拉伯胶复合囊材为例。明胶溶液 pH 在等电点以上时,带负电荷,在等电点以下带正电荷。阿拉伯胶在水溶液中仅具有负电荷。因此在明胶和阿拉伯胶混合后,调节溶液的 pH 降低到明胶的等电点以下(如调 pH 至 4~4.5)时,明胶正电荷量多,将与带负电荷的阿拉伯胶相互吸引结合成不溶性复合物,溶解度降低而凝聚成囊。

②复凝聚法的制备工艺流程:

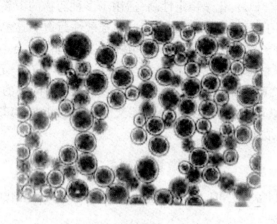

图 11-3　左炔诺酮与雌二醇单凝聚微囊

囊心物(固体或液体药物) + 囊材(2.5% ~5%明胶与 2.5% ~5%阿拉伯胶溶液)──→混悬液（或乳状液）$\xrightarrow[\text{5\%醋酸溶液调 pH4.0}]{50 \sim 55℃}$ 凝聚囊 $\xrightarrow[\text{（用量为成囊系统的 1 ~ 3 倍）}]{30 \sim 40℃的水}$ 沉降囊

$\xrightarrow[\text{（用 20\% NaOH 调至 pH8 ~ 9）}]{10℃以下 37\%甲醛溶液}$ 固化囊 $\xrightarrow{\text{水洗至无甲醛}}$ 微囊──→制剂

例 11-5　留兰香油微囊的制备

【处方】留兰香油 2.25mL　明胶 1.5g　阿拉伯胶 1.5g　甘油 1mL　稀醋酸(10%)溶液　适量 25%戊二醛溶液 0.5mL　异丙醇 20mL　纯化水适量

【制法】将留兰香油加入 40℃的 50mL 3%明胶溶液中,5 600r/min 高速分散 4min 使成乳液;将乳液倒入 500mL 棕色瓶中,并加入 50mL 3%阿拉伯胶溶液(40℃预热)。在 40℃下 100r/min 恒温磁力搅拌 10min。加入 1mL 甘油,再搅拌 5min,缓慢加入 10%醋酸调节 pH 至 3.8,再恒温搅拌 10min;加入 30 ~ 40℃蒸馏水 200mL,搅拌降温至 30℃ ,再置冰水浴中搅拌降温至 10℃ 左右,加入 10% NaOH 调节 pH 至中性,加入 25%戊二醛溶液 0.5mL,搅拌 30min,5 000r /min 离心,抽滤,水洗 2 遍至无醛味,异丙醇 20mL 脱水,30℃低温干燥即得。

【注解】①明胶水溶液在等电点以下带有正电荷,阿拉伯胶在水溶液中有负电荷,正负电荷相互吸引形成复合物,在搅拌下形成微囊。②加入固化剂戊二醛之前,需调节 pH 值至 7 ~ 8。若不调节,固化效果不好,过滤后微囊黏连,即使冷冻干燥也无法形成蓬松的粉末;若调节 pH 至 8 以上,微囊中留兰香油的主要成分香芹酮的量显著降低,故调节 pH 值至中性。③异丙醇在脱水的同时还兼有洗去微囊表面挥发油的作用。

(3)溶剂 - 非溶剂法　是将囊材溶于某溶剂中(作为溶剂),然后加入一种对囊材不溶的溶剂(作为非溶剂),使囊材溶解度降低,引起相分离,使药物包裹到囊材中的成囊方法。药物可以是固态或液态,药物可混悬于或乳化于囊材溶液中,但必须对溶剂和非溶剂均不溶解,也不起反应。

(4)改变温度法 本法不需加入凝聚剂,而是通过控制温度成囊。常用乙基纤维素作囊材,先在高温下将其溶解,降温时溶解度降低而凝聚成囊。加入聚合物分散剂可改善微囊间的粘连。如一种用聚异丁烯为分散剂与 EC、环己烷组成的三元体系,在 80℃ 溶解成均匀溶液,缓慢冷却至 45℃,再迅速冷却至 25℃,EC 即可凝聚成囊。

(5)液中干燥法 从乳浊液中除去分散相挥发性溶剂以制备微囊的方法称为液中干燥法,亦称溶剂挥发法。如布洛芬微囊的制备:将 EC 溶于二氯甲烷中,加入过 100 目筛的布洛芬粉末,在 30℃ 水浴中 250r/min 搅拌 20min,在搅拌下加入含 0.5% 表面活性剂的 100mL 水中,水温由 30℃ 逐渐升至 40℃,搅拌 3h,过滤,用 50mL 水洗涤 3 次,室温干燥 24h,即得粉末状微囊。

例 11-6 三七总皂苷肠溶微囊(胶囊型)

【处方】三七总皂苷 0.5g 聚丙烯酸树脂Ⅱ号 0.9g 无水乙醇 8mL 冰片 0.05g 液体石蜡 120mL 聚山梨酯-80 2.4g 乙酸乙酯 36mL 纯化水适量

【制法】取聚丙烯酸树脂Ⅱ号 0.9g,溶于 8mL 无水乙醇中,置于磁力搅拌器上搅拌,分散均匀后,加入三七总皂苷 0.5g,冰片 0.05g,继续搅拌至完全溶解,将其注入 120mL 已乳化的液体石蜡中(乳化剂聚山梨酯-80 用量 2.4g),提高转速至 1 000r/min 继续搅拌,得微囊乳状液,逐滴加入乙酸乙酯(乳状液:乙酸乙酯 = 10:3),微囊沉淀,过滤,将所得微囊用纯化水冲洗干净,在 50℃ 下干燥即得微囊。将所得微囊直接装普通胶囊,即得。

【注解】三七总皂苷是从三七提取的作用于心脑血管疾病的主要活性成分,在临床上三七总皂苷给药途径主要是注射和口服,注射剂虽起效快,但有报道部分患者出现过敏反应,且用药的顺应性差;而口服制剂由于受胃肠道酶、细菌及 pH 值等多种因素影响,生物利用度较低。研究表明,口服吸收最佳部位为十二指肠,故将其制成肠溶微囊。

2. 物理机械法

制备微囊的物理机械法有喷雾干燥法、喷雾凝结法、多孔离心法及锅包衣法等;其中喷雾干燥法最常用,制备工艺是先将囊心物分散在囊材溶液中,再用喷雾法将此混合物喷入惰性热气流使液滴干燥固化即得。该法可用于固态或液态药物的微囊化,粒径范围为 5~600μm。

3. 化学法

利用单体或高分子在溶液中发生聚合或缩合反应,形成囊膜而制成微囊。

(1)界面缩聚法 亦称界面聚合法,将两种以上不相容的单体分别溶解在分散相和连续相中,通过在分散相与连续相的界面上发生单体的缩聚反应,形成囊膜,包裹药物形成微囊。

(2)辐射交联法 该法系将明胶或聚乙烯醇经 γ 射线照射发生交联形成微

囊。该法特点是工艺简单,适合于水溶性药物。

四、微囊的质量评价

1. 微囊的形态与粒径

微囊的外观形态应为圆形、椭圆形、流动性好的粉末。粒径大小应均匀,可分散性好。不同制剂对粒径有不同的要求,注射剂的微囊粒径应符合《中国药典》(2020 年版)中混悬注射剂的规定,应提供粒径平均值及其分布数据、图形或跨距。

微囊形态可用光学显微镜或电子显微镜观察,微囊的粒径也可用显微镜测定,但常用自动粒径测定仪、库尔特计数仪等测定,每个样品测定的微囊数应不少于 500 个。

2. 微囊的载药量与包封率

微囊的药物含量称为载药量。对于粉末状微囊,可以仅测定载药量,对于液态介质中的微囊,可经离心或滤过等方法分离微囊后,再计算载药量和包封率。

$$微囊载药量 = (微囊内的药量 / 微囊的总重量) \times 100\%$$

$$微囊包封率 = [微囊内的药量 / (微囊内药量 + 介质中的药量)] \times 100\%$$

3. 药物释放速度

为掌握微囊中药物的释放规律、释放时间及起效部位,应对微囊药物的释放速度进行测定。可采用《中国药典》(2020 年版)中药物释放速度测定方法中第二法(桨法)测定,亦可将试样置薄膜透析管内按第一法(转篮法)测定。

4. 突释效应

要求开始 0.5h 的释放量应低于 40%。

第四节　脂质体的制备技术

一、概　　述

脂质体(1iposomes)系指将药物包封于类脂双分子层(厚度 4nm)内所形成的微小泡囊。亦称为类脂小球或液晶微囊。

脂质体是英国学者 Bangham 等人于 1965 年发现的,20 世纪 60 年代末 Rahman 等首先将脂质体作为药物载体应用。

脂质体根据其结构所包含的类脂质双分子层数和粒径可分为:单室脂质体和多室脂质体。单室脂质体:药物只被一层类脂双分子层所包封,其中脂质体的粒径在 0.02 ~ 0.08μm 的称为小单室脂质体,粒径在 0.1 ~ 1μm 的称为大单室脂质体,见图 11 - 4;含有多层类脂双分子层的称为多室脂质体。多室脂质体的每一层类脂双分子层均可包封药物,水溶性的药物包封于双分子层的亲水基团夹层内,而脂溶性药物则分散于双分子层疏水基团的夹层内,见图 11 - 5。

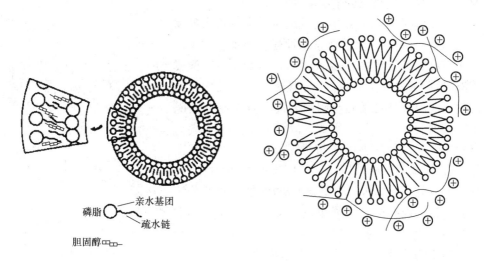

磷脂 ⃝—— 亲水基团
　　　　　 疏水链

胆固醇 ▭▭▭—

图 11 – 4　单室脂质体结构示意图

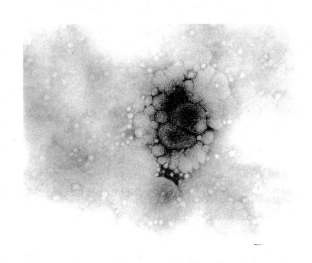

图 11 – 5　多室脂质体电镜照片

二、脂质体的组成与结构

脂质体是以磷脂为主要膜材并加入胆固醇等附加剂组成。磷脂为两性物质，既含有磷酸基和季铵盐基(为亲水性基团)，又含有两个较长的疏水烃基链(为亲油性基团)，见图 11 – 6。如果把磷脂的醇溶液倒入水面,醇很快溶于水中,而磷脂分子则排列在空气 – 水的界面上,极性部分在水中,非极性部分则伸向空气中。随着磷脂分子数量的增加,磷脂分子在空气 – 水的界面上布满后,则开始转入水中,被水包围,其极性基团面向外侧的水相,而非极性基团(烃基)向内(彼此面对

275

面），从而形成板状双分子层或球状双分子层。

胆固醇亦属于两亲物质，其结构中也有疏水基团与亲水基团，但其疏水性比亲水性强。用磷脂和胆固醇作膜材制备脂质体时，必须用有机溶剂先将其配成溶液，然后蒸发除去有机溶剂，器壁上可形成均匀的薄膜。此薄膜是由磷脂与胆固醇混合分子相互间隔定向排列的双分子层所组成。磷脂分子的亲水端呈弯曲的弧形，形似"手杖"，与胆固醇分子的亲水基团相结合，形成"U"形结构，两个"U"形结构相对排列，则形成双分子层结构。当薄膜形成后，加入磷酸盐缓冲液振荡或搅拌即可形成单室或多室的脂质体。在不断搅拌中，大量的水溶性药物容纳在水膜中，而脂溶性药物则结合于双分子层的疏水链部分。

脂质体可以是单层的封闭双层结构，也可是多层的封闭双层结构。在电镜下，脂质体的外形常见的有球形、椭圆形等，直径从几十纳米到几微米之间。

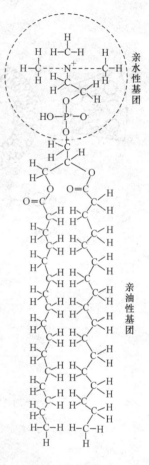

图 11-6　磷脂的结构式

三、脂质体的理化性质

1. 相变温度

脂质体的物理性质与介质温度有密切关系，当升高温度时脂质体双分子层中疏水链可从有序排列变为无序排列，从而引起脂质膜物理性质的一系列变化，膜由"胶晶"态变为"液晶"态，其厚度减小，流动性增加等。发生这种转变时的温度称为相变温度。它取决于磷脂的种类，一般酰基侧链越长相转变温度越高。

膜的流动性是脂质体的一个重要物理性质，在相变温度时膜的流动性增加，被包裹在脂质体内的药物释放速率最大，故膜的流动性直接影响脂质体的稳定性。在脂质体膜中添加胆固醇可调节膜的流动性。

2. 电性

酸性脂质如磷脂酸和磷脂酰丝氨酸等脂质体带负电荷，含碱基（氨基）脂质如十八胺等的脂质体带正电荷，不含离子的脂质体显电中性。脂质体表面电性与其包封率、稳定性、靶器官分布及靶细胞作用有关。

3. 粒径

脂质体粒径大小和分布均匀程度与其包封率和稳定性有关，其直接影响脂质体在机体组织的配置和行为。

4. 包封率

脂质体的载药量亦称包封率,通过适当方法如凝胶层析法、离心法和透析法等除去未包封的药物,即可测定脂质体中所包封的药物量。

包封率 = [(脂质体混悬液总药物量 − 未包入脂质体的药物量)/脂质体混悬液总药物量] × 100%

5. 脂质体的渗漏

脂质体膜有一定的通透性,包封的药物可渗漏到膜外。高质量的脂质体应有较小的渗漏率。根据给药途径的不同,将脂质体分散贮存在一定介质中,保持一定温度,于不同时间用透析或离心等方法分离,测定介质中的药量可计算渗漏率,用于比较不同工艺、不同配方制备的脂质体包封药物的稳定性。

渗漏率 = (贮存一定时间后渗漏到介质中的药物量/贮存前包封的药物) × 100%

四、脂质体的制备

1. 注入法

将磷脂与胆固醇类脂质及脂溶性药物共溶于有机溶剂中(一般多采用乙醚或乙醇),然后将此药液经注射器缓缓注入加热至 $50 \sim 60℃$(磁力搅拌下)的磷酸盐缓冲液(可含有水溶性药物)中,加完后,继续搅拌至有机溶剂除尽为止,即制得脂质体。

2. 薄膜分散法

薄膜分散法是将磷脂、胆固醇等类脂质及脂溶性药物溶于氯仿(或其他有机溶剂)中,然后将氯仿溶液在玻璃烧瓶中旋转蒸发,使在烧瓶内壁上形成薄膜,将水溶性药物溶于磷酸盐缓冲液中,加入烧瓶中不断搅拌,即得脂质体。这样制得的脂质体为多室脂质体,其粒径范围多在 $1 \sim 5\mu m$。然后可用各种机械方法(如超声波分散法、挤压法)或化学方法(如表面活性剂处理法)将其制成粒径更小的脂质体。如氟尿嘧啶脂质体,将磷脂(卵磷脂或脑磷脂)、胆固醇与磷酸二鲸蜡酸,其摩尔比为 $7:2:1$ 或 $4.8:2.8:1$ 配成氯仿溶液,真空蒸发除去氯仿,使在器壁上形成薄膜,加入等渗的磷酸盐缓冲液(pH 6.0),其中含氟尿嘧啶 77mmol/L,类脂质在缓冲液中的浓度为 $50 \sim 70mmol/L$,加玻璃珠数枚,搅拌 2min,在 25℃放置 2h,使薄膜吸胀;再在 25℃搅拌 2h,得到脂质体。

3. 超声波分散法

将水溶性药物溶于磷酸盐缓冲液,加入磷脂、胆固醇与脂溶性药物共溶于有机溶剂的溶液,搅拌蒸发除去有机溶剂,残液经超声波处理,然后分离出脂质体,再混悬于磷酸盐缓冲液中,制成脂质体混悬液。凡经超声波分散的脂质体混悬液,绝大部分为单室脂质体。

4. 逆相蒸发法

将磷脂等膜材溶于氯仿、乙醚等有机溶剂中,加入待包封药物的水溶液(水溶液:有机溶剂为 $1:3 \sim 1:6$)进行短时超声,直到形成稳定的 W/O 型乳剂,然后减压蒸发除去有机溶剂。达到胶态后,滴加缓冲液,旋转使器壁上的凝胶脱落,在室温减压下继续蒸发,制得水性混悬液,通过凝胶色谱法或超速离心法,除去未包封的药物,即得大单室脂质体。本法特点是包封的药物量大,体积包封率可大于超声波分散法30倍,适合于包封水溶性药物及大分子生物活性物质如各种抗生素、胰岛素、免疫球蛋白、核酸等。

5. 冷冻干燥法

将类脂质经超声处理高度分散于缓冲盐溶液中,加入冻结保护剂(如葡萄糖、海藻酸等)冷冻干燥后,再将干燥物分散到含药物的缓冲盐溶液或其他水性介质中,即可形成脂质体。此法适合包封对热敏感的药物,如环磷酰胺脂质体。

例 11 - 7 伊立替康脂质体

【处方】伊立替康 40mg 卵磷脂 400mg 胆固醇 80mg PEG 2 000 40mg 泊洛沙姆 F - 68 80mg 0.2mol/L 硫酸铵溶液适量 无水乙醇适量

【制法】按处方量称取卵磷脂、胆固醇、PEG 2 000 和泊洛沙姆(F - 68),溶于乙醇中,使卵磷脂浓度为 100mg/mL,逐滴加入到硫酸铵浓度为 0.2mol/L 的 13 mL 的水溶液中,硫酸铵溶液与乙醇体积比为 10∶3,55℃ 水浴通 N_2 条件下保温搅拌 20min,得到空白长循环脂质体。将所得空白脂质体在生理盐水中透析,除去外水相中的硫酸铵,形成内外硫酸铵梯度。将伊立替康溶液加入空白脂质体中,调节外相 pH,在 55℃ 下孵育载药 10min,即得伊立替康脂质体。

【注解】伊立替康,又名羟基喜树碱 - 11,为一种半合成的水溶性喜树碱衍生物,其活性基团是 α - 羟基 - δ - 内酯,故可采用乙醇注入 - 硫酸铵梯度主动载药法制备脂质体,以提高其稳定性显著。

例 11 - 8 莪术醇脂质体

【处方】莪术醇 300mg 磷脂 5g 胆固醇 20g 无水乙醇适量 pH6.5 的磷酸盐缓冲液适量

制成 100mL 莪术醇脂质体制剂。

【制法】按处方量称取莪术醇、磷脂、胆固醇溶于一定量的无水乙醇中,超声充分溶解后,将其缓慢滴入事先预热的 pH6.5 的磷酸盐缓冲液中,并置于 50℃ 恒温水浴中磁力搅拌 30min,旋转蒸发将无水乙醇除去,用磷酸盐缓冲液定容保温,冷却至室温,探头超声 2min,然后经过微射流仪 3 次[微射流压力为 40psi(0.28MPa)],过 0.45μm 微孔滤膜过滤,即得莪术醇脂质体制剂。

五、脂质体的体内作用特点

1. 体内分布靶向性

脂质体静脉给药进入体内即被巨噬细胞(主要是肝和脾中的网状内皮细胞)作为外界异物而吞噬,从而主要分布于肝脏和脾脏,是治疗肝肿瘤、肝寄生虫病等疾病的理想药物载体。如抗肝利什曼原虫药锑酸葡胺被脂质体包封后,药物在肝中的浓度提高 200~700 倍。脂质体经肌内、皮下或腹腔注射后,首先进入局部淋巴结中,是治疗和防止肿瘤扩散和转移的优良药物载体。在脂质体的设计中,利用某种物理因素或化学因素(如用药局部的 pH、病变部位的温度等)的改变可明显改变脂质体膜通透性的原理,在脂质体的膜材中加入某些化学物质,可制备定位释放药物的敏感脂质体,如 pH 敏感脂质体和温度敏感脂质体。在脂质体上连接一种被称为配体的识别分子(如抗体、激素、植物凝集素、糖类等),在体内通过配体分子特异性地与靶细胞表面的互补分子如受体相互作用,而使脂质体浓集在靶区释放药物。

2. 药物作用延效性

许多药物由于被迅速代谢或排泄而在体内作用时间短。将药物包封成脂质体,可减少肾排泄和代谢而延长药物在血液中的滞留时间,使药物在体内缓慢释放,从而延长了药物的作用时间。药物从多室脂质体释放需要透过多层磷脂膜向外渗透,所以药物从多室脂质体释放比相同的单室脂质体慢。

3. 细胞亲和性与组织相容性

因脂质体是类似生物膜结构的泡囊,对正常细胞和组织无损害和抑制作用,有细胞亲和性与组织相容性,并可长时间吸附于靶细胞周围,使药物能充分向靶细胞、靶组织渗透,脂质体也可通过融合进入细胞内,经溶酶体消化释放药物。

4. 降低药物毒性

药物被脂质体包封后,主要被网状内皮系统的巨噬细胞所吞噬而摄取,在肝、脾和骨髓等网状内皮细胞较丰富的器官中浓集,而药物在心脏、肾脏中的累积量比游离药物低得多。因此如将对心脏、肾脏有毒性的药物尤其是对正常细胞有毒性的抗癌药物,包封成脂质体可明显降低药物的毒性。如阿霉素是治疗白血病的常用药物,但它具有心脏毒性,常引起心律失常、心肌损害,甚至心功能不全。经脂质体包封后,在提高治疗指数的同时对心脏的毒性作用也大大降低。

5. 提高药物的稳定性

一些不稳定、易氧化的药物被脂质体包封后可受到脂质体双层膜的保护,在很大程度上提高了药物的稳定性。同时脂质体也增加了药物在体内的稳定性,这是由于药物进入靶区前被包在脂质体内,使药物免受机体酶和免疫系统的分解,当进入靶区后脂质体和细胞相互作用或被细胞内吞,经溶酶体的作用,而使脂质体解体,并释放出药物。

六、脂质体的给药途径

脂质体在体内可完全生物降解,一般无毒。脂质体在体内的作用受给药途径的影响。用不同的方法,可制备成各种大小和具有不同表面性质的脂质体,因而脂质体可适用于多种给药途径,如静脉注射、肌内和皮下注射、经皮给药、口服给药、肺部给药、眼部给药、鼻腔给药等。

第五节　缓、控、迟释制剂

一、概　述

剂型是活性药物进入机体前的最终存在形式,其发展大致分为四个阶段:第一代为普通制剂,如片剂、胶囊剂和注射液等;第二代为缓释制剂、肠溶制剂等,如缓释骨架片、植入式长效制剂等;第三代为控释制剂,以及利用单克隆抗体、脂质体、微粒和纳米粒等药物载体制备的制剂,如渗透泵制剂,膜控释制剂、脂质体制剂等;第四代为基于体内反馈情报靶向于细胞水平的给药系统。第二代至第四代药物制剂可统称为药物传递系统(drug delivery system,简称DDS)。随着人们对疾病的认识不断深入,以及新材料、新技术的发展,药物新剂型正向"精确给药、定向定位给药、按需给药"的方向发展。

根据药物传递系统的作用特点,可分为以下几种类型:

(1)速度控制型给药系统　主要是控制药物的释放速度,如缓释、控释和迟释系统。

(2)方向控制型给药系统　主要是指药物在体内特定的部位释放的给药系统,包括靶向给药系统和定位给药系统等。

(3)应答式给药系统　由于一些疾病的发作呈现出生理节奏的变化,因此,需要一种能根据生理或病理需要而定量释放药物的系统。应答式释药系统包括外调式释药系统(stimuli – responsive DDS)和自调式释药系统(self – regulation DDS)。

二、缓、控、迟释制剂

(一)缓、控、迟释制剂的定义

缓释(sustained – release)制剂系指在规定释放介质中,按要求缓慢地非恒速释放药物,其与相应的普通制剂比较,给药频率比普通制剂减少一半或给药频率比普通制剂有所减少,且能显著增加患者依从性的制剂。

控释(controlled – release)制剂系指在规定释放介质中,按要求缓慢地恒速释放药物,其与相应的普通制剂比较,给药频率比普通制剂减少一半或给药频率比普通制剂有所减少,血药浓度比缓释制剂更加平稳,且能显著增加患者依从性的制剂。

迟释(delayed – release)制剂系指在给药后不立即释放药物的制剂,包括肠溶制剂、结肠定位制剂和脉冲制剂等。

缓释与控释的主要区别在于缓释制剂是按时间变化先多后少的非恒速释放,而控释制剂是按零级速率规律释放,即其释药是不受时间影响的恒速释放,可以得到更为平稳的血药浓度,"峰谷"波动更小,直至基本吸收完全。

（二）缓、控释制剂的特点

与普通制剂相比,缓、控释制剂主要有以下优点:

（1）减少服药次数,提高病人服药的顺应性。

（2）使血药浓度平稳,避免峰谷现象,从而降低药物的毒副作用。

（3）可减少用药的总剂量,可用最小剂量达到药物吸收的最佳效果,从而实现最大疗效。

（4）某些缓、控释制剂可按要求定时、定位释放,更加适合疾病的治疗。

但缓、控释制剂也有不利的一面:

（1）在临床应用中对剂量调节的灵活性降低,如果遇到某种特殊情况(如出现较大副反应),往往不能立刻停止治疗。

（2）缓、控释制剂往往是基于健康人群的平均动力学参数而设计,当药物在疾病状态的体内动力学特性有所改变时,不能灵活调节给药方案。

（3）制备缓、控释制剂所涉及的设备和工艺费用较常规制剂昂贵。

（三）缓、控释制剂设计原则

1. 药物的因素

药物剂型的选择应充分考虑药物临床应用要求、药物理化特性及药物动力学。并非所有的药物均能制备成缓、控释制剂。制成缓、控释制剂的药物一般应符合下列条件。

（1）有适当的药物半衰期　半衰期在 $2 \sim 8h$ 的药物,适合制成缓、控释制剂,半衰期很短(如小于 1h)或很长(如大于 12h)的药物均不宜制成缓、控释制剂。

（2）药物 pK_a、解离度和水溶性符合要求　由于大多数药物是弱酸或弱碱,而非解离型的药物容易通过脂质生物膜,因此了解药物的 pK_a 和吸收环境(特别是消化道的 pH 改变)之间的关系很重要。由于药物制剂在胃肠道的释药受其溶出的限制,所以溶解度很小的药物(<0.01mg/mL)本身具有内在的缓释作用。

（3）药物在胃肠道的稳定性良好　口服给药的药物要同时经受酸、碱的水解和酶降解作用,而且要在胃肠道中停留较长时间,如果药物在胃肠液中不稳定,则不适合制成缓、控释制剂。

（4）血药浓度与药理作用存在相关性　血药浓度与药理作用之间没有相关性的药物,将在缓、控释制剂的设计和试验中造成麻烦,将无法通过试验证明其在体内是否长效。

（5）有合适的给药剂量　普通制剂若单服剂量很大(如 >1.0g),制成缓、控释制剂后要维持一定的血药浓度,剂量必然要更大地增加,给服用和制备同样带来不便。另外,剂量需要精密调节的药物,一般也不宜制成缓、控释制剂。

（6）有合适的药理作用与胃肠道吸收　药效剧烈的药物如果制剂设计和制备工艺不周密,释药太快,有可能使患者中毒;吸收无规律或吸收太差的药物制成缓、控释制剂后,有可能还没吸收完全,制剂已离开吸收部位;在特定部位主动吸收的制剂因受吸收部位的局限,一般也不宜制成缓、控释制剂;在吸收前有代谢作用的药物因在吸收前容易被代谢掉,不宜制成缓、控释制剂。下列类型药物适于制备缓、控释制剂,如心率失常药、降压药、抗组胺药、支气管扩张药、抗哮喘药、解热镇痛药、抗溃疡药、铁盐、KCl 等。

(7)有些药物在治疗过程中,需要使血药浓度出现峰谷现象,如青霉素等抗生素类药物,由于其抗菌效果依赖于峰浓度,加之容易产生耐药性,一般不宜制成缓、控释制剂。

2. 生物因素

(1)药物在体内的一般变化过程 如图 11 - 7 所示。

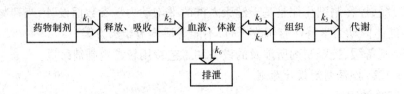

图 11 - 7 药物在体内的一般变化过程

药物在体内有效作用时间的长短,主要由 $k_1 \sim k_6$ 这 6 个过程中的速率常数所决定。若 $k_1 \sim k_6$ 的数值增大,则药物在体内作用的时间就缩短;反之,$k_1 \sim k_6$ 数值减小,药物在机体内的作用时间就延长。因此,缓、控释制剂设计的关键就是使 k 值减小,如减小 k_1、k_2,药物从制剂中释放变缓,并延长了药物的吸收时间;减小 k_5、k_6,则延缓了药物在机体内的代谢和排泄。要使药物在体内的 k 值变小,达到缓释的目的,主要通过化学的、物理的和药剂学等方法实现。

(2)生物利用度 相对生物利用度一般应在普通制剂的80% ~ 120%范围内。为了保证缓释、控释制剂的生物利用度,根据药物的理化性质,处方设计时可选用适宜的缓释、控释阻滞剂,控制药物在胃肠道中的释放速度,以延缓药物在体内的吸收时间,获得满意的生物利用度。

(3)峰浓度与谷浓度之比 稳态时峰浓度与谷浓度之比应等于或小于普通制剂。缓、控释制剂的 c_{max} 应小于普通制剂;缓、控释制剂的平均滞留时间(MRT)延长,且 t_{max} 应大于普通制剂。

3. 给药间隔的合理设计

(1)根据药物的吸收部位确定 若药物吸收部位主要在胃与小肠,宜设计成每12h服一次;若药物在大肠也有一定的吸收,则可以考虑每24h服一次。

(2)根据药物的半衰期确定 缓、控释制剂适合于半衰期在 2 ~ 8h 的药物。一般半衰期短、治疗指数窄的药物,可设计成每12h服一次,而半衰期长、治疗指数宽的药物则可设计每24h服一次。

4. 理想口服缓、控释制剂给药剂量的设计

缓、控释制剂的剂量，一般根据普通制剂的剂量确定。如普通制剂一天给药四次，每次40mg，制成一天给药两次的缓、控释制剂，一般每次剂量为80mg。这是根据经验考虑，如欲得到理想的血药浓度时间曲线，缓、控释制剂的剂量应该应用药物动力学参数，根据需要的治疗血药浓度和给药间隔设计。

（四）缓、控释制剂的阻滞剂

缓、控释制剂中多以高分子化合物作为阻滞剂（retardants）来控制药物的释放速度。其阻滞方式有骨架型、包衣膜型和增黏型等。

1. 骨架型阻滞材料

（1）亲水性凝胶骨架材料　是指在遇水膨胀后，能形成凝胶屏障而控制药物释放的材料，有甲基纤维素（MC）、羧甲基纤维素钠（CMC－Na）、羟丙甲纤维素（HPMC）、羟丙基纤维素（HPC）、聚维酮（PVP）、卡波普（Carbopol）、海藻酸钠、壳聚糖等。

（2）溶蚀性骨架材料　是指本身不溶解，但是在胃肠液环境下可以逐渐溶蚀的惰性蜡质、脂肪酸及其酯类等，如蜂蜡、巴西棕榈蜡、氢化植物油、硬脂酸、硬脂醇、甘油三酯、单硬脂酸甘油酯等。

（3）不溶性骨架材料　是指不溶于水或水溶性极小的高分子聚合物，有乙基纤维素（EC）、无毒聚氯乙烯、聚乙烯、乙烯－醋酸乙烯共聚物（EVA）等。

2. 包衣膜型阻滞材料

包衣膜型阻滞材料常用疏水性和肠溶性材料。

（1）不溶性高分子材料　是一类不溶于水的高分子聚合物，无毒，具有良好的成膜性能和机械性能，溶解能力不受胃肠液pH的影响。如乙基纤维素（EC）、醋酸纤维素（CA）、丙烯酸树脂类（Eudragit RS30D、RL30D、NE30D）等。

（2）肠溶性高分子　是指在胃中不溶，在小肠偏碱性的环境下溶解的高分子材料，如醋酸纤维素酞酸酯（CAP）、丙烯酸树脂L、S型、羟丙甲纤维素酞酸酯（HPMCP）和醋酸羟丙甲纤维素琥珀酸酯（HPMCAS）等。

3. 增稠剂

增稠剂是一类水溶性高分子聚合物，溶于水后，溶液黏度随浓度而增大，增加黏度可以减慢扩散速度，延缓药物的吸收，该类物质主要用于注射剂或其他液体药剂。常用的有明胶、PVP、CMC、PVA、右旋糖酐等。

（五）释药机制

缓、控释制剂的工艺主要是基于减小溶出速度（Noyes－Whitney方程）和减慢扩散速度（Fick第一定律）等原理。但对于一个具体的制剂，往往这两方面的因素同时起作用，在原理上却不能截然分开。为叙述方便，本节分别讨论。

1. 减少溶出速度为主要原理的方法

由于药物的释放受溶出速度的限制，溶出速度慢的药物显示出缓释的性质。

根据 Noyes – Whitney 溶出速度公式$\frac{dc}{dt} = kA(c_s - c) = \frac{D}{h}A(c_s - c)$,通过减小药物的溶解度,增大药物的粒径,可以降低药物的溶出速度,达到长效作用。具体方法有下列几种。

(1)制成溶解度小的盐或酯　例如青霉素普鲁卡因盐的药效比青霉素钾(钠)盐显著延长。醇类药物经酯化后水溶性减小,药效延长,如睾丸素丙酸酯等。

(2)与高分子化合物生成难溶性复盐　海藻酸与毛果芸香碱形成的盐在眼用膜剂中的药效比毛果芸香碱盐酸盐显著延长。胰岛素注射液每日需注射四次,与鱼精蛋白结合成溶解度小的鱼精蛋白胰岛素,再加入锌盐形成鱼精蛋白锌胰岛素,药效可维持 18～24h 或更长。

(3)控制粒子大小　减小药物的表面积,可减慢药物的溶出速度,故增加难溶性药物的粒径可减慢其吸收。例如超慢性胰岛素中所含胰岛素锌晶粒较大(大部分超过 10μm),故作用可长达 30h;含晶粒较小(不超过 2μm)的半慢性胰岛素锌,作用时间则为 12～14h。

2. 减小扩散速度为原理的方法

以扩散为主的缓、控释制剂主要有膜控型和骨架型两种。释药原理为:药物首先溶解成溶液,再从制剂中扩散出来进入体液,释药受扩散速率的控制。

利用扩散原理达到缓、控释作用的方法有下列几种:

(1)包衣　将药物小丸或片剂用阻滞材料包衣。阻滞材料有肠溶材料和水不溶性高分子材料。

(2)制成微囊　制备微胶囊的过程称为微胶囊化(microencapsulation),是将固体、液体或气体包裹在一个微小的胶囊中,称微型胶囊或微囊。微囊膜为半透膜,在胃肠道中,水分可渗透进入囊内,溶解药物,形成饱和溶液,然后扩散于囊外的消化液中而被机体吸收。囊膜的厚度、微孔的孔径、微孔的弯曲度等因素决定药物的释放速度。

(3)制成不溶性骨架片　以水不溶性材料,如无毒聚氯乙烯、聚乙烯、聚乙烯乙酸酯、聚甲基丙烯酸酯、硅橡胶等为骨架(连续相)制备的片剂。水溶性药物较适于制备这类片剂,而难溶性药物释放太慢。

(4)增加黏度以减少扩散速度　主要用于注射液或其他液体制剂。如明胶用于肝素、维生素 B_{12} 等制剂,PVP 用于胰岛素、肾上腺素、皮质激素、垂体后叶激素、青霉素、局部麻醉剂、安眠药、水杨酸钠和抗组胺类药物等,均有延长药效的作用。CMC – Na(1%)用于盐酸普鲁卡因注射液(3%)可使药物作用延长至约 24h。

(5)制成植入剂　植入剂(implant)是一种供腔道或皮下使用的具有缓、控释性能的无菌固体制剂。已在避孕、抗癌、戒毒、抗炎、糖尿病及心血管疾病等方面的治疗中广泛应用。

(6)制成药树脂　含药物的离子交换树脂简称为药树脂。将药树脂与适宜的辅料混合,压制而成的缓释片剂称为药树脂缓释片。在药树脂复合物微粒外,用合适的阻滞材料包衣制成的微囊称为药树脂微囊。将包衣的药树脂微囊混悬于适当的介质中,即构成了膜与树脂双重控制的缓、控释混悬剂。除以上三类制剂口服药树脂释药系统外,离子交换树脂还用作矫味剂、崩解剂、稳定剂,还可作为载体用于靶向释放系统。

(7)制成乳剂　乳剂是两种互不相溶的液体利用表面活性剂的乳化作用,使一种液体以液滴形式分散在另一种液体中形成的不均匀的微米或纳米分散体系。对于水溶性药物可制成水/油乳剂,在体内水相中药物向油相扩散,再由油相分配到体液,因此具有缓释作用。

(六)缓、控释制剂类别简介

1. 骨架型缓释制剂

骨架制剂是指药物和一种或多种骨架材料通过压制、融合等技术手段制成的片状、粒状或其他形式的制剂。在水或生理体液中骨架制剂能维持或转变为整体式骨架结构,药物以分子或结晶状态均匀分散在骨架结构中,起贮库和控制药物释放的作用。骨架型缓释制剂主要包括亲水性凝胶骨架片、蜡质类骨架片、不溶性骨架片和骨架型小丸等。下面重点介绍亲水性凝胶骨架片。

目前最常用的亲水性凝胶骨架材料是羟丙甲纤维素(HPMC),常用的型号为K4M(黏度为4 000MPa·s)和K15M(黏度为15 000MPa·s),还有甲基纤维素、海藻酸钠等。这些材料遇水后水化形成凝胶层,凝胶层的性质直接影响药物的释放速率,是控制药物释放的重要因素。亲水性凝胶骨架片制备方法简单,可采用湿法制粒法、粉末直接压片法。

影响药物释放速率的因素很多,如:①骨架材料的理化性质、用量、黏度及粒径等;②药物的性质、在处方中的含量、稀释剂的用量等;③制剂工艺及片剂的大小等。

亲水凝胶骨架片药物的释放机制主要是在凝胶层中的扩散和凝胶层的溶蚀,药物释放速度主要取决于药物通过凝胶层的扩散速度和凝胶层的溶蚀速度。

2. 膜控型缓、控释制剂

膜控型缓、控释制剂是指将水溶性药物及辅料包封于具有一定通透性的生物惰性的聚合物(高分子)膜中而形成的给药体系。所用的控释膜通常为一种半透膜或微孔膜等,释药机制是膜腔内的渗透压或药物分子在膜层中的扩散行为。

膜控型缓、控释制剂可分为微孔膜包衣片、膜控释小片、肠溶膜控制片、膜控释小丸等。

3. 渗透泵型控释制剂

渗透泵型控释制剂是利用体系与环境的渗透压差产生恒速释药的原理设计而成,主要由药物、半透膜材料、渗透压活性物质和助推剂组成。

渗透泵片是在片芯外包一层半透性的聚合物衣膜,用激光在片剂衣膜层上开一个或一个以上适宜大小的释药小孔。口服后胃肠道的水分通过半透膜进入片芯,使药物形成饱和溶液,因渗透压活性物质使膜内成为高渗溶液,从而使水分继续进入膜内,药物溶液从小孔泵出。口服渗透泵片剂是目前应用最多的渗透泵制剂,根据结构特点分为单室渗透泵片和多室渗透泵片等,见图11-8。

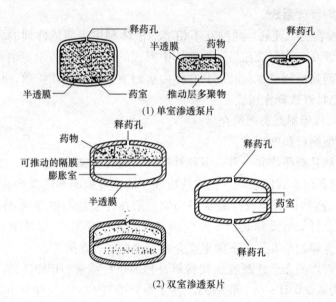

(1) 单室渗透泵片

(2) 双室渗透泵片

图11-8 渗透泵片构造及释药示意图

渗透泵型控释制剂常用的半透膜材料有醋酸纤维素、乙基纤维素等。渗透压活性物质(即渗透压促进剂)起调节药室内渗透压的作用,其用量关系到零级释药时间的长短,常用的渗透压活性物质有乳糖、果糖、葡萄糖和甘露糖等或其不同的混合物。推动剂亦称为促渗透聚合物或助渗剂,能吸水膨胀,产生推动力,将药物层的药物推出释药小孔,常用的有相对分子质量为3~500万的聚羟甲基丙烯酸烷基酯,相对分子质量为1~36万的PVP等。除上述组成外,渗透泵片中还可加入助悬剂、粘合剂、润滑剂和润湿剂等辅料。

例11-9 维拉帕米渗透泵片(单室渗透泵片)

【处方】片芯处方:盐酸维拉帕米(40目)2 850g 甘露醇(40目)2 850g 聚环氧乙烷(40目、相对分子质量500万)60g 聚维酮120g 硬脂酸(40目)115g 乙醇适量

包衣液处方:(用于每片含120mg的片芯) 醋酸纤维素(乙酰基值39.8%)47.25g 醋酸纤维素(乙酰基值32%)15.75g 羟丙基纤维素22.5g 聚乙二醇3 350 4.5g 二氯甲烷1755mL 甲醇735mL

【制法】①片芯制备:按处方量称取前三种组分,混匀;将PVP溶于乙醇,作为粘合剂,缓缓加至上述混合组分中,搅拌20min,过10目筛,制粒;50℃干燥18h,10

目筛整粒后,加入硬脂酸混匀,压片。制成每片含主药120mg、片重257.2mg、硬度为9.7 kg的片芯。②包衣:用空气悬浮包衣技术包衣,包衣液速率为20 mL/min,包至每个片芯增重15.6mg。包衣片于RH50%、50℃的环境干燥45～50h,再在50℃干燥箱中干燥20～25h。③致孔:在包衣片上下两面对称处各打一释药小孔,孔径为254μm。

【注解】此渗透泵片在人工胃液和人工肠液中的释药速率为7.1～7.7mg/h,可持续释药17.8～20.2h。每日仅需服药1～2次。

（七）质量评价

1. 体外释放度试验

《中国药典》(2020年版)二部收载的缓、控释制剂体外试验方法为体外药物释放度试验。释放度是指药物在规定条件下,从缓控释、肠溶及透皮贴剂等剂型中释放的速率和程度。

（1）仪器装置　除另有规定外,缓、控释制剂的体外药物释放度的测定可采用溶出度测定仪。《中国药典》(2020年版)二部附录收载了测定释放度的三种方法:第一法用于检查缓释与控释制剂,第二法用于检查肠溶制剂,第三法用于检查透皮贴剂。

（2）释放介质及温度　去空气的新鲜纯化水为最佳的释放介质,也可根据药物的溶解特性、处方要求、吸收部位等选择0.001～0.1mol/L盐酸溶液、pH3～8的磷酸盐缓冲液作为溶出介质。难溶性药物在测定释放度时可以在溶出介质中加入少量表面活性剂(如十二烷基硫酸钠等)。释放介质的体积要能使药物溶出保持较好的漏槽状态,一般要求不少于形成药物饱和溶液量的3倍,并脱气。释放介质的温度,缓、控释制剂应控制在37℃±0.5℃,贴剂应控制在32℃±0.5℃。

（3）释放度取样时间点　缓、控释制剂的体外释放试验应能反映受试制剂释药速率的变化特征,且能满足统计学处理的需要,释药全过程的时间不应低于给药的间隔时间,且累积释放百分率要求达到90%以上。除另有规定外,通常将释药全过程的数据作累积释放百分率-时间的释药曲线图,制订出合理的释放度检查方法和限度。缓释制剂从释药曲线图中至少选出3个取样时间点,第一点为开始0.5～2h的取样时间点,用于考察药物是否有突释;中间的取样时间点用于确定释药特性;最后的取样时间点用于考察释药是否基本完全。

2. 体内试验

缓、控释制剂体内评价的主要意义在于用动物或人体验证该制剂在体内控制释放性能的优劣,评价体外试验方法的可靠性,并通过体内试验进行制剂的体内动力学研究,计算各动力学参数,为临床用药提供可靠的依据。主要包括生物利用度和生物等效性评价。

3. 体内外相关性评价

体内外相关性是指由制剂产生的生物学性质或由生物学性质衍生的参数

(t_{max}、c_{max} 或 AUC),与同一制剂的物理化学性质(如体外释放行为)之间建立的合理的定量关系。

《中国药典》(2020 年版)规定,缓、控、迟释制剂体内外相关性是指将体内吸收相的吸收曲线与体外释放曲线之间对应的各个时间点进行回归,得到直线回归方程的相关系数符合要求,即可认为具有相关性。只有当体内外具有相关性,才能通过体外释放曲线预测体内情况。

三、迟释制剂－择时与定位释药系统

(一)概述

择时治疗应根据疾病发病时间规律及治疗药物时辰病理学特性,设计不同的给药时间和剂量方案,选用合适的剂型,从而降低药物的毒副作用,达到最佳疗效。口服择时(定时)释药系统(oral chronopharmacologic drug delivery system)就是根据人体的这些生物节律变化特点,按照生理和治疗的需要而定时、定量释药的一种新型给药系统。目前口服择时给药系统主要有渗透泵脉冲释药制剂、包衣脉冲释药制剂和定时脉冲塞胶囊剂等。

(二)渗透泵脉冲释药机制

渗透泵脉冲释药系统的基本组成为片芯、半渗透膜包衣层和释药小孔。片芯可为单层或双层。以双层片芯为例:其中一层是含药和渗透物质的聚合物材料层,离释药小孔近;另一层是远离释药小孔的渗透物质层,提供推动药物释放的渗透压。

(三)包衣脉冲释药机制

包衣脉冲释药机制包括含活性药物成分的片芯或丸芯和包衣层(可以是一层或多层)。包衣层可阻滞药物从片芯中释放,阻滞时间由包衣层的组成、厚度来决定。某些制剂的片芯中还含有崩解剂,当衣层溶蚀或破裂后,崩解剂迅速使片芯崩解并快速释放药物。脉冲释放制剂主要通过膜包衣技术和压制包衣技术实现。

1. 膜包衣技术

(1)膜包衣定时爆释系统(time-controlled explosion system) 这种制剂主要由水进入膜内、膜内崩解剂崩解而胀破膜的时间来控制药物的释放时间。如设计一胶囊用作结肠定时释药系统,首先在明胶胶囊壳外包 EC,胶囊底部用机械方法打出大量小孔(400μm),胶囊内下部由 L-HPC 组成膨胀层,膨胀层上是药物储库,含药物和填充剂,最后盖帽并用 EC 封口(图 11-9)。给药后,水分子通过底部小孔进入,L-HPC 水化、膨胀、使内部渗透压增加,胶囊胀破,药物爆炸式释放。

(2)包衣膜溶蚀型脉冲释药系统(corrosion pulsed-release system) 这种脉冲释药系统是将含药片芯或丸芯包裹于一层或多层聚合物中实现脉冲效果。内层药物在外层聚合物逐层溶蚀后,即释放出来。

图 11 - 9　定时爆释胶囊示意图

2. 压制包衣技术

压制包衣材料主要有亲水性凝胶材料、蜡质材料以及致孔剂等组成。按材料性质可分为半渗透性、溶蚀性和膨胀型等几类。

半渗透型脉冲制剂的包衣材料主要是蜡质加致孔剂。

溶蚀型脉冲制剂的包衣材料常用的是低黏度羟丙甲纤维素，如 HPMC E - 5、HPMC E - 3、HPMC E - 50 等。

膨胀型脉冲制剂的包衣材料主要有高黏度 HPMC、羟乙基纤维素(HEC)等。

3. 半包衣双层脉冲片

片芯外用不透水性材料压制成半包围膜(图 11 - 10)，裸露的第一剂药物在胃液中迅速释放，中间阻滞层为低水渗型高分子材料，吸水膨胀，水分逐渐深入第二剂，崩解剂吸水崩解促使第二剂药物释放，实现第二次脉冲释药。

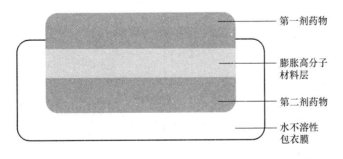

图 11 - 10　半包衣双层脉冲片结构示意图

(四)定时脉冲塞胶囊剂

定时脉冲塞胶囊剂由水不溶性胶囊壳体、药物贮库、定时塞和水不溶性胶囊帽组成，见图 11 - 11。目前有脉冲胶囊和异形脉冲塞溶蚀系统等几种形式。下面主要介绍脉冲胶囊。

脉冲胶囊根据定时柱塞的性质,可分为膨胀型、溶蚀型和酶可降解型等。当定时脉冲胶囊与水性液体接触时:①水溶性胶囊帽溶解;②定时塞遇水即膨胀而脱离胶囊体,或溶蚀,或在酶作用下降解;③贮库中药物快速释放。定时栓塞的溶蚀行为决定定时释药时间。

膨胀型栓塞由亲水凝胶压制而成,如 HPMC、聚氧乙烯(PEO);溶蚀型塞可用 L-HPMC、PVP、PEO 等压制而成;酶可降解型有单层和双层两种,单层柱塞由底物和酶混合组成,如果胶和果胶酶,而双层柱塞由底物层和酶层分别组成,遇水时,底物在酶的作用下分解。

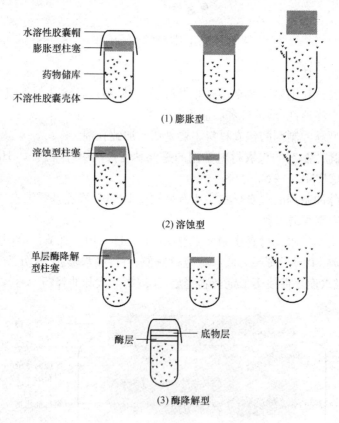

(1)膨胀型

(2)溶蚀型

(3)酶降解型

图 11-11　定时柱塞型胶囊

(五)定位释药系统

口服定位释药系统(oral site-specific drug delivery system)是指口服后能将药物选择性地输送到胃肠道某一特定部位,以速释或缓释、控制释放药物的剂型。其主要目的是:①改善药物在胃肠道的吸收,避免其在胃肠生理环境下失活,如蛋白质、肽类药物制成结肠定位释药系统;②治疗胃肠道的局部疾病,可提高疗效,减少剂量,降低全身性副作用;③改善缓释、控释制剂因受胃肠道运动的影响而造成的药物吸收不完全、个体差异大等现象。根据药物在胃肠道的释药部位不同可设计为胃内定位释药系统、小肠定位释药系统和结肠定位释药系统。

1. 胃内定位释药系统

胃内定位释药主要通过延长胃内的滞留时间来解决。胃内滞留片(gastric retention tables)是指一类能滞留于胃液中,延长药物在消化道内的释放时间,改善药物吸收,有利于提高药物生物利用度的片剂。

胃内滞留的目的:①促进弱酸性药物和十二指肠段有主动转运药物的吸收;②提高在肠道环境不稳定的药物在胃部的吸收;③提高治疗胃部和十二指肠部位疾病的疗效;④延长胃肠道滞留时间,药物得到充分吸收。

实现胃滞留的途径有:胃内漂浮滞留(gastric floating retention)、胃壁黏附滞留(gastric adhensive retention)和膨胀滞留(expansion retention)。这里只介绍胃漂浮片和胃壁黏附片。

(1)胃漂浮片(gastric floating tablet)　胃内漂浮滞留型缓释片是根据流体动力学原理制备的一种特殊缓释制剂,它是由药物、一种或多种亲水凝胶滞留材料辅以其他材料制成;实际上是一种不崩解的亲水性凝胶骨架片。

为了提高滞留能力,可加入疏水性而相对密度小的酯类、脂肪醇类、脂肪酸类或蜡类, 如单硬脂酸甘油酯、硬脂酸、蜂蜡等。乳糖、甘露糖等的加入可加快释药速度,聚丙烯酸酯可减缓释药,有时还加入十二烷基硫酸钠等表面活性剂增加制剂的亲水性。片剂大小、漂浮材料、工艺过程及压缩力等对片剂的漂浮作用有影响,在研制时针对实际情况进行调整。

(2)胃壁黏附片　属于生物黏附片。生物黏附片(bioadhensive tablets)系采用具有生物黏附作用的辅料,如卡波普(Carbopol)、HPC、CMC‐Na以及壳聚糖等制成的片剂,这种片剂能黏附于胃肠黏膜,缓慢释放药物并由黏膜吸收达到治疗目的。

生物黏附片主要以三种机制实现黏附作用:①机械嵌合,遇水后黏性增加而直接黏附于上皮细胞表面,以分子柔韧性、串联和缠绕等物理作用为主;②与黏蛋白发生黏附,主要通过静电引力、氢键、疏水键等方式结合,主要有丙烯酸聚合物、纤维素衍生物、甲壳素衍生物等;③受体介导的生物黏附,辅料与细胞表面以化学键方式结合,结合力强,被称为第二代生物黏附作用。

生物黏附制剂不仅用于胃壁黏附片,还可用于口腔、鼻腔、眼眶、阴道以及胃肠道的特定区段,主要增加药物在吸收部位或治疗部位的滞留时间,从而提高药物的治疗效果和生物利用度,既可以作为局部治疗也可以用于全身治疗。

2. 小肠定位释药系统

为防止药物在胃内分解失效、对胃的刺激或控制药物在肠道内定位释放,可对片剂包肠溶衣或制成肠溶胶囊。下述药物最好能制成肠溶制剂,使之能够安全通过胃部而到肠道崩解或溶解:①遇胃液能起化学反应、变质失效的药物;②对胃黏膜具有较强刺激性的药物;③有些药物如驱虫药、肠道消毒药等希望在肠内起作用,在进入肠道前不被胃液破坏或稀释;④有些在肠道吸收或需要在肠道保持较长的时间以延长其作用的药物。

(1)肠溶包衣片 肠溶包衣片是指在胃中保持完整而在肠道内崩解或溶解的包衣片剂。常用的肠溶衣材料有:邻苯二甲酸醋酸纤维素(CAP)、虫胶(Shellac)、聚丙烯酸树脂、羟丙甲纤维素酞酸酯(HPMCP)等。肠溶包衣可先将片剂在包衣锅中包数层粉衣至片面棱角消失后,再加肠溶衣材料包至适当层数后,再包糖衣数层(以免在包装运输过程中肠衣受到损坏),然后打光。

包衣方法有:包衣锅包衣法、流化包衣法以及利用高效包衣机进行包衣。

(2)肠溶胶囊剂 该部分内容在第六章中已做详细讲解,这里不做重复介绍。

3. 口服结肠定位制剂

口服结肠定位释药制剂是指用适当方法,使药物口服后避免在胃、十二指肠、空肠和回肠前端释放药物,运送到回盲肠部后释放药物而发挥局部和全身治疗作用的一种给药系统,是一种定位在结肠释药的制剂。与胃和小肠的生理环境比较,结肠的转运时间较长,而且酶的活性较低,因此药物的吸收增加,这种生理环境对结肠定位释药很有利,而且结肠定位释药可延迟药物吸收时间,对于受时间节律影响的疾病,如哮喘、高血压等有一定意义。

结肠定位释药制剂的优点为:①提高结肠局部药物浓度,提高药效,有利于治疗结肠局部病变,如溃疡性结肠炎、结肠癌和便秘等;②结肠给药可避免首过效应;③有利于多肽、蛋白质类大分子药物的吸收,如激素类药物、疫苗、生物技术类药物等;④固体制剂在结肠中的转运时间很长,可达 20~30h,因此结肠定位释药制剂的研究对缓、控释制剂,特别是日服一次制剂的开发具有指导意义。

根据释药原理可将结肠定位释药制剂分为三种类型:

(1)时控型 根据制剂口服后到达结肠所需时间,用适当方法制备具有一定时滞的时间控制型制剂,即口服后 5~12h 开始释放药物,可达到结肠靶向转运的目的。大多数此类制剂有药物贮库和外面包衣层或控制塞组成,此包衣或控制塞可在一定时间后溶解、溶蚀或破裂,使药物从贮库内芯中迅速释放发挥疗效。

(2)pH 敏感型 是利用在结肠较高 pH 环境下溶解的 pH 依赖性高分子聚合物,如聚丙烯酸树脂、醋酸纤维素酞酸酯等,使药物在结肠部位释放发挥疗效。有时可能因为结肠病变或细菌作用,其 pH 低于小肠,使药物在结肠不能充分释药,因此此类系统可和时控型系统结合,以提高结肠定位释药的效果。

(3)生物降解型 结肠中细菌的含量要比胃和小肠中多,生物降解型系统是利用结肠中细菌产生的酶对某些材料具有专一的降解性能制成,可分为材料降解型和前体药物型。降解材料目前研究较多的是合成的偶氮聚合物和天然的果胶、瓜尔胶、壳聚糖和 α - 淀粉等。前体药物研究最多且已应用于临床的主要是偶氮降解型的 5 - 氨基水杨酸前体药物,如奥沙拉嗪(Olsalazine),巴柳氮(Balsalazide)

等,在结肠内细菌所产生的偶氮还原酶的作用下,偶氮键断开,释放 5 - 氨基水杨酸发挥治疗作用。

第六节　靶 向 制 剂

一、概　　述

靶向制剂概念是 Ehrlich P 在 1906 年提出的。由于长期对疾病认识的局限和未能在细胞水平和分子水平上了解药物的作用,以及靶向制剂的材料和制备方面的困难,直到分子生物学、细胞生物学和材料科学等方面的飞速进步,才给靶向制剂的发展开辟了新天地。近二十年来,脂质体阿霉素等药物载体制剂、吉非替尼等分子靶向药物和曲妥珠单抗等抗体药物相继上市,从广义上来说,都属于能够特异性作用于肿瘤的靶向制剂,即所谓的"生物导弹",把肿瘤的药物治疗带入了"分子靶向药物"时代。

靶向制剂又称靶向给药系统(targeted drug delivery system,简称 TDDS),是指载体将药物通过局部给药或全身血液循环而选择性地浓集定位于靶组织、靶器官、靶细胞或细胞内结构的给药系统。

大多数药物不管以什么剂型给药,药物并不是只传送到发挥药理作用的受体部位,而是分布到全身各组织、器官,每个药物都要经过吸收、分布、代谢、排泄的过程,因此只有少量药物到达靶组织、靶器官、靶细胞。要提高靶区的药物浓度必须提高全身循环系统的药物浓度,这就必须增加剂量,从而药物的毒副作用也增大。特别是对于细胞有毒性的抗癌药物,在杀灭癌细胞的同时也杀灭正常细胞。将药物制成能到达靶区的靶向制剂,就可以提高药效,降低毒副作用,提高药品的安全性、有效性、可靠性和患者的顺应性。此外,靶向制剂还可以解决药物在其他制剂给药时可能遇到的以下问题:①药剂学方面的稳定性低或溶解度小;②生物药剂学方面的吸收小或生物不稳定性(酶、pH 等);③药物动力学方面的半衰期短和分布面广而缺乏特异性;④临床方面的治疗指数(中毒剂量和治疗剂量之比)低和解剖屏障或细胞屏障等。

靶向制剂不仅要求药物选择性地到达特定部位的靶组织、靶器官、靶细胞甚至细胞内的结构,而且要求有一定浓度的药物滞留相当时间,以便发挥药效,而载体应无遗留的毒副作用。成功的靶向制剂应具备定位浓集、控制释药以及无毒可生物降解三个要素。

二、靶向制剂的分类

通常根据靶向制剂在体内作用的靶标不同,将其分为一、二、三级靶向制剂。

一级靶向制剂是指以特定的器官或组织为靶标输送药物的制剂,如肺黏膜组织的靶向制剂。

二级靶向制剂是指以特定的细胞为靶标输送药物的制剂,如肝实质细胞的靶向制剂、肝星形细胞的靶向制剂。

三级靶向制剂是指以细胞内特定部位或细胞器为靶标输送药物的制剂,如线粒体靶向制剂。

从方法上分类,靶向制剂大体可分为以下三类。

1. 被动靶向制剂

被动靶向制剂(passive targeting systems)是指由于载体的粒径、表面性质等特殊性使药物在特定靶点或部位富集的制剂。被动靶向的定义比较模糊,主要是相对主动靶向而言。它与主动靶向制剂最大的差别在于载体构建上不含有具有特定分子特异性作用的配体、抗体等。静脉注射的纳米粒载体,在系统循环中如果与补体蛋白或调理素分子等相互作用,则很容易被网状内皮系统(reticulo-endothelial system)所捕获并清除;如果表面修饰了聚乙二醇等"隐性"分子,它们在系统循环中就具有长循环作用。同时由于肿瘤组织中血管内皮细胞的间隙较大,使粒径在100nm以下的粒子容易渗出而滞留在肿瘤组织中,这一现象称为EPR(enhanced permeability and retention)效应。

2. 主动靶向制剂

主动靶向制剂(active targeting systems)系指药物载体能对靶组织产生分子特异性相互作用的制剂。原义是用修饰的药物载体作为"导弹",将药物定向地运送到靶区浓集发挥药效。如载药微粒经表面修饰后,不被巨噬细胞识别,或因连接有特定的配体可与靶细胞的受体结合,或连接单克隆抗体成为免疫微粒等原因,而能避免巨噬细胞的摄取,防止在肝内浓集,改变微粒在体内的自然分布而到达特定的靶部位;亦可将药物修饰成前体药物,即能在活性部位被激活的药理惰性物,在特定靶区被激活发挥作用。

3. 物理化学靶向制剂

物理化学靶向制剂(physico-chemical condition responsive delivery systems)即通过设计特定的载体材料和结构,使其能够响应于某些物理或化学条件而释放药物,这些物理或化学条件可以是外加的(体外控制型),也可以是体内某些组织所特有的(体内感应型)。体外控制型载体,如磁性药物载体能在外磁场作用下,在体内随磁力线移动。又如热敏感脂质体,能在特定的加热部位释放药物。体内感应型的载体,如pH敏感型载体,氧化还原作用敏感型载体等,都是通过感知体内特定组织中的微环境而控制药物释放。

当然,无论是被动靶向、主动靶向还是物理化学条件响应的机制,都不应该是孤立的和绝对的,如有些主动靶向作用需要以被动靶向作用为前提,响应型作用和主动或被动靶向作用可以协同起效,进一步提高药物在靶点部位的释放浓度,提高疗效。另外,对于靶向特异性不够明确的制剂,还必须考虑到体内复杂的组织结构和微环境,个体间的差异和可能产生的脱靶效应。

三、靶向制剂的结构

由于药物的靶向制剂需要同时具备药物装载、控制分布与释放等多种功能,所以靶向制剂的构建也相对复杂,如何将不同功能的基团有序、可控、稳定地组合起来,并在体内能互不干涉、协调地发挥各自的功能,都是构建靶向制剂必须反复考虑和优化的内容。目前国内外研究比较集中的有三种类型的靶向载体结构。

1. 药物大分子共价结合物(drug polymer conjugate)

将药物以及各种功能分子通过化学反应与高分子或蛋白共价结合的化合物。如紫杉醇与聚乙二醇的共价结合分子、抗肿瘤毒素与单克隆抗体的共价结合分子。一般情况下,为提高靶向输送效率,需要尽量延长载体在体内的循环时间,降低系统的清除速率。由于最终结构的相对分子质量在 20 000 以上,所以这类结构又称为高分子靶向系统。

2. 颗粒型靶向载体系统

药物与载体及各种功能分子以非共价作用自组装形成的载体结构。由于这类结构大多由很多分子相互作用形成,所以稳定的结构一般呈球形。但也有报道,棒状结构的载体系统比球形结构的具有更长的血液循环时间,更快的细胞摄取率,以及有较强的肿瘤靶向性。为了使这类载体在体内循环过程中保持稳定、延长作用时间、降低清除速率,载体的粒径一般控制在 1000nm 以下,甚至在 100nm 以下,因此这类载体系统也称为纳米靶向载体系统。最常见的纳米靶向载体有:靶向脂质体、靶向胶束等。

3. 前药(prodrug)

通过化学反应将药物活性基团改构或衍生形成的一种新的惰性结构,其本身不具备药理活性,在体内特定的靶组织中通过化学反应或酶降解,再生为活性药物而发挥治疗作用。前药的概念与药物大分子复合载体的原理有一定的相似之处,但前药一般指小分子药物,如将药物活性基团羧甲基化或酯化,在体内再通过水解或酶解脱去保护基团,释放母体药物。前药的设计思路已广泛用于提高药物的溶解度、生物利用度以及中枢神经药物的脑组织输送等。如果药物与大分子连接的化学键具有酶降解的特异性,也称作前体药物。肿瘤组织相对于正常组织而言,是一个高度缺氧的还原性环境,肿瘤细胞内还原型谷胱甘肽(GSH)浓度比正常细胞至少高 4 倍,因而可将含有二硫键的氧化还原性载体通过化学键与抗肿瘤的母体药物连接后做成前药,实现抗肿瘤药物的靶向传递。

四、靶向制剂的优化

为了优化靶向制剂的构成与效果,除了制剂材料本身的安全性、稳定性、可控性外,还需重点关注关键功能基团的选择及其相互配比关系。

1. 靶向功能的优化

靶向功能基团的选择对载体靶向分布起决定性作用。虽然纳米靶向制剂可通过 EPR 效应富集在血管疏漏部位,但这一过程相对非特异性,常常也会对炎症或毛细血管末端组织产生毒副作用。为了使载体能够只针对特定分子靶标作用,往往需要在载体材料上装载"靶头",而靶头的选择常常需要大量实验包括临床观察的支持。如第一个上市的药物抗体复合物麦罗塔(mylotarg),为 CD33 单克隆抗体与刺孢霉素的偶联物,虽最早批准上市,但临床跟踪提示病人的生存时间并没有改善而被撤市。又如 2013 年 2 月 22 日美国刚上市的 Kadcyla,它是曲妥珠单抗与强效微管抑制剂美坦辛(maytansine)的偶联物,用于 HER2 阳性晚期乳腺癌患者。该偶联物的靶头是曲妥珠单抗,靶标是肿瘤细胞表面的 HER2 受体。在乳腺癌细胞上 HER2 受体表达非常高,有百万个之多,而在正常细胞上却很低。这一巨大差异被认为是 Kadcyla 成功的重要原因。另外,在靶标的选择上还需考虑结合后是否能被快速内吞、靶标是否会表达下降等。

2. 载药和释药功能优化

在靶向给药系统中,如果说起导航作用的是靶头的话,那么实现治疗效果的则是药物或药效基团。因此,药效基团的选择以及药物释放量和速率的设计,也是靶向制剂研究的重要内容。美坦辛为 Kadcyla 中的药效基团,其在 Kadcyla 中的肿瘤细胞毒性是在普通化疗药的 100 倍到 10 000 倍之间。这个药物在多年前曾被作为抗肿瘤药物进行研究,但毒性非常大,几乎没有可用的治疗窗而被放弃,但连在抗体上,却因为其巨大的毒性,只要少量几个分子就能在靶细胞上产生药效,反而显示了其优于普通化疗药的优势。

此外,近年来大量的研究结果表明,药物抗体复合物成功的关键是药效基团与抗体间的化学键。由于药物-抗体复合物的药效基团常常是剧毒性的,所以对其与抗体的化学键在体内非靶组织中的稳定性要求极高,特别是要避免血清中各种酶降解,使药物提前释放而产生巨大毒性。理想的情况是载体进入靶细胞后才释放药物,从而获得最具有特异性、最高的药效作用。

五、靶向性评价

药物制剂的靶向性可由以下三个参数来衡量:

1. 相对摄取率 r_e

$$r_e = (AUC_i)_p / (AUC_i)_s \qquad (11-1)$$

式中　AUC_i——由浓度-时间曲线求得的第 i 个器官或组织的药时曲线下面积;
　　　　脚标 p 和 s 分别表示药物制剂及药物溶液

r_e 大于 1 表示药物制剂在该器官或组织有靶向性,r_e 愈大靶向效果愈好;等于或小于 1 表示无靶向性。

2. 靶向效率 t_e

$$t_e = (AUC)_{靶}/(AUC)_{非靶} \tag{11-2}$$

式中　t_e——表示药物制剂或药物溶液对靶器官的选择性

t_e 值大于 1 表示药物制剂对靶器官比某非靶器官有选择性

t_e 值愈大,选择性愈强;药物制剂的 t_e 值与药物溶液的 t_e 值相比,说明药物制剂靶向性增强的倍数

3. 峰浓度比 c_e

$$c_e = (c_{max})_p/(c_{max})_s \tag{11-3}$$

式中　c_{max}——峰浓度

每个组织或器官中的 c_e 值表明药物制剂改变药物分布的效果,c_e 值愈大,表明改变药物分布的效果愈明显

以上三个参数可以准确反映药物在体内靶向分布效率,但由于在靶组织、靶细胞或靶细胞器中取样测定药物浓度具有创伤性,对于一些关键器官特别是在人体实验中不可能操作,所以近年来在靶向制剂研究中广泛采用活体影像学的方法,直接或间接标记药物或载体系统,三维成像后通过数据处理,也能得到类似的靶向性参数。

思考题

1. 固体分散体有哪几类? 固体分散体的速效原理是什么?

2. 包合物有何特点? 简述饱和溶液法制备包合物的过程。

3. 微囊有何特点?

4. 脂质体的制备方法有哪些?

5. 简述缓释、控释制剂的含义、特点。

6. 简述靶向制剂的概念和分类。

参考文献

1. 崔福德. 药剂学(第 7 版). 北京:人民卫生出版社,2011.

2. 李向荣. 药剂学 杭州:浙江大学出版社,2010.

3. 高建青. 药剂学与工业药剂学实验指导. 杭州:浙江大学出版社,2012.

4. Meng F, Hennink WE, Zhong Z. Reduction - sensitive polymers and bioconjugates for biomedical applications. Biomaterials, 2009,30:2180-2198.

5. Zhou Z, Ma X, Jin E, Tang J, Sui M, Shen Y, et al. Linear - dendritic drug conjugates forming long - circulating nanorods for cancer - drug delivery. Biomaterials, 2013, 34:5722-5735.

6. Ballantyne A, Dhillon S. Trastuzumab emtansine: first global approval. Drugs, 2013,73:755-765.

7. Bighin C, Pronzato P, Del Mastro L. Trastuzumab emtansine in the treatment of HER – 2 – positive metastatic breast cancer patients. Future oncology, 2013,9:955 – 957.

8. 张娥,谭睿,顾健,何黎黎,姚峰. 葛根素 – 羟丙基 – β – 环糊精包合物的制备及其性质表征. 华西药学杂志,2013,28(1):23 – 25.

9. 齐学洁,邱超,姜恒丽,崔元璐. 白藜芦醇/羟丙基 – β – 环糊精包合物的表征及体外溶出研究. 天津中医药,2013,30(8):499 – 502.

10. Silva F, Figueiras A, Gallardo E, Nerín C, Domingues FC. Strategies to improve the solubility and stability of stilbene antioxidants: A comparative study between cyclodextrins and bile acids. Food chemistry, 2014,145:115 – 125.

11. 吴素香,苏璇,李智慧,唐法娣,王砚. 复凝聚法制备留兰香油微囊的处方工艺研究. 中成药. 2013,35(6):1193 – 1199.

12. 赖玲,刘华钢,陆仕华,秦艳娥,文丽,陈明,刘冠萍. 三七总皂苷肠溶微囊的药代动力学及体内外相关性. 中国新药杂志,2012,21(6):693 – 696.

13. 郑玲. 载伊立替康脂质体的制备及性质考察. 中国现代医学杂志,2013,23(24):103 – 106.

14. 刘宇,肖晗,金鑫,李丽,陈立江,张文君,王金晶,李铁福. 莪术醇脂质体的制备及表征. 中国新药杂志,2013,22(15):1819 – 1824.

中国轻工业出版社生物专业教材目录

高职高专教材

高职制药/生物制药系列

药用化学	36.00 元
临床医学概要	28.00 元
人体解剖生理学	38.00 元
生物制药工艺学	26.00 元
药理毒理学	42.00 元
药理学	32.00 元
药品分析检验技术	38.00 元
药品营销技术	24.00 元
药品营销原理与实务(第二版)	40.00 元
药品质量管理	28.00 元
药事法规管理	40.00 元
药物质量检测技术	28.00 元
药物制剂技术	40.00 元
药物分析检测技术	32.00 元
制药设备及其运行维护	36.00 元
生物制药技术专业技能实训教程	28.00 元
中药制药技术专业技能实训教程	22.00 元
动物医药专业技能实训教程	23.00 元

高职生物技术系列

氨基酸发酵生产技术	30.00 元
发酵工艺教程	24.00 元
发酵工艺原理	30.00 元
发酵食品生产技术	39.00 元
化工原理	37.00 元
环境生物技术	28.00 元
基础生物化学	39.00 元

基因工程技术（普通高等教育"十一五"国家级规划教材） 25.00 元

检测实验室管理 30.00 元

啤酒生产技术 35.00 元

生物分离技术 25.00 元

生物化学 30.00 元

生物化学 38.00 元

生物化学 34.00 元

生物化学实验技术（普通高等教育"十一五"国家级规划教材） 22.00 元

生物检测技术 24.00 元

生物再生能源技术 45.00 元

微生物工艺技术 28.00 元

微生物学 40.00 元

微生物学基础 36.00 元

无机及分析化学 28.00 元

现代基因操作技术 30.00 元

现代生物技术概论 28.00 元

植物组织培养（国家级精品课程配套教材） 28.00 元

麦芽制备技术 25.00 元

啤酒过滤技术（国家级精品课程配套教材） 15.00 元

啤酒生产理化检测技术 28.00 元

啤酒生产原料 20.00 元

啤酒生产微生物检测技术 27.00 元

麦汁制备技术 27.00 元

啤酒包装技术 38.00 元

公共课和基础课教材

检测实验室管理 30.00 元

无机及分析化学 28.00 元

现代仪器分析 28.00 元

化学实验技术 14.00 元

基础化学 27.00 元

有机化学 39.00 元

化验室组织与管理 16.00 元

有机化学 39.00 元

无机及分析化学 30.00 元

化学综合——无机化学	26.00 元
化学综合——分析化学	20.00 元
仪器分析应用技术	25.00 元
现代仪器分析技术	32.00 元
仪器分析	39.00 元
过程装备及维护	30.00 元
基于 MATLAB 的化工实验技术(汉－英)	20.00 元
大学生安全教育	26.00 元
大学生职业规划与就业指导	34.00 元

中 职 教 材

啤酒酿造技术	28.00 元
微生物学基础	30.00 元
生物化学	36.00 元

职业资格培训教程

白酒酿造工教程(上)	26.00 元
白酒酿造工教程(中)	22.00 元
白酒酿造工教程(下)	38.00 元
白酒酿造培训教程(白酒酿造工、酿酒师、品酒师)	120.00 元

购书办法:各地新华书店,本社网站(www. chlip. com. cn)、当当网(www. dangdang. com)、卓越网(www. joyo. com)、轻工书店(联系电话:010－65128352),我社读者服务部(联系电话:010－65241695)。